恐龙竞技DIY卡片

参考不同恐龙的特性，
为他们的战斗指数打分吧！

裁剪线

长颈巨龙

恐龙小档案 ★★★★★

名称的含义：巨型长颈鹿　饮食习惯：食草
时期：侏罗纪　栖息环境：陆地
身长：约22米　位置：非洲
体重：约25,000千克　关键种：布氏长颈巨龙

犹他盗龙

恐龙小档案 ★★★★★

名称的含义：犹他州的食肉动物　饮食习惯：食肉
时期：白垩纪　栖息环境：陆地
身长：约7米　位置：北美洲
体重：约500千克　关键种：奥斯特罗姆氏犹他盗龙

镰刀龙

恐龙小档案 ★★★★★

名称的含义：镰刀蜥蜴　饮食习惯：食草
时期：白垩纪　栖息环境：陆地
身长：约10米　位置：亚洲
体重：约4500千克　关键种：龟型镰刀龙

霸王龙

恐龙小档案 ★★★★★

名称的含义：残暴的蜥蜴王　饮食习惯：食肉
时期：白垩纪　栖息环境：陆地
身长：约13米　位置：北美洲

副栉龙

恐龙小档案 ★★★★★

名称的含义：有头冠的蜥蜴　饮食习惯：食草
时期：白垩纪　栖息环境：陆地
身长：约10米　位置：北美洲

异龙

恐龙小档案 ★★★★★

名称的含义：不一样的蜥蜴　饮食习惯：食肉
时期：侏罗纪　栖息环境：陆地
身长：约10.5米　位置：北美洲和欧洲

恐龙竞技DIY卡片

参考不同恐龙的特性，为他们的战斗指数打分吧！

裁剪线

镰刀龙

这种兽脚亚目恐龙用后肢站立，然后用巨大的爪子把树枝钩到嘴里，从而吃到树顶的叶子。当然，它的这些爪子也可以用来攻击靠得太近的掠食者。

犹他盗龙

这种巨大的、有羽毛的驰龙可能会齐心协力地围捕大型猎物。

长颈巨龙

长颈巨龙，意思是“巨型长颈鹿”。其重量相当于6头大象，身高达12米——相当于3层楼的高度。为了维持自己庞大体型的消耗，这种高大的蜥脚类恐龙只好在森林里整天啃食树叶。

异龙

异龙是有史以来最可怕的恐龙之一。它生性机警、行动敏捷，并且无所畏惧，长着锯齿状的牙齿和锋利的爪子。很多大型恐龙的骨骼上都有异龙牙齿留下的痕迹。这告诉我们：异龙不怕攻击比它体型更大的猎物。

副栉龙

许多鸭嘴龙都长着令人难忘的头冠，其中副栉龙的头冠可能最引人注目，它大约长1米，是头骨长度的两倍。

霸王龙

霸王龙可能是最著名的恐龙，它也是体型最大、最厉害的陆地掠食者之一。它位于食物链的顶端，因为它巨大的颌部可以一口吞下230千克的食物——大约相当于一头猪。它甚至可以咬碎坚硬的骨头。

恐龙竞技DIY卡片

参考不同恐龙的特性，为他们的战斗指数打分吧！

薄片龙

恐龙小档案 ★★★★★

名称的含义：薄板蜥蜴
时期：白垩纪
身长：约12米
体重：约8500千克
饮食习惯：食肉
栖息环境：海洋
位置：北美洲
关键种：蜴虎薄片龙

野牛龙

恐龙小档案 ★★★★★

名称的含义：水牛蜥蜴
时期：白垩纪
身长：约4.5米
体重：约1500千克
饮食习惯：食草
栖息环境：陆地
位置：北美洲
关键种：前弯角野牛龙

龙王龙

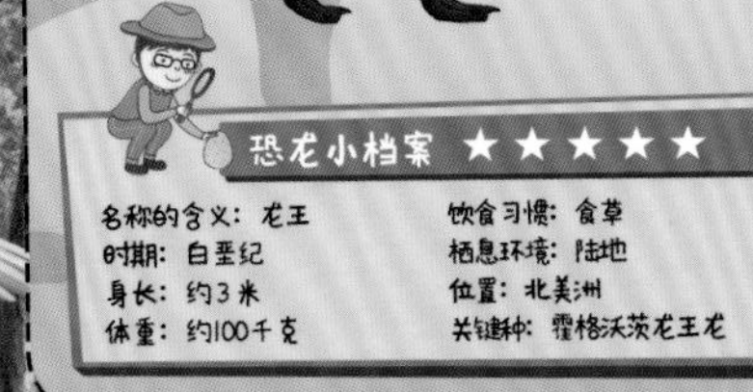

恐龙小档案 ★★★★★

名称的含义：龙王
时期：白垩纪
身长：约3米
体重：约100千克
饮食习惯：食草
栖息环境：陆地
位置：北美洲
关键种：霍格沃茨龙王龙

艾伯塔龙

恐龙小档案 ★★★★★

名称的含义：艾伯塔省的蜥蜴
时期：白垩纪
身长：约9米
体重：约2000千克
饮食习惯：食肉
栖息环境：陆地
位置：北美洲
关键种：肉食艾伯塔龙

剑角龙

恐龙小档案 ★★★★★

名称的含义：屋顶的角
时期：白垩纪
身长：约2.2米
体重：约45千克
饮食习惯：杂食
栖息环境：陆地
位置：北美洲
关键种：安定剑角龙

甲龙

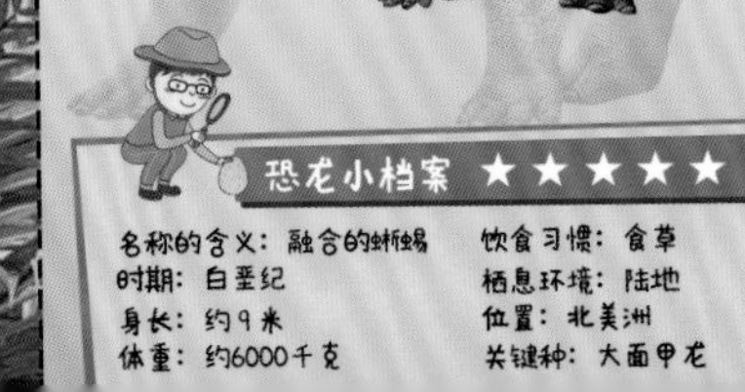

恐龙小档案 ★★★★★

名称的含义：融合的蜥蜴
时期：白垩纪
身长：约9米
体重：约6000千克
饮食习惯：食草
栖息环境：陆地
位置：北美洲
关键种：大面甲龙

恐龙竞技DIY卡片

参考不同恐龙的特性，为他们的战斗指数打分吧！

裁剪线

薄片龙

薄片龙属于蛇颈龙类，生活在海里。它是一种脊椎动物，长着一根坚固的脊椎。然而，它不能行走，因为它的鳍状肢不够强壮，不能支撑它的体重。它的脖子有助于它悄悄接近猎物，随后它会迅速甩动脖子猎食那些毫无防备的鱼类。

艾伯塔龙

以加拿大的艾伯塔省而命名的艾伯塔龙，是北美最可怕的物种之一。它的体重相当于3只现代驼鹿，但体型仍只有其表亲——霸王龙——的一半大。

野牛龙

这种角龙长着令人难忘的头盾，它们过着群居生活。如果受到威胁，整个牛群都会仓皇逃窜。野牛龙头上长着巨大的犄角，看起来非常吓人！

剑角龙

山羊大小的剑角龙头上有一个由实心骨头构成的厚圆顶。它的前肢短，后肢长——后肢比前肢长3倍。它以树叶、树根和昆虫为食，属于群居动物。

龙王龙

这种厚头龙身上特殊的尖刺和颈褶给它赢得了“龙王”的称号。然而，一些古生物学家认为龙王龙看起来就像十几岁的肿头龙。

甲龙

甲龙就像一辆装甲坦克，很难被其他猛兽击败。它巨大的身体从头到尾都覆盖着坚硬的骨质盔甲。似乎这些还不足以防御掠食者，它的尾巴末端还有一个致命的骨锤。

恐龙竞技DIY卡片

参考不同恐龙的特性，为他们的战斗指数打分吧！

艾伯塔角龙

恐龙小档案 ★★★★★

名称的含义：艾伯塔长角的面孔　饮食习惯：食草
时期：白垩纪　栖息环境：陆地
身长：约6米　位置：北美洲
体重：约3500千克　关键种：内氏艾伯塔角龙

埃雷拉龙

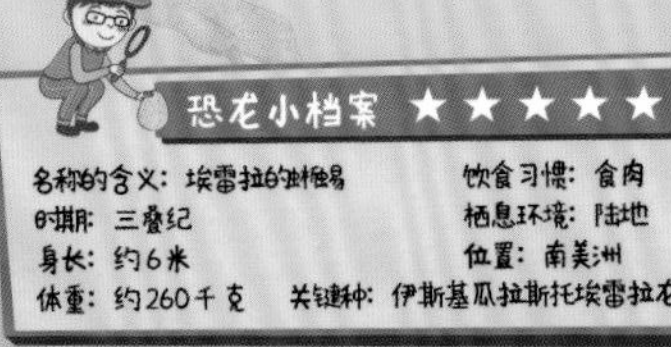

恐龙小档案 ★★★★★

名称的含义：埃雷拉的蜥蜴　饮食习惯：食肉
时期：三叠纪　栖息环境：陆地
身长：约6米　位置：南美洲
体重：约260千克　关键种：伊斯基瓜拉斯托埃雷拉龙

大鼻角龙

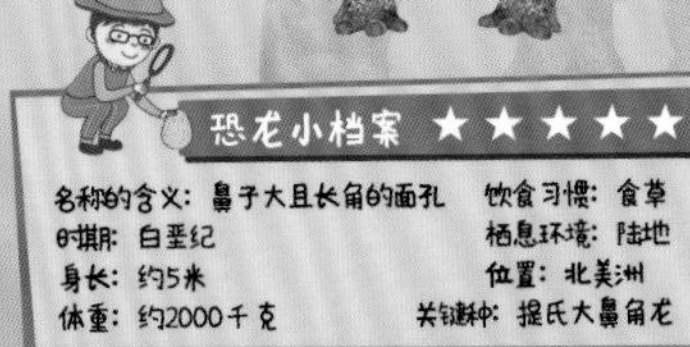

恐龙小档案 ★★★★★

名称的含义：鼻子大且长角的面孔　饮食习惯：食草
时期：白垩纪　栖息环境：陆地
身长：约5米　位置：北美洲
体重：约2000千克　关键种：提氏大鼻角龙

阿根廷龙

恐龙小档案 ★★★★★

名称的含义：阿根廷蜥蜴　饮食习惯：食草
时期：白垩纪　栖息环境：陆地
身长：约35米　位置：南美洲
体重：约70,000千克　关键种：乌因库尔阿根廷龙

斑龙

恐龙小档案 ★★★★★

名称的含义：巨大的蜥蜴　饮食习惯：食肉
时期：侏罗纪　栖息环境：陆地
身长：约9米　位置：欧洲
体重：约1500千克　关键种：巴氏斑龙

米拉加亚龙

恐龙小档案 ★★★★★

名称的含义：美丽的大地女神　饮食习惯：食草
时期：侏罗纪　栖息环境：陆地
身长：约6.5米　位置：欧洲
体重：约2000千克　关键种：长颈米拉加亚龙

裁剪线

裁剪线

恐龙竞技DIY卡片

参考不同恐龙的特性，为他们的战斗指数打分吧！

大鼻角龙

像所有的角龙一样，大鼻角龙是一种食草动物。但它的鼻子比角龙家族的其他成员大得多，并且头上的犄角也比其他家族成员更长，突兀地向前伸着，就像今天的公牛一样。

埃雷拉龙

这种可怕的食肉动物是地球上最早出现的恐龙之一。它身上具备成为一种危险掠食者所需的全部特征：锋利的牙齿、带有大爪子的前肢，以及一条长而有力的尾巴。这条尾巴能帮助埃雷拉龙把体重均衡地分配在后肢上，这样它就能快速追赶猎物。

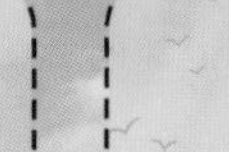

艾伯塔角龙

这种角龙长相奇特，他虽然有长长的眉角，但没有鼻角。不过，艾伯塔角龙的鼻子上有一个香蕉状的骨脊。在它长满尖刺的颈褶上还有两根弯曲的大钩。

米拉加亚龙

米拉加亚龙是素食主义者，它的脖子比侏罗纪世界的其他剑龙类恐龙伸得更远。连最高处的叶子也逃不脱它的大嘴。

斑龙

斑龙打破了纪录，因为它是第一种被赋予科学名称的恐龙。1824年，人们在英国牛津附近的地下矿坑里发现了一批骨头，并于同年给它正式命名。这种奔跑迅速的食肉动物在茂密的林海中，是出了名的杀手。

阿根廷龙

阿根廷龙很可能是有记载以来最大的陆地动物。它的体型即使在泰坦巨龙家族中也算得上庞大——几乎比非洲大象大7倍，而且比非洲大象重12倍。然而，由于身体过于庞大，它只能以每小时8千米的速度缓慢行进。

恐龙竞技DIY卡片

参考不同恐龙的特性，为他们的战斗指数打分吧！

✂ 裁剪线

冰脊龙

恐龙小档案 ★★★★★

名称的含义：寒冷的戴冠蜥蜴　饮食习惯：食肉
时期：侏罗纪　栖息环境：陆地
身长：约7米　位置：南极洲
体重：约650千克　关键种：艾氏冰脊龙

恐爪龙

恐龙小档案 ★★★★★

名称的含义：恐怖的爪子　饮食习惯：食肉
时期：白垩纪　栖息环境：陆地
身长：约3.6米　位置：北美洲
体重：约100千克　关键种：奥斯特罗姆恐爪龙

祖尼角龙

恐龙小档案 ★★★★★

名称的含义：来自祖尼部落的有角面孔　饮食习惯：食草
时期：白垩纪　栖息环境：陆地
身长：约3米　位置：北美洲
体重：约200千克　关键种：克里斯托弗祖尼角龙

三角龙

恐龙小档案 ★★★★★

名称的含义：长着三只角的面孔　饮食习惯：食草
时期：白垩纪　栖息环境：陆地
身长：约3.6米　位置：北美洲
体重：约8000千克　关键种：恐怖三角龙

巨刺龙

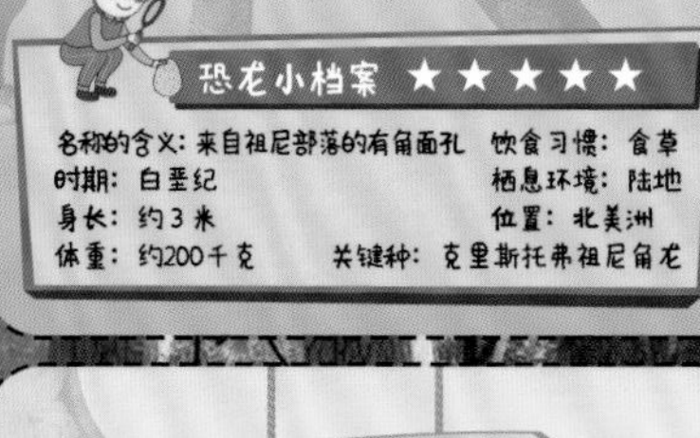

恐龙小档案 ★★★★★

名称的含义：长着巨刺的蜥蜴　饮食习惯：食草
时期：侏罗纪　栖息环境：陆地
身长：约4米　位置：亚洲
体重：约850千克　关键种：四川巨刺龙

腕龙

恐龙小档案 ★★★★★

名称的含义：长腕蜥蜴　饮食习惯：食草
时期：侏罗纪　栖息环境：陆地
身长：约23米　位置：北美洲
体重：约30,000千克　关键种：高胸腕龙

恐龙竞技DIY卡片

参考不同恐龙的特性，为他们的战斗指数打分吧！

裁剪线

冰脊龙

这种可怕的兽脚亚目恐龙是在南极洲发现的第一种，也是那里最大的一种食肉恐龙。当时的气候比现在暖和得多，所以冰脊龙可以在茂密的森林里漫步觅食。这种恐龙巨大的体型以及装饰性的头冠都让它看起来很可怕。

恐爪龙

这种致命的恐龙主要来自一个由小型、快速和敏捷的掠食者组成的家族。它的大脑相对较大，善于用智慧来追踪和捕捉猎物，甚至包括其他恐龙。

祖尼角龙

祖尼角龙出现的时间比它著名的亲戚三角龙至少早了2500万年。但它比后来的角龙家族成员的体型要小得多，大约和一头奶牛差不多。

三角龙

三角龙的形象令人生畏：它拥有巨大的身躯，头上长着两个扫帚柄那么长的犄角，颈部还有独特的褶皱。这种强壮的食草动物的体重是犀牛的四倍，在角龙家族中也算得上是体型较大的成员了。专家们认为：三角龙为了安全，会结队出行。

巨刺龙

顾名思义，巨刺龙就是“长着巨刺的蜥蜴”，而如此命名是很有道理的——看看它肩上的那些尖刺吧。巨刺龙长相怪异，属于剑龙类恐龙。它与剑龙相似，但体型比剑龙小，与棘龙没有亲缘关系。

腕龙

你能想到吗？这头巨无霸每走一步，就连附近的地面都会震动。腕龙的前肢比一般蜥脚类恐龙的前肢长。这意味着它的背部会朝着尾巴的方向倾斜。腕龙的脖子长得令人难以置信，这让它可以触及其他大多数恐龙都无法达到的高度。

恐龙竞技DIY卡片

参考不同恐龙的特性，
为他们的战斗指数打分吧！

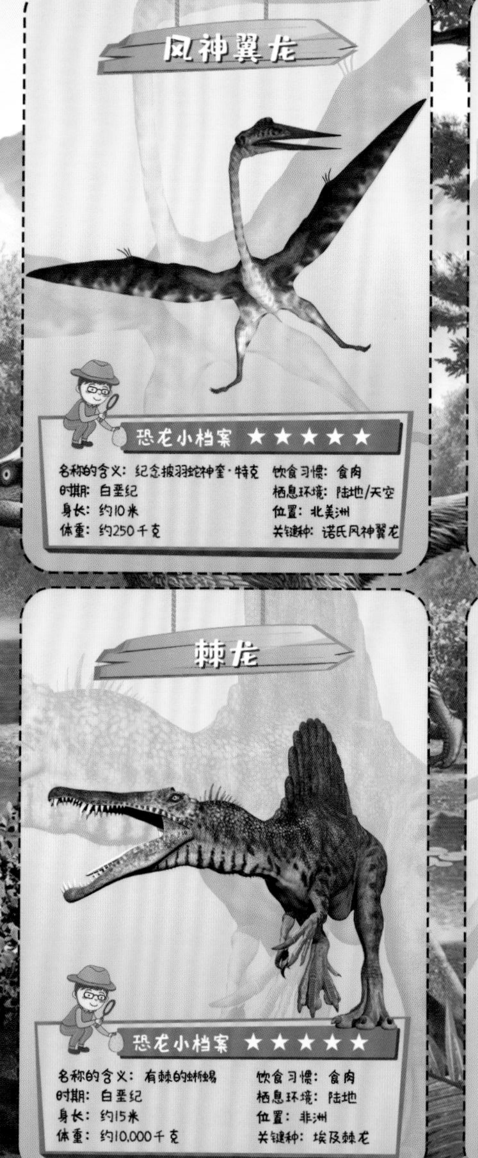

风神翼龙

恐龙小档案 ★★★★★

名称的含义：纪念披羽蛇神奎·特克
时期：白垩纪
身长：约10米
体重：约250千克
饮食习惯：食肉
栖息环境：陆地/天空
位置：北美洲
关键种：诺氏风神翼龙

剑龙

恐龙小档案 ★★★★★

名称的含义：屋顶蜥蜴
时期：侏罗纪
身长：约9米
体重：约4000千克
饮食习惯：食草
栖息环境：陆地
位置：欧洲和北美洲
关键种：马氏剑龙

撕蛙鳄

恐龙小档案 ★★★★★

名称的含义：撕裂青蛙的家伙
时期：三叠纪
身长：约6米
体重：约1100千克
饮食习惯：食肉
栖息环境：陆地
位置：欧洲
关键种：库普弗采尔撕蛙鳄

棘龙

恐龙小档案 ★★★★★

名称的含义：有棘的蜥蜴
时期：白垩纪
身长：约15米
体重：约10,000千克
饮食习惯：食肉
栖息环境：陆地
位置：非洲
关键种：埃及棘龙

舟椎龙

恐龙小档案 ★★★★★

名称的含义：船的脊部
时期：三叠纪
身长：约10米
体重：约3200千克
饮食习惯：食肉
栖息环境：海洋
位置：北美洲和欧洲
关键种：皮斯科萨斯舟椎龙

单脊龙

恐龙小档案 ★★★★★

名称的含义：单冠蜥蜴
时期：侏罗纪
身长：约6米
体重：约680千克
饮食习惯：食肉
栖息环境：陆地
位置：亚洲
关键种：将军庙单脊龙

裁剪线

恐龙竞技DIY卡片

参考不同恐龙的特性，为他们的战斗指数打分吧！

裁剪线

风神翼龙

风神翼龙是一种翼龙，而不是恐龙，它可能是有史以来体型最大的飞行动物。风神翼龙站起来有长颈鹿那么高，翼展有一架小型飞机那么大。风神翼龙的骨头是中空的，所以它的体重和马鹿差不多。令人惊讶的是，身体这么沉重的家伙居然可以飞行，并且能一口气飞很长的距离。

剑龙

认识一下巨型剑龙家族中的超级巨星吧！剑龙大约有一辆小型巴士那么大，而且胃口颇大。这种以植物为食的庞然大物，大部分时间都在广袤的侏罗纪森林中啃食低处的植物，以维持其庞大身体的正常运转。重量级的剑龙移动得非常缓慢，但它的体型和尖刺对于吓退敌人很管用。

撕蛙鳄

这种生物通常用四肢走路。然而，它或许能够在短时间内用后肢直立起来，攻击它想捕捉的较小动物。

棘龙

棘龙体型巨大，是地球上有史以来最大的食肉动物。棘龙喜欢有水的环境，生活在河流和湖泊附近，一天中的大部分时间都在水里捕食鱼虾。

舟椎龙

舟椎龙身形巨大，体长超过噬人鲨的两倍。由于具有巨大的身躯，它在深水中捕食，几乎没有天敌。

单脊龙

食肉的单脊龙看起来和其他早期的两足兽脚亚目恐龙很像，除了它引人注目的头冠。在侏罗纪森林中，头冠可能是用来吸引异性或吓跑掠食者的装备。

DK恐龙竞技大百科

哪种恐龙更厉害

英国DK公司 著

陈友勋 译

中国友谊出版公司

图书在版编目（CIP）数据

DK恐龙竞技大百科：哪种恐龙更厉害 / 英国DK公司著；陈友勋译. -- 北京：中国友谊出版公司, 2022.9
ISBN 978-7-5057-5574-1

Ⅰ. ①D… Ⅱ. ①英… ②陈… Ⅲ. ①恐龙 – 少儿读物
Ⅳ. ①Q915.864-49

中国版本图书馆CIP数据核字（2022）第187490号

著作权合同登记号　图字：01-2022-4908

书名　**DK 恐龙竞技大百科：哪种恐龙更厉害**
著者　英国 DK 公司
译者　陈友勋
出版　中国友谊出版公司
发行　中国友谊出版公司
经销　北京时代华语国际传媒股份有限公司　010-83670231
印刷　广东金宣发包装科技有限公司
规格　787 × 1092 毫米　16 开
25 印张　200 千字
版次　2022 年 9 月第 1 版
印次　2022 年 9 月第 1 次印刷
书号　ISBN　978-7-5057-5574-1
定价　168.00 元
地址　北京市朝阳区西坝河南里 17 号楼
邮编　100028
电话　（010）64678009

For the curious
www.dk.com

目录

阅读指南

准备好进入这个不可思议的史前恐龙世界了吗？先来看看这本书的阅读指南。

档案页

内容翔实的档案页面介绍了恐龙和其他一些史前动物。档案页分别列在按时间顺序排列的不同章节中。

“超级数据”板块装满了惊人的信息，包括这些名称的含义。

对某个名词的意思不太确定吗？那就在第390—393页查一下术语表。

该轮廓代表普通10岁儿童的体型，在页面中表示普通的10岁儿童与恐龙的体型差距。

战斗吧！

这些页面展示了两种生物在想象的生死大战中进行对抗。

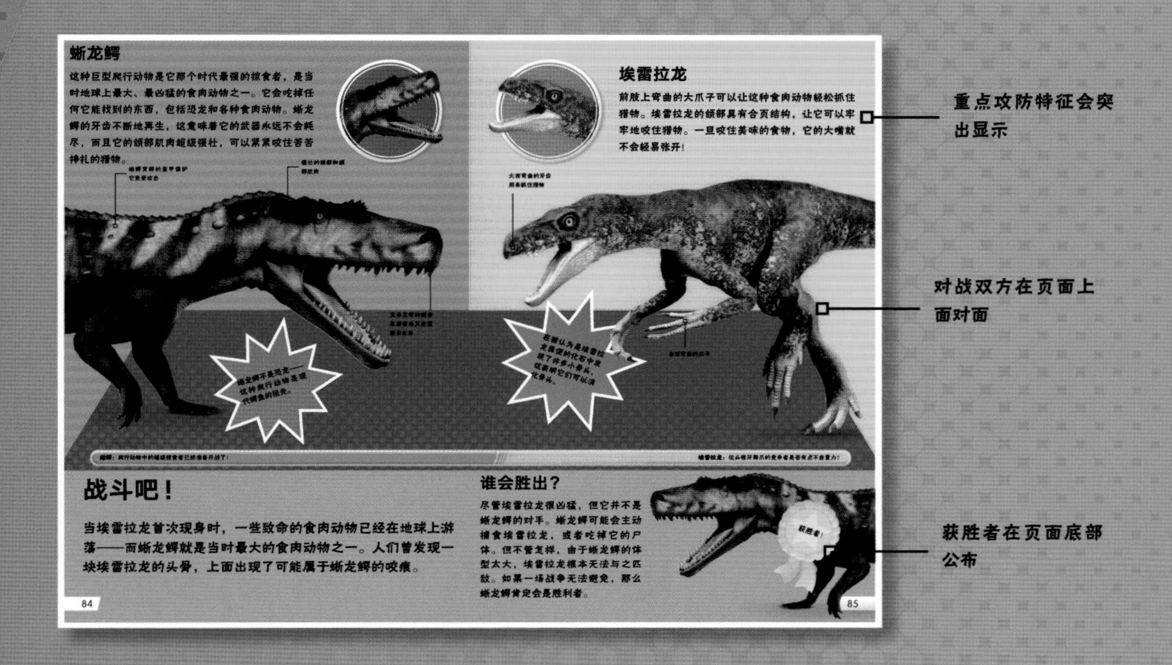

重点攻防特征会突出显示

对战双方在页面上面对面

获胜者在页面底部公布

特色专题

在专题页可以读到有关史前世界的附加信息。什么是恐龙？化石是怎样形成的？读了就知道。

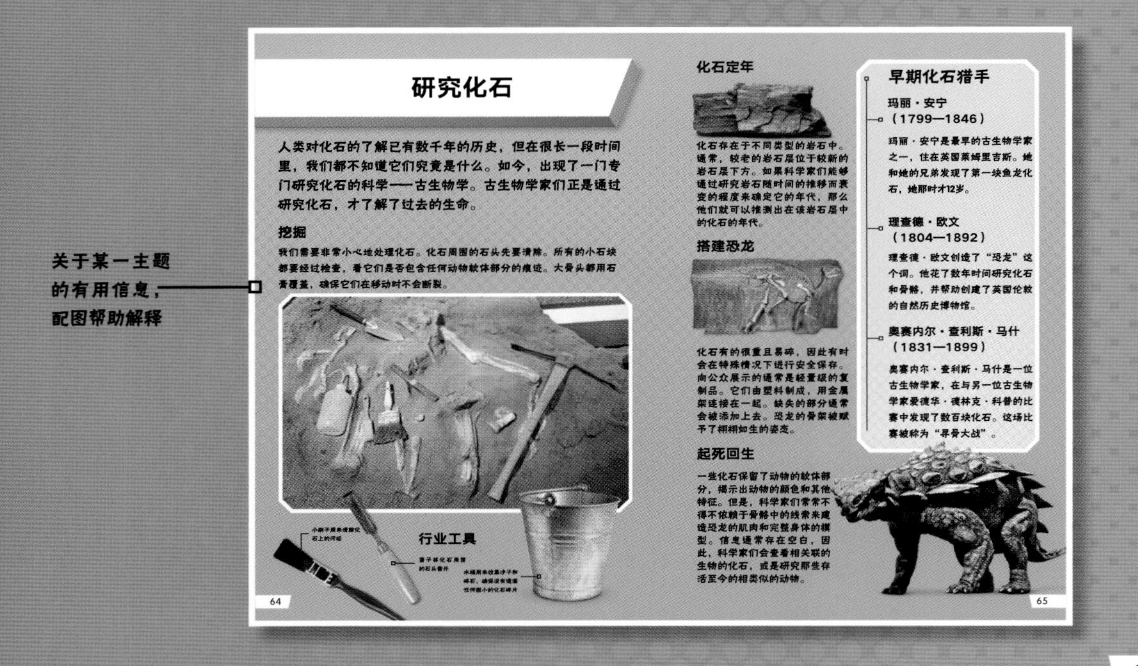

关于某一主题的有用信息，配图帮助解释

什么是恐龙？

大约2.35亿年前，一些爬行动物逐渐发育出与众不同的形态。这群动物变得异常多样：有些巨大，有些很小；有些是凶猛的肉食者，有些是巨型的草食者。有些有尖刺、羽毛或鳞片。这些“可怕的蜥蜴”统治了地球1.7亿年。

什么使得恐龙成为恐龙？

虽然恐龙看起来可能彼此非常不同，但它们确实有一些共同点——都是脊椎动物，它们的腿在身体的正下方，都有某种类型的尾巴，也都会产卵。

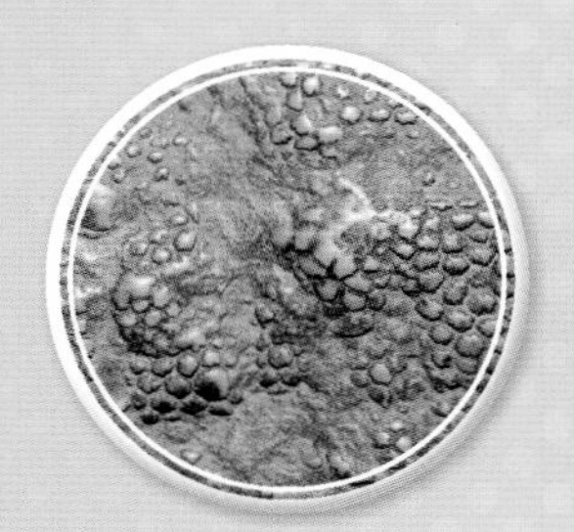

羽毛还是鳞片？

恐龙的身上有鳞片或羽毛，或两者都有。人们已发现显示这两种质地的化石。想想它们被埋了那么久，真是太神奇了！

各种类型的恐龙

虽然恐龙共享一些特征，但并不意味着它们看起来都一样。它们之间有许多不同之处。仔细看看这两种生物。

	马门溪龙	始祖鸟
身长	约26米	约50厘米
体态	四足	两足
外皮	鳞片	羽毛
饮食	食草	食肉
牙齿	宽而钝	尖利
特征	脖子长，可以够到树梢的叶子	有翅膀和飞行能力

没那么古老

恐龙进化了1.7亿年。无论是会运用战术的猎手霸王龙，还是具备较强防御能力的草食者甲龙，每种类型的恐龙都有适合它们的生活方式。

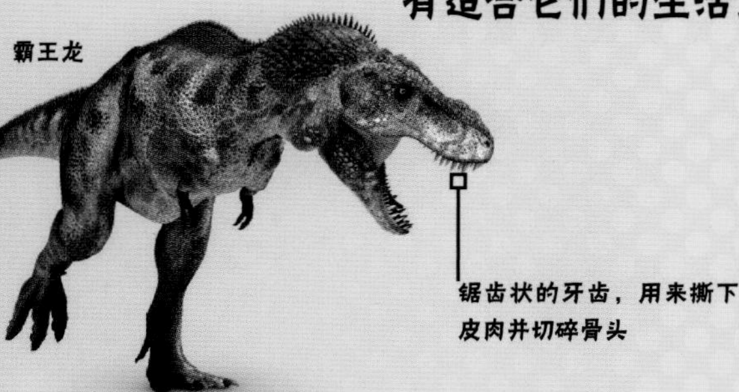

时间轴

前寒武代（46亿—5.41亿年前）

46亿年前

地球是由一团气体和尘埃组成的，这些气体和尘埃被一种叫作重力的能量拉扯在一起。

35亿年前

地球上出现了最初的生命。但它们是只有一个细胞的简单生物体，称为“细菌”。

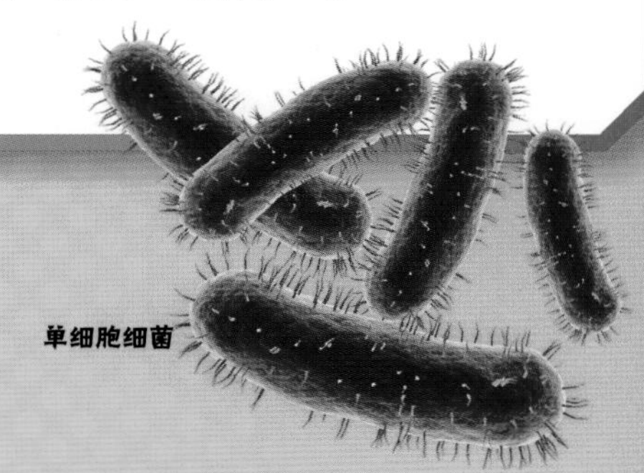

单细胞细菌

二叠纪
2.99亿—2.52亿年前

爬行动物最终统治了陆地。这一时期结束时，大多数现存的动物都已经灭绝。高达90%的已知动物物种都消失了。

异齿龙

石炭纪
3.59亿—2.99亿年前

沼泽在陆地上形成。于是以植物为食的虫子也跟着出现了。但这些虫子沦为大型两栖动物和最初爬行动物的猎物。

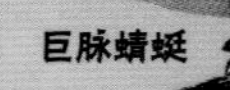

史前动物并非都生活在同一时期——它们在数十亿年的时间里不断发展，然后走向灭亡。为了便于我们了解这些巨大的时间跨度，地球的历史被划分为不同的“代”。每个代又被进一步划分为不同的“纪”。

古生代（5.41亿—2.52亿年前）

寒武纪 5.41亿—4.85亿年前

在海洋中，出现了不止一个细胞的生命形式。其中包括无脊椎动物，它们身披一层坚硬的外壳，称为“外骨骼”。

马尔三叶形虫

奥陶纪 4.85亿—4.44亿年前

随着时间的推移，海洋中产生了更多的生命形式。出现了各种各样的鱼类和无脊椎动物，其中包括种类繁多的三叶虫。

星甲鱼

志留纪 4.44亿—4.19亿年前

像库克逊蕨这样的植物，开始在陆地上广泛生长。这些绿色的植物，不长根，没有叶，也不开花。珊瑚礁开始在温暖的海洋中形成。

库克逊蕨

泥盆纪 4.19亿—3.59亿年

更多的鱼类出现，其中一些开始上岸活动。它们逐渐成为陆地上最早的两栖动物。

甲胄鱼

中生代（2.52亿—6600万年前）

三叠纪
2.52亿—2.01亿年前

地球花了数百万年才从二叠纪末期的灾难中恢复过来。最终，新的动物出现了，包括翼龙、鱼龙和第一批恐龙。

侏罗纪
2.01亿—1.45亿年前

恐龙继续发展。它们进化出很多新的类型，出现在地球的各个角落。强大的食肉动物以巨型食草恐龙为食。

始盗龙

冰脊龙

第四纪
200万年前—现在

一些哺乳动物灭绝了，而另一些则继续进化。现代人类大约在20万年前出现于非洲，然后逐渐出现在世界各地。

地球上的人类比其他任何哺乳动物都多。

白垩纪
1.45亿—6600万年前

恐龙是地球上最强大的动物。第一批开花植物出现了。然后，一颗被称为小行星的太空岩石撞击地球，几乎所有的恐龙都灭绝了，白垩纪也就此结束。

令人难以置信的是，地球上曾经存在过的所有生命形式中，99%现在已经灭绝。

新生代（6600万年前—现在）

新近纪
2300万—200万年前

至今仍存在的动物开始出现。大约400万年前，东非就有了早期人类。

恐象

古近纪
6600万—2300万年前

恐龙消失之后，除了鸟类之外，统治地球的就是哺乳动物了。这些哺乳动物变得体型更加庞大，同时也出现了更多类型。巨大的鲸鱼在海中游弋，而像犹因他兽之类的哺乳动物，则在陆地上行走。

犹因他兽

前中生代

数十亿年前，像细菌这样的微小生物出现在地球上。它们发展成为第一批动物——比恐龙在地球上漫游早了几亿年。但就是从那时起，动物们开始踏上不同的进化道路。海洋中满是鱼类、软体动物和节肢动物——这些生物具有坚硬的外壳，但没有脊骨。在陆地上，植物生长，昆虫成群，两栖动物四处乱窜。最终，爬行动物也开始崛起。

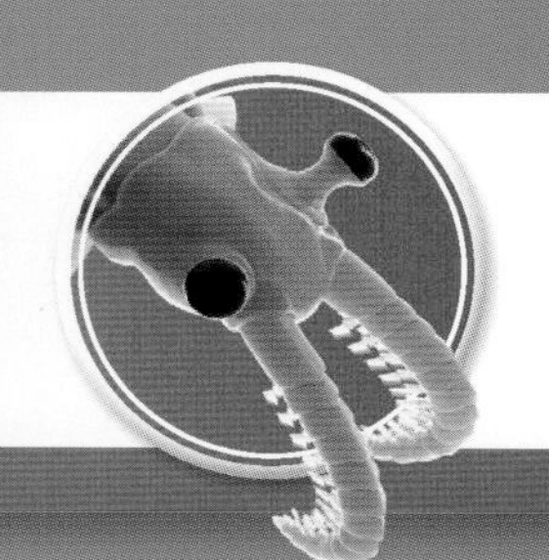

奇虾

又名古怪的虾

长相奇特的奇虾是地球上最早出现的超级掠食者之一。这种海洋生物用钩状前肢抓住猎物，然后将其塞进嘴里。

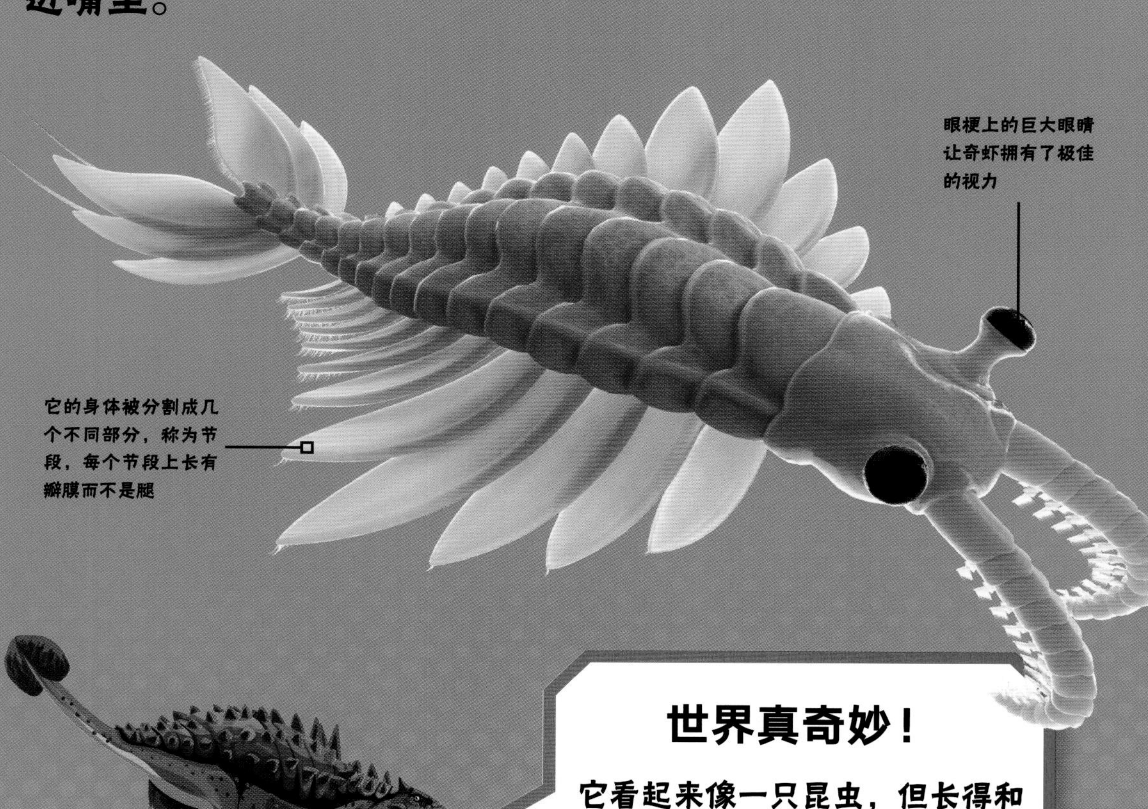

世界真奇妙！

它看起来像一只昆虫，但长得和浣熊差不多大。

超级数据

名称： 奇虾

名称的含义： 异常的虾子　**时期：** 寒武纪

身长： 约1米　**体重：** 约5千克　**饮食习惯：** 食肉

栖息环境： 海洋　**位置：** 亚洲、北美洲和大洋洲

动物类型： 史前动物

关键种： 加拿大奇虾

杯鼻龙

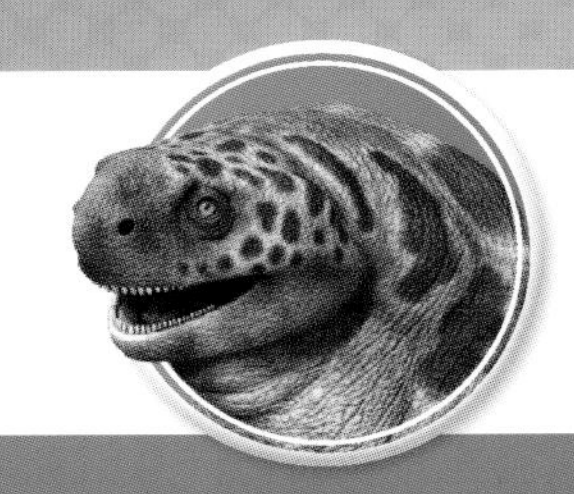

杯鼻龙看起来像蜥蜴，四肢又粗又短，但头部和它庞大的桶形身体相比小得可怜。它可以长到惊人的6米长，和一艘快艇差不多大。

世界真奇妙！

杯鼻龙是二叠纪最大的动物之一。

超级数据

名称：杯鼻龙
名称的含义：杯状口鼻　时期：二叠纪
身长：约6米　体重：约1500千克
饮食习惯：食草　栖息环境：陆地/淡水
位置：北美洲　动物类型：史前动物
关键种：罗氏杯鼻龙

等腿螈

顾名思义，这是一种蝾螈大小的两栖动物，并且是一种史前生物。它被认为是现代青蛙和蝾螈的近亲。等腿螈的化石通常能反映其身体的柔软部分，包括身体轮廓、尾巴和脚垫。

世界真奇妙！

和现代两栖动物一样，等腿螈也可以通过湿润的皮肤呼吸。

超级数据

名字：等腿螈

名称的含义：腿一样长　**时期：**石炭纪

身长：约20厘米　**体重：**约1千克　**饮食习惯：**食肉

栖息环境：沼泽　**位置：**北美洲和欧洲

动物类型：史前动物

关键种：马松溪等腿螈

树匐螈

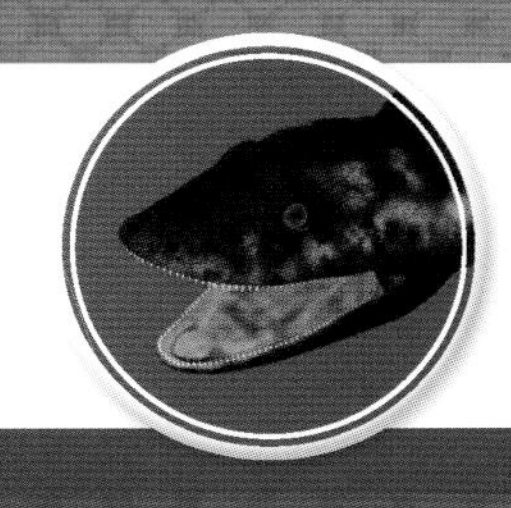

这种早期的两栖动物长着牙齿，看起来很像蜥蜴。它有40~50颗又小又尖的牙齿，用来捕捉昆虫和一些更大的动物，比如鱼类。

后脚略呈桨状，适合游泳

头两侧的眼睛能让树匐螈拥有更宽阔的视野

上下颌都布满了尖锐的牙齿

世界真奇妙！

树匐螈的名字意思是"爬树者"，因为它的许多化石都是在树洞中发现的。

超级数据

名称：树匐螈

名称的含义：爬树者　时期：石炭纪

身长：约35厘米　体重：约900克　饮食习惯：食肉

栖息环境：陆地　位置：北美洲和欧洲

动物类型：史前动物

关键种：阿卡迪亚姆树匐螈

基龙

基龙体型庞大，看起来和蜥蜴很像。它虽然脑袋很小，但背上长着一个很大的帆状结构，显得很独特。背帆上伸出小尖刺，就像一个个小树枝。

世界真奇妙！

基龙是一种食草动物，但它有犀牛那么大，看起来一定很吓人。

超级数据

名称：基龙

名称的含义：路面的蜥蜴　**时期**：石炭纪到二叠纪

身长：约3.5米　**体重**：约300千克　**饮食习惯**：食草

栖息环境：陆地　**位置**：北美洲和欧洲

动物类型：史前动物

关键种：颇格尼阿斯基龙

笠头螈

又名盗首螈

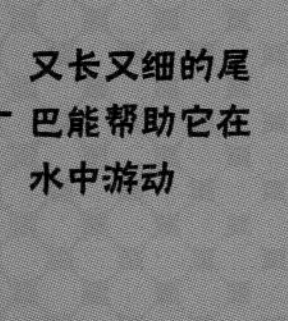

你可见过一种脑袋像回旋镖一样的动物？如果你没见过的话，那正好，这里就有一种！来看看笠头螈，一种史前水生动物。笠头螈用自己头上的两个角来控制水流，这样就可以轻松地上下漂浮。

又长又细的尾巴能帮助它在水中游动

身体很小，并且扁平，所以人们常常说它看起来像一只“肥蝾螈”

双角很长，呈扁平状，尖端朝后

世界真奇妙！

笠头螈没有在世的亲戚，所以你今天不会看到任何长着这种头角的动物。

超级数据

名称：笠头螈

名称的含义：两块衬板　时期：二叠纪

身长：约1米　体重：约9千克　饮食习惯：食肉

栖息环境：沼泽　位置：北美和非洲

动物类型：史前动物

关键种：马格尼科尼斯笠头螈

异齿龙

又名异齿兽、长棘龙

你现在看到的是地球上最早的陆地掠食者之一——异齿龙。由于长着骨质的背帆，异齿龙看起来很像恐龙，但这种动物属于合弓纲。它与哺乳动物的关系更密切。这种如汽车般大的食肉动物有锋利的牙齿和强壮的两颌，因此，猎物只要被它咬上一口就死定了。

超级数据

名称：异齿龙

名称的含义：两种不同形态的牙齿　**时期：**二叠纪

身长：约4米　**体重：**约250千克

饮食习惯：食肉

栖息环境：陆地　**位置：**欧洲和北美洲

动物类型：史前动物

关键种：切割异齿龙

背帆上有艳丽的图纹，可以吓跑掠食者

世界真奇妙！

异齿龙嘴里有80颗锋利的牙齿，其中包括比其他牙齿更大的尖牙。这就是为什么它的名字意思是“两种不同形态的牙齿”。

用来撕裂肉食的锋利尖牙

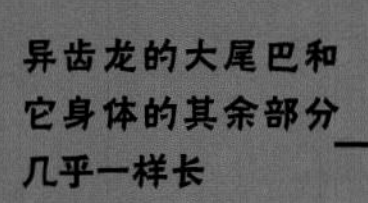

奇虾

奇虾体型巨大，生性勇猛，是一种可怕的掠食者。凭借其长长的前肢，它可以抓住猎物并将其直接塞入口中。它那锋利的、像牙齿一样的骨板已经做好准备，可以随时咀嚼！虽然奇虾可能无法咬穿隐头虫坚硬的外壳，但它可以对其身体裸露在外的柔软部分下口。

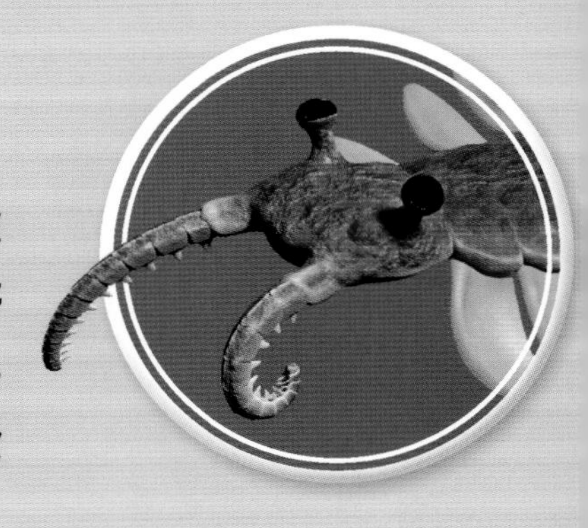

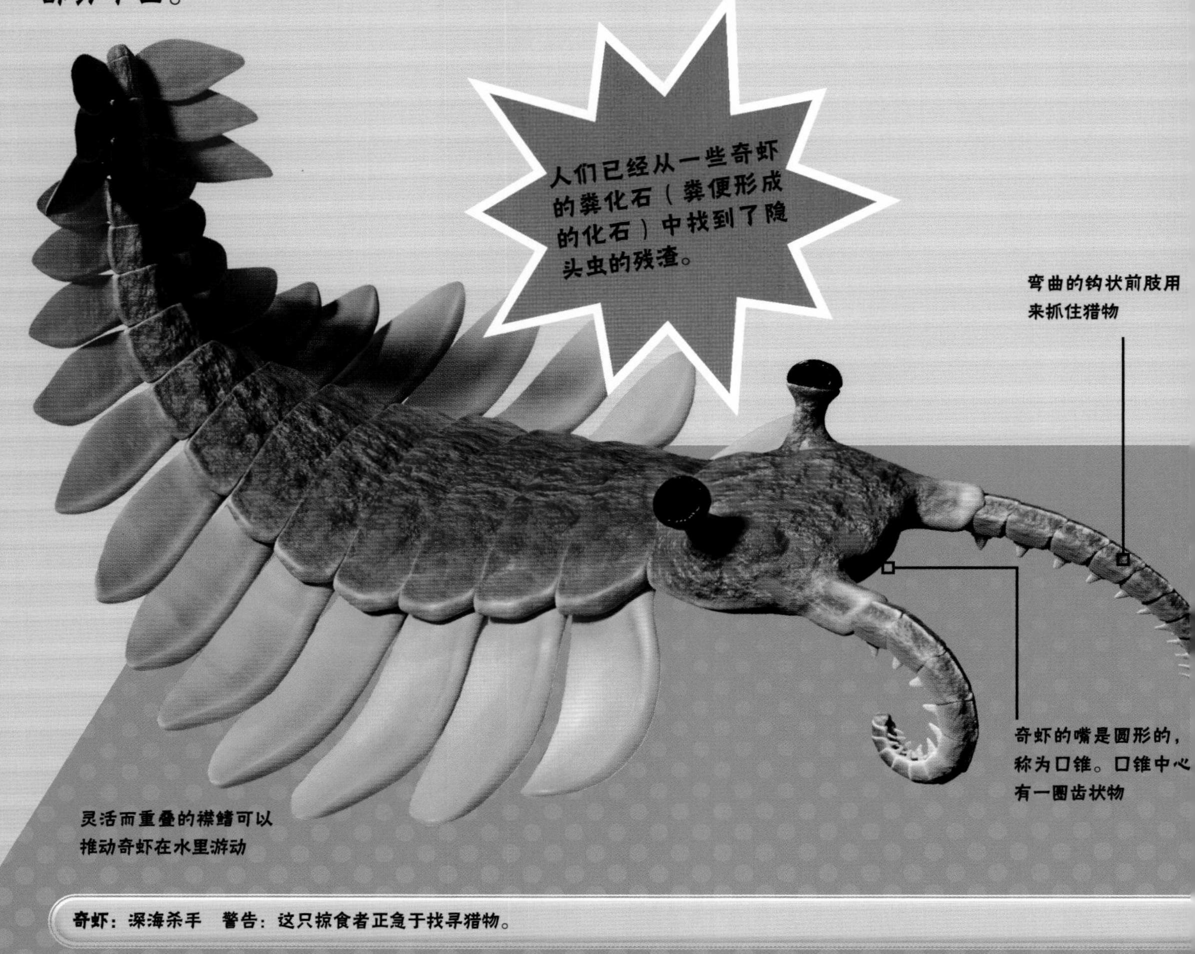

奇虾：深海杀手　警告：这只掠食者正急于找寻猎物。

战斗吧！

超级掠食者奇虾在寒武纪的海洋深处寻找美味的隐头虫。当陷入绝境，隐头虫的防御能力是否足以保护自己不受这个饥肠辘辘、体型庞大的对手的伤害？

隐头虫

隐头虫比奇虾更小，但它具有各种体型和形状。一些隐头虫用其他生物的食物残渣果腹，一些本身就是掠食者，还有一些以被称为浮游生物的微小海洋生物为食。大多数隐头虫行动缓慢，很容易沦为其他生物的盘中餐。幸好，它们拥有坚硬的外骨骼，于是在受到攻击时，一些隐头虫可以把身体卷成球状，从而保护柔软的下腹部。

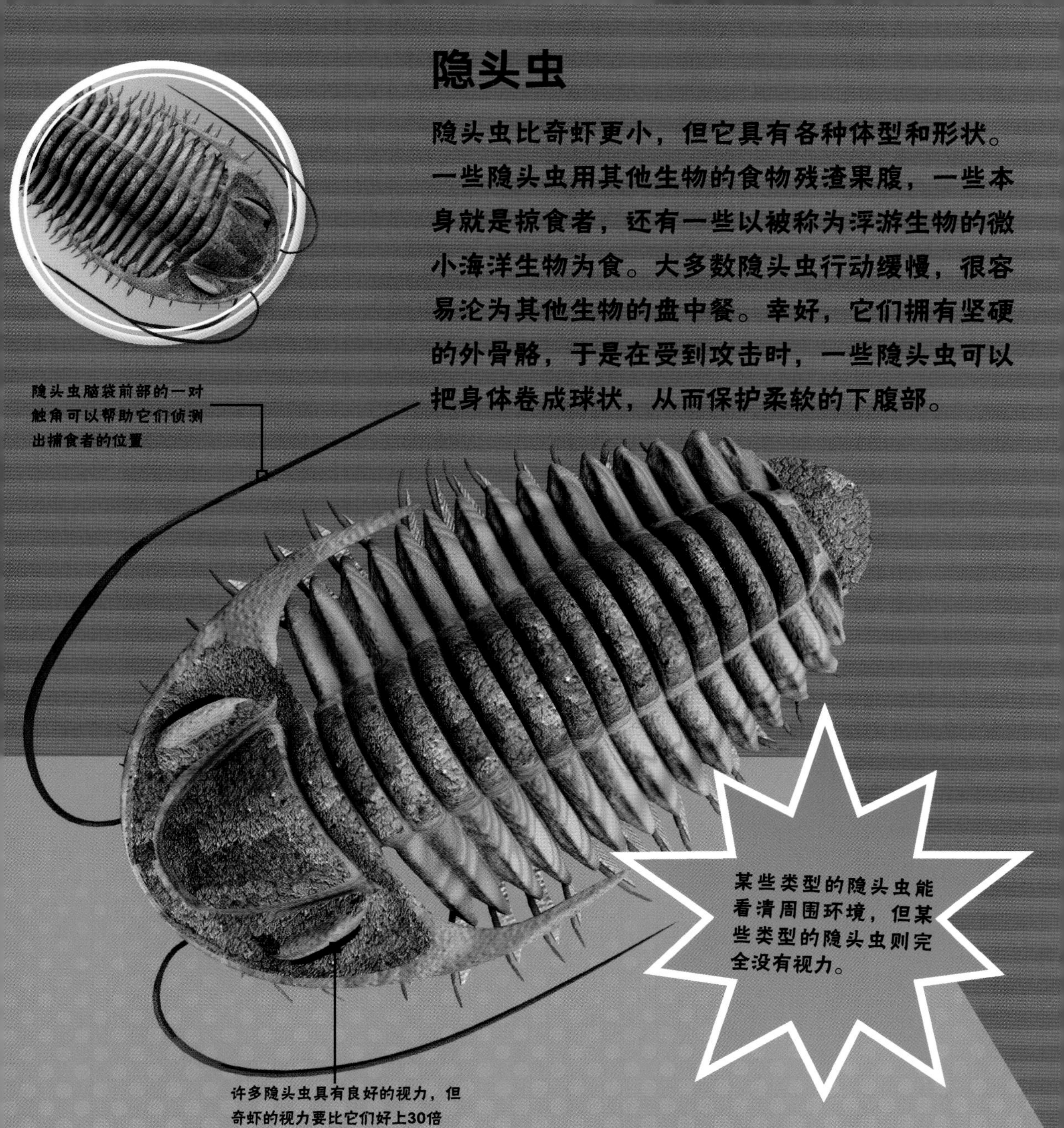

隐头虫：这只全副武装的节肢动物准备滚成一团了！

谁会胜出？

奇虾比隐头虫个头更大、行动更快、性格更凶残。对它来说，发现并捕获猎物并不困难。但是，隐头虫凭借坚硬的外骨骼，可以抵御来自攻击者的撕咬。隐头虫蜷成一团，以此来保证自己的安全。但奇虾会用它的前肢把受害者翻过来，直到对方露出身体的柔软部位，于是比赛结束！

化石发现

我们对史前生命的理解来自世界各地令人难以置信的化石发现。化石是保存下来的生物的遗骸，包括恐龙、哺乳动物、植物、昆虫和其他任何曾经存在过的生物。它们被埋在层层的岩石和沙子下面，长达数百万年甚至数千万年。

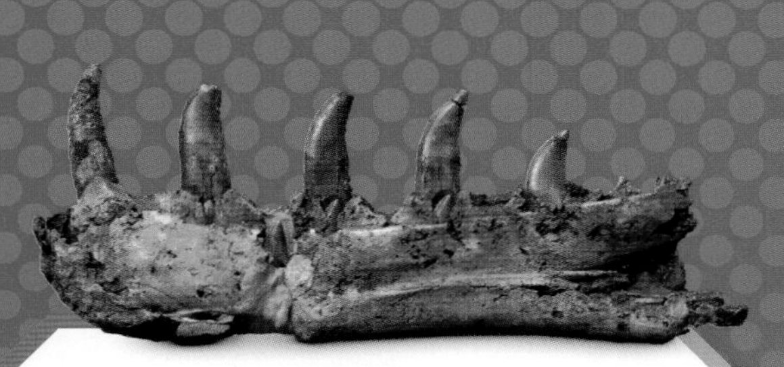

骨骼

科学家们利用骨骼来判断生物的体型大小、饮食习惯、运动特征和生活方式。他们偶尔会发现完整的骨骼，但大多数时候发现的都是单块的骨头或一些骨头碎片。

琥珀

有时，昆虫或其他东西会被树干上黏糊糊的树脂裹住。这样硬化之后就形成了琥珀，把里面的生物完美地保存了下来。

冰

冻结在冰块中的化石可以追溯到大约260万年前的冰河时代。长毛猛犸象可能掉进坑里，或者陷在稀泥里，结果被冻死了。

羽毛

羽毛化石很坚硬，所以它们能保存很长时间。羽毛帮助科学家们发现了恐龙和鸟类之间的联系。

皮肤和毛发

很难找到关于柔软的身体部位的化石，比如皮肤和头发。然而，德国的梅塞尔采石场发现了一些令人惊奇的化石，这些化石里既有皮肤也有毛发。

世界真奇妙！

迄今为止，人们发现的最大的化石是泰国的一棵树的化石，其长度超过了72米。

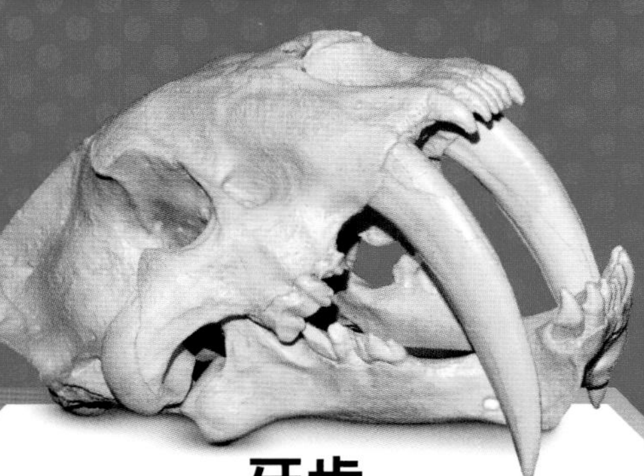

牙齿

在身体的柔软部分消失以后，牙齿由于很坚硬，可以继续保存很长时间。人们凭借一颗牙齿，可以识别出动物种类，并判断它是吃肉还是食素。

脚印

脚印化石揭示了相关生物的大量信息。我们可以凭此判断这个留下脚印的动物的体型大小，它是用两条腿走路还是四条腿走路，它是喜欢独行还是成群结队。

异棘鲨

异棘鲨是一种危险的海洋掠食者，看起来有点像鳗鱼，但实际上是一种早期的鲨鱼。它会用锋利的双层牙齿攻击猎物。

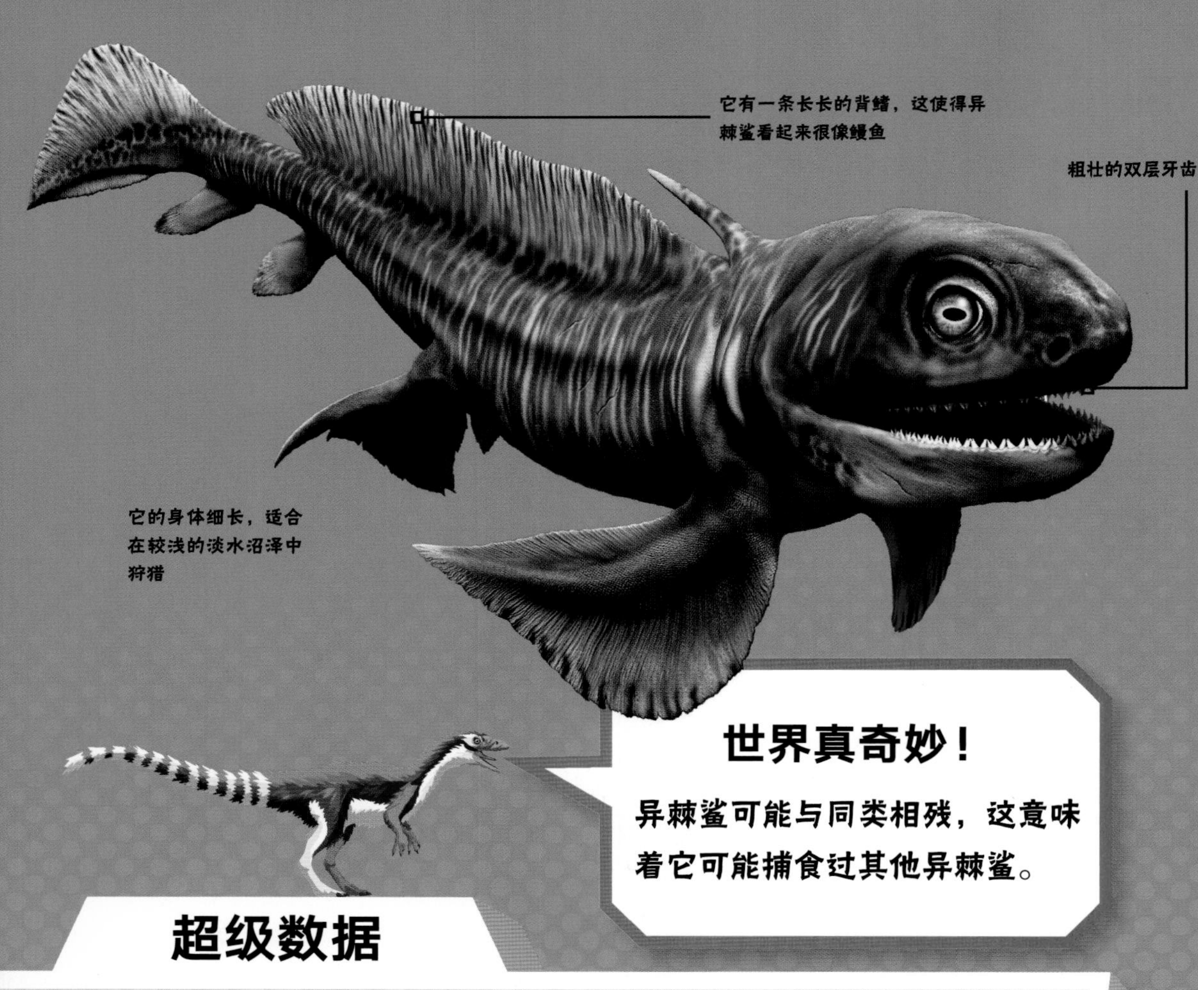

世界真奇妙！

异棘鲨可能与同类相残，这意味着它可能捕食过其他异棘鲨。

超级数据

名称：异棘鲨

名称的含义：竖立的尖刺　**时期：**石炭纪到二叠纪

身长：约3米　**体重：**约100千克　**饮食习惯：**食肉

栖息环境：海洋　**位置：**欧洲和北美洲

动物类型：史前动物

关键种：圆筒异棘鲨

引螈

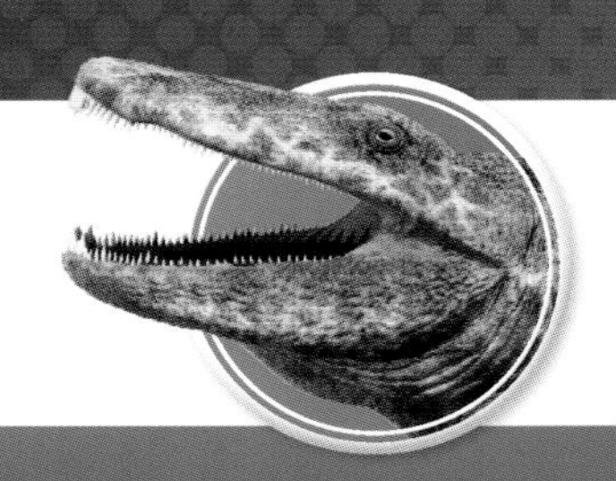

引螈是一种早期掠食者，看起来像一只又小又胖的鳄鱼。它的面部很长，皮肤凹凸不平，长着四条短腿。

世界真奇妙！

引螈很特别——早期两栖动物能够以化石形式留下完整骨架的少之又少，而它就是其中之一。

超级数据

名称：引螈
名称的含义：拉长的面孔　**时期：**石炭纪到二叠纪
身长：约2米　**体重：**约90千克　**饮食习惯：**食肉
栖息环境：陆地/淡水　**位置：**北美洲
动物类型：史前动物
关键种：大色法鲁斯引螈

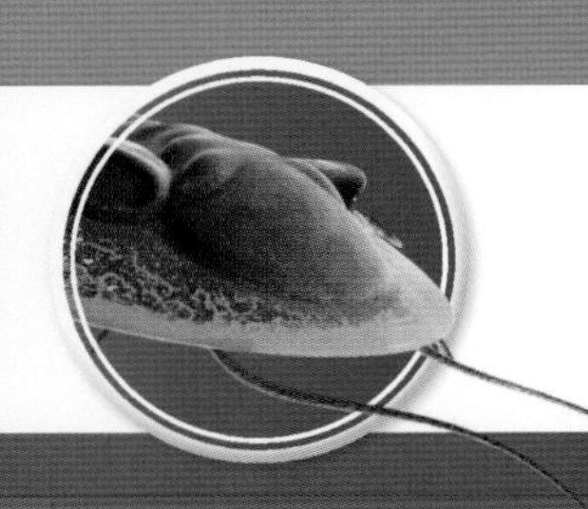

隐头虫

这种小生物是一种三叶虫。它的身体分节，长着许多小腿。三叶虫有2万多种。有些三叶虫的眼睛长在肉柄上，有些完全没有视力，有些甚至从身体里伸出带刺的、像尾巴一样的四肢来。

它们的身体被割成不同部分节段，从而可灵活运动

三叶虫是已知的、最早拥有眼睛的动物之一

感知周围环境的触角

坚硬的外骨骼能够为它提供保护，避免被捕食

世界真奇妙！

三叶虫现在已经灭绝了，但它们在地球上存活了近3亿年。

超级数据

名称： 隐头虫

名称的含义： 美丽的新月　**时期：** 志留纪

身长： 约10厘米　**体重：** 约40克　**饮食习惯：** 食肉

栖息环境： 海洋　**位置：** 欧洲

动物类型： 史前动物

关键种： 博卢蒙巴奇隐头虫

邓氏鱼

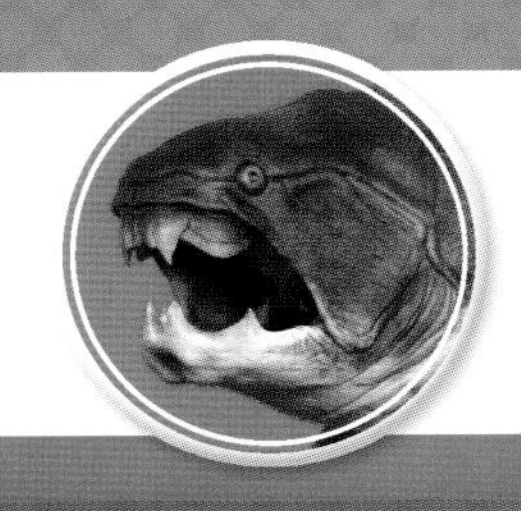

邓氏鱼就像野兽一样，身披盔甲，是当时体型最大的掠食者之一。它会以迅雷不及掩耳之势张开大嘴，狠狠咬住猎物，根本不给对方任何逃脱的机会。

世界真奇妙！

邓氏鱼化石上有咬痕和刺痕，这表明它们也曾遭到其他动物的猎杀。

超级数据

名称：邓氏鱼
名称的含义：邓克尔的骨头　时期：泥盆纪
身长：约10米　体重：约3500千克　饮食习惯：食肉
栖息环境：海洋　位置：北美洲、欧洲和非洲
动物类型：史前动物
关键种：特瑞利邓氏鱼

伊诺史川兽

又名狼蜥兽

伊诺史川兽是一种凶猛的食肉动物，它身体细长、四肢粗壮，长着一条短尾巴和满口巨大的尖牙。它在体型和重量上与一辆大型摩托车差不多。它是顶级掠食者。

世界真奇妙！

伊诺史川狼蜥兽是以发现它的俄罗斯地质学家亚历山大·伊诺史川的名字来命名的。

超级数据

名称：伊诺史川兽

名称的含义：纪念亚历山大·伊诺史川　**时期：**二叠纪

身长：约3米　**体重：**约500千克　**饮食习惯：**食肉

栖息环境：陆地　**位置：**欧洲和亚洲

动物类型：史前动物

关键种：亚历山大狼蜥兽

太陆鲨

太陆鲨看似是鲨鱼，但它有一个非比寻常的特征——嘴里长着一个牙轮。它的牙齿呈螺旋状排列，较小的牙齿位于下颌内侧，较大牙齿位于下颌边缘。

牙轮

长着鳃，和现代鲨鱼的相似

太陆鲨身体呈流线型，因此游起泳来速度很快

世界真奇妙！

专家们大多是根据牙轮化石来鉴定“太陆鲨”，这是它唯一留存下来的身体部位。

超级数据

名称：太陆鲨
名称的含义：螺旋锯　时期：二叠纪
身长：约10米　体重：约500千克　饮食习惯：食肉
栖息环境：海洋　位置：全世界
动物类型：史前动物
关键种：贝所诺维太陆鲨

冠鳄兽

冠鳄兽是哺乳动物的早期近亲。它的脑袋很大，上面顶着一个精致的头冠。它的头冠与鹿角相似，但短得多，而且是从脑袋两侧长出来的。科学家们认为冠鳄兽可能就是利用头冠这种视觉呈现方式，从而实现与同伴交流。

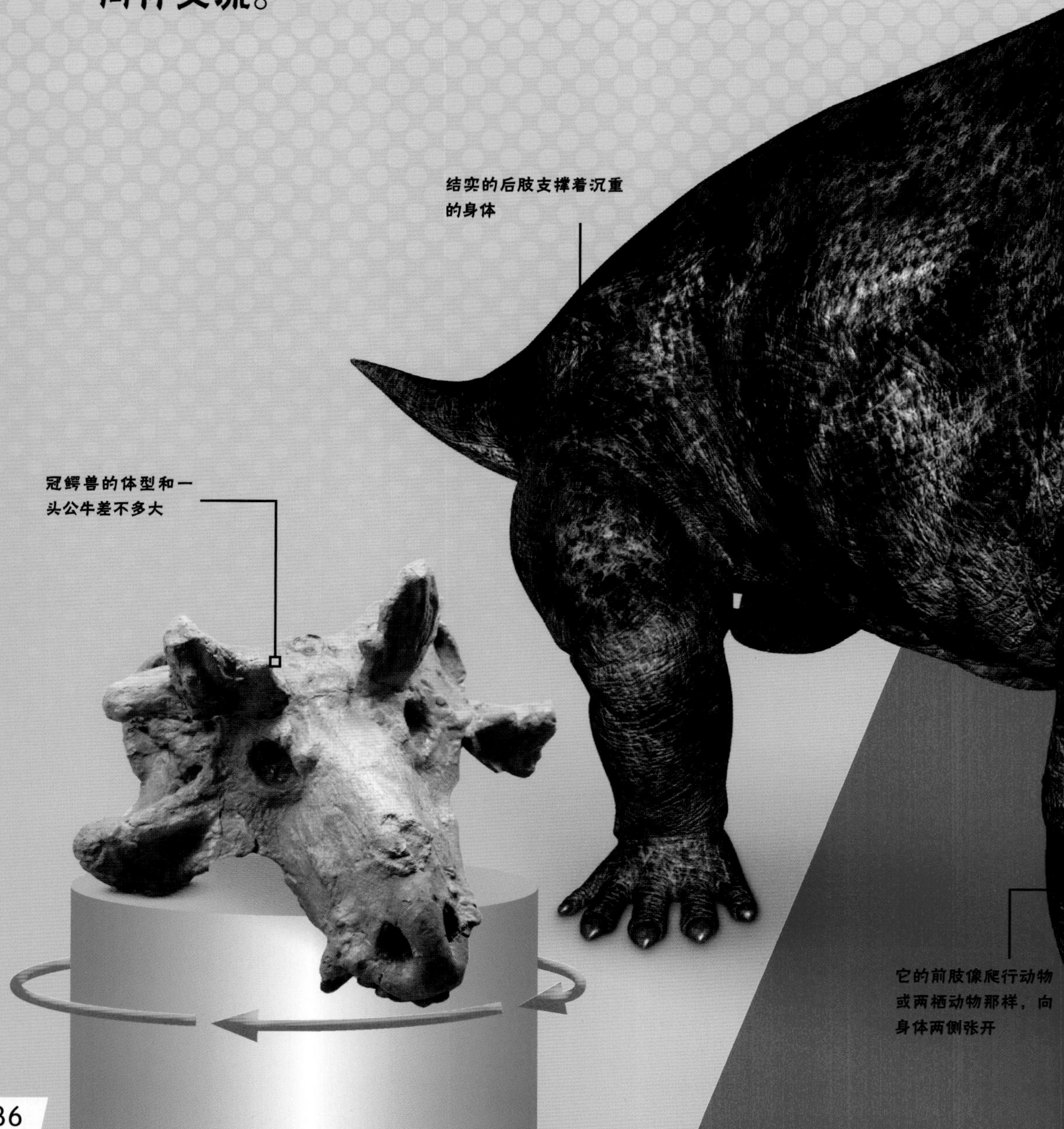

世界真奇妙！

冠鳄兽的意思是“戴着头冠的鳄鱼”，但它与哺乳动物的共同点多于它与爬行动物的共同点。

嘴里长着不同类型的牙齿

它的皮肤光滑，有点像青蛙的皮肤

超级数据

名称：冠鳄兽

名称的含义：戴着头冠的鳄鱼　时期：二叠纪

身长：约4米　体重：约400千克

饮食习惯：食草

栖息环境：陆地　位置：欧洲和亚洲

动物类型：史前动物

关键种：乌瑞棱瑟斯冠鳄兽

这种动物喜欢潜伏在郁郁葱葱的湿地中，虽然很像恐龙，其实并非如此。基龙在恐龙出现之前就生活在地球上了，而且事实上它与哺乳动物的关系更为密切。它是一种食草动物，有强大的颌部肌肉，可以咬碎并咀嚼坚硬的植物。

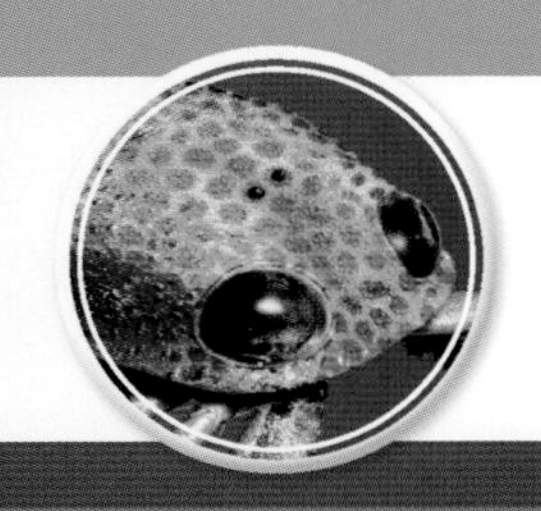

翼肢鲎

又名翼鲎、海蝎子

翼肢鲎是一种巨大的水生生物，也被称为海蝎子。这种生物的身体可分成不同部分，或者说是节段，并且它可以长到和普通成年人一样长。它巨大的钳子上布满了锋利的齿。

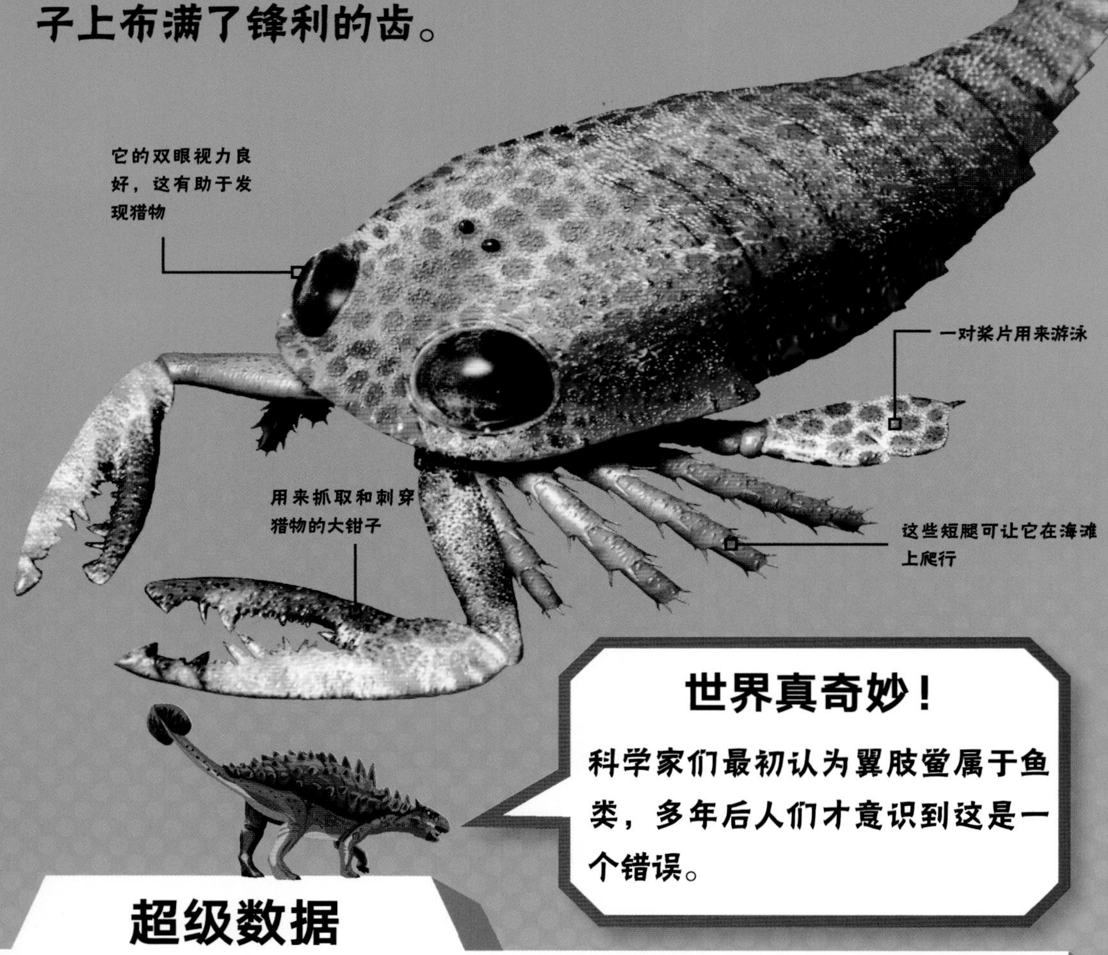

世界真奇妙！

科学家们最初认为翼肢鲎属于鱼类，多年后人们才意识到这是一个错误。

超级数据

名称： 翼肢鲎

名称的含义： 长翅膀的鱼　**时期：** 志留纪到泥盆纪

身长： 约2米　**体重：** 约10千克　**饮食习惯：** 食肉

栖息环境： 海洋　**位置：** 欧洲和北美洲

动物类型： 史前动物

关键种： 安格利卡翼肢鲎

又名螈怪

始螈有着鳗鱼般的体型和短腿，它的身体非常适合在浅水和沼泽中捕食。它可以轻松地抓住猎物，而不会被芦苇和树根缠住。始螈有时又被称为“螈怪”。

世界真奇妙！

始螈是当时最大的四足动物之一，比轿车还大。

超级数据

名称： 始螈
名称的含义： 黎明的蝌蚪　**时期：** 石炭纪
身长： 约4米　**体重：** 约450千克　**饮食习惯：** 食肉
栖息环境： 淡水　**位置：** 欧洲
动物类型： 史前动物
关键种： 阿特赫伊始螈

远古蜈蚣虫

这种巨大的千足虫用120条细腿在苏格兰和北美的森林中穿行。尽管体型很大，但它是食草动物，而非食肉动物。

世界真奇妙！

远古蜈蚣虫的身体和牛一般长，这使它成为有史以来最大的无脊椎动物。

超级数据

名称：远古蜈蚣虫
名称的含义：连接的肋骨　**时期：**石炭纪
身长：约2.5米　**体重：**约20千克　**饮食习惯：**食草
栖息环境：陆地　**位置：**欧洲和北美洲
动物类型：史前动物
关键种：亚曼达远古蜈蚣虫

巨脉蜻蜓

又名大尾蜻蜓、巨尾蜻蜓

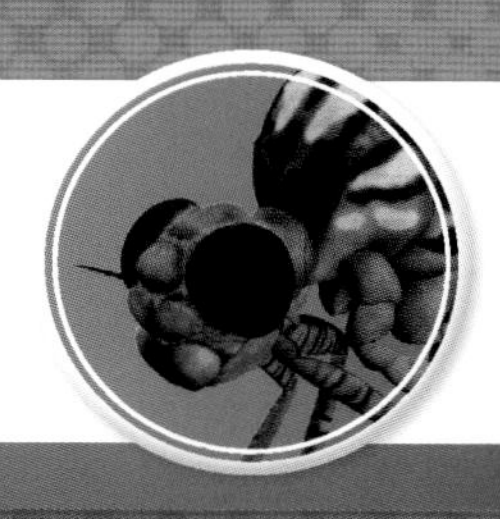

巨脉蜻蜓看起来像一只蜻蜓，但它的体型赶得上一只大鸟。它是一种致命的掠食者，通过腿上的尖刺捕捉并困住其他昆虫，甚至可能是小鱼。

巨脉蜻蜓利用灵活的尾巴，可以在飞行中转向并保持稳定

巨脉蜻蜓有两对翅膀，所以飞得很快

巨脉蜻蜓借助强大的双颌，可以吃掉体型相当大的猎物

骨质细刺可以捕获猎物

世界真奇妙！

巨脉蜻蜓是有史以来最大的飞行昆虫。

超级数据

名称：巨脉蜻蜓

名称的含义：巨大的脉纹　时期：石炭纪

身长：约75厘米　体重：约500克　饮食习惯：食肉

栖息环境：陆地　位置：欧洲

动物类型：史前动物

关键种：布容格尼阿提巨脉蜻蜓

双鳍鱼

双鳍鱼是一种生活在史前的肺鱼，它的身体上覆盖着鳞片，两片背鳍出现在背部靠后的位置，还长着一条像鲨鱼一样的尾巴。它具有强壮的双颌和几排牙齿状的骨板。

世界真奇妙！

双鳍鱼是最早进化出呼吸空气能力的鱼类之一。

超级数据

名称：双鳍鱼

名称的含义：两只翅膀　时期：泥盆纪

身长：约40厘米　体重：约3400克　饮食习惯：食肉

栖息环境：淡水　位置：欧洲和北美洲

动物类型：史前动物

关键种：华伦瑟恩尼斯双鳍鱼

提塔利克鱼

提塔利克鱼是一种大型鱼类，长着强壮的、像四肢一样的鳍，使它能够爬行。它是最早从水里出来，并在陆地上活动的鱼类之一。

世界真奇妙！

据我们所知，提塔利克鱼最早在鱼类和四足动物之间建立起联系（因此它获得了一个绰号："鱼足"）。

超级数据

名称：提塔利克鱼
名称的含义：大型淡水鱼　时期：泥盆纪
身长：约3米　体重：约23千克　饮食习惯：食肉
栖息环境：陆地/淡水　位置：北美洲
动物类型：史前动物
关键种：罗瑟阿提塔利克鱼

中龙

中龙是最早在海洋中生活的爬行动物之一。它的尾巴又粗又长，并且脚上带蹼，这让它变成了厉害的游泳健将。中龙的牙齿呈针状，不能撕裂大型猎物，于是它在水中通过左右摆动头部来捕捉小鱼和甲壳类动物。

超级数据

名称：中龙

名称的含义：中间的蜥蜴　**时期：**二叠纪

身长：约1米　**体重：**约9千克　**饮食习惯：**食肉

栖息环境：海洋　**位置：**非洲和南美洲

动物类型：史前动物

关键种：特奴登斯中龙

中龙的大尾巴和它
身体的其余部分几
乎一样长
世界真奇妙！
中龙有肺，但没有鳃，所以
它需要经常浮出水面呼吸
空气。
蹼足有助于划水
它身体细长，能在水中
轻松游动

异齿龙

掠食者需要一口锋利的牙齿，而异齿龙在这方面大有优势。它的前牙又长又尖，是刺杀猎物的最佳武器。一组锯齿状牙齿也有助于锯开食物。它甚至在上颌还藏着牙齿，以防止较小的猎物逃跑。有了这些锋利的武器和强壮的颌肌，这种生物的咬合力非常可怕。

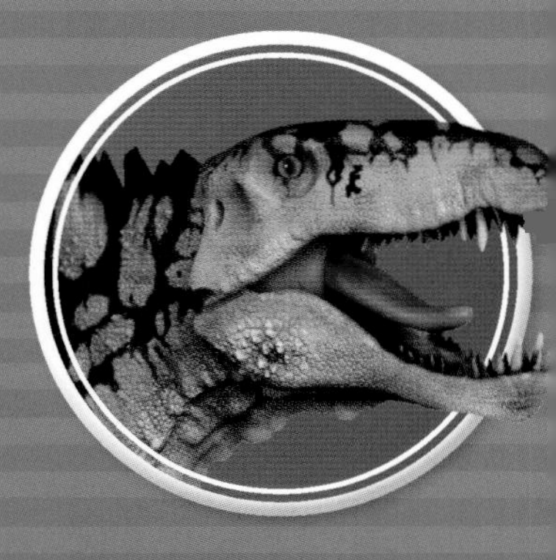

它令人印象深刻的背帆是用来向其他异齿龙炫耀的，而不是作为武器

异齿龙的牙齿是已知的最早的锯齿状牙齿。

异齿龙：这个牙尖齿利的恐怖分子为了迎接下一顿大餐，正准备发动袭击！

战斗吧！

大约3亿年前，异齿龙和基龙都曾在地球上横行。它们都长得像蜥蜴：头小、腿粗，身上还有一个大大的背帆。但是，基龙是一种食草动物，而异齿龙却是一种凶残的肉食动物。

基龙

基龙几乎和异齿龙一样大，但远没有后者那样具有攻击性。它大部分时间都在吃低矮的植物。因此，基龙的牙齿呈钉状，显得又短又钝，这虽然有利于咀嚼植物，但不能保护它免受掠食者的攻击。基龙长着一个独特的背帆，上面还有小刺。但这些刺很容易折断，很难起到保护作用。

基龙的尾巴虽然又长又重，但并不是用来鞭打掠食者的，这意味着它的行动相当缓慢

基龙的意思是“路面的蜥蜴”。它拥有排列紧密的钝齿。

基龙：背帆带刺的食草动物可能有麻烦了。

谁会胜出？

如果基龙先发现异齿龙，那它可能会试图逃跑。如果跑不掉，它可能会利用背帆作为伪装来隐藏自己。但是，如果这招骗不过异齿龙，那这场战斗也不会持续太久。基龙可能会展开几次冲锋，但这不足以给对方造成严重伤害。只要异齿龙亮出它那恐怖的牙齿，这场战斗就结束了。

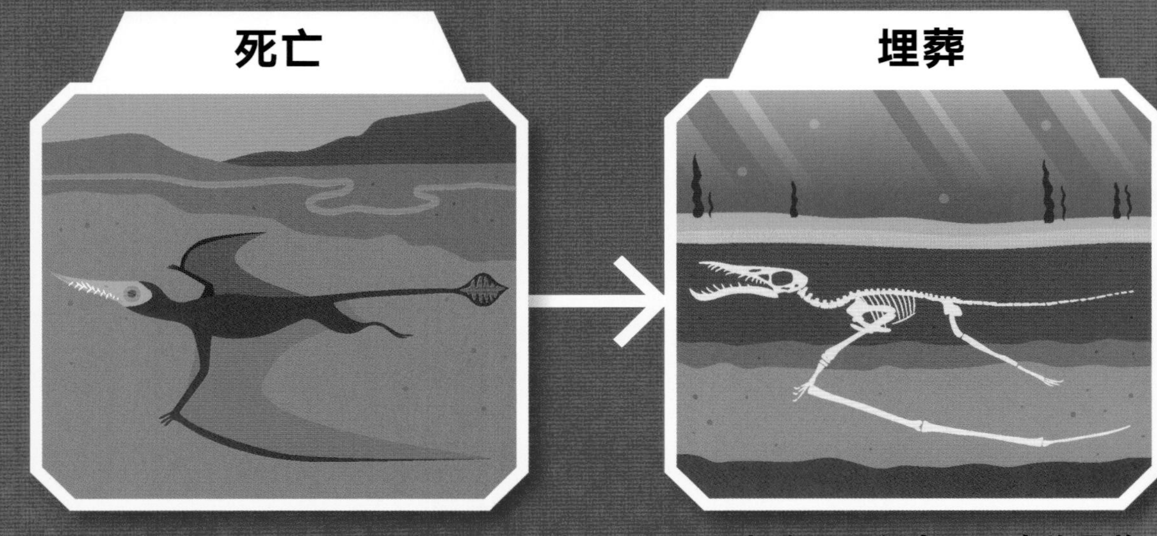

一只动物死了。但要成为化石，它必须在水边咽气或直接就死在水中。其身体的柔软部分通常会腐烂或被其他生物吃掉。

水中的泥土和沙子沉淀并覆盖在尸体上。随着时间的推移，尸体会覆盖上一层又一层的泥土和沙子。这意味着尸体承受的重量会不断增加。

化石是如何形成的？

很久以前，地球上生活的动植物与现在的动植物截然不同。我们之所以知道这一点，是因为我们发现了它们以化石的形式保存下来的遗骸。但只有很少一部分动植物遗骸变成化石。要成为化石，必须以非常特殊的方式保存遗骸。然后，再经历数百万年的时间才能形成。

世界真奇妙！

一些化石甚至向我们展示了史前动物的皮毛、羽毛或皮肤。

成为岩石

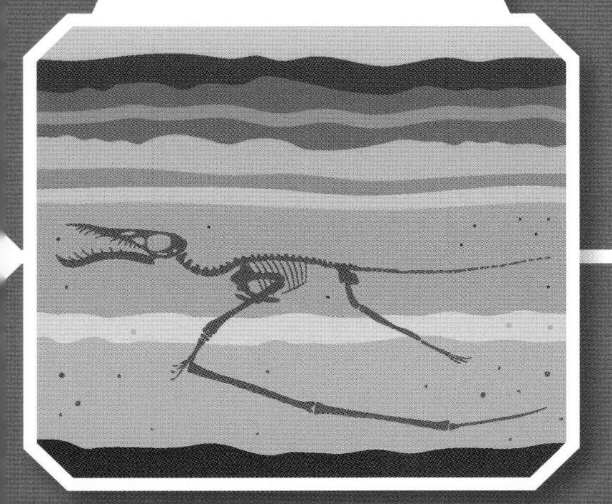

慢慢地，尸体被埋得越来越深。一层层的泥土或沙子变成了岩石。岩石中水分所含有的矿物质渗入尸体，将其变成石头。

发现化石

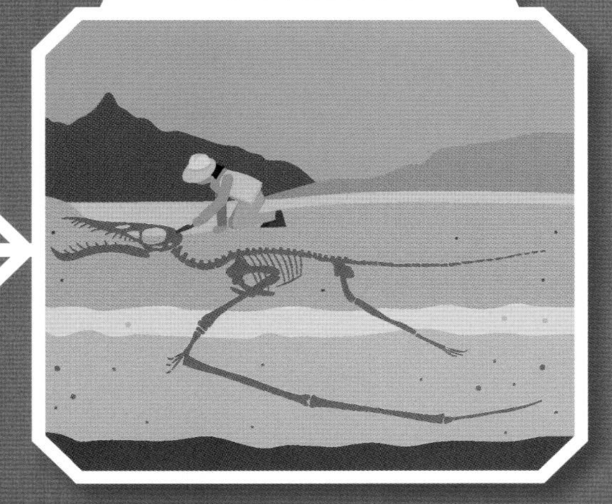

数百万年后，水和风侵蚀陆地，露出藏在里面的化石。它可能会被化石搜寻者发现，然后被人们小心翼翼地从岩石中取出。

形成化石

大多数化石都是由身体的坚硬部位形成，比如贝壳或骨头，因为它们已经变成了石头。动物身体的柔软部分，如羽毛、毛发或皮肤，留存下来的概率就非常小。

身体化石

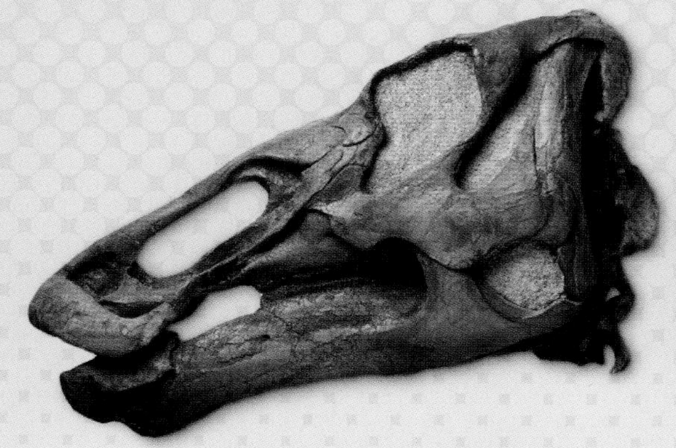

大多数恐龙化石都是身体化石。它们是恐龙身体中坚硬的骨质部分，在吸收矿物质之后，变成了石头。

有时，某些生物会变成岩石，相当于留下了一个关于它身体的模具。随着时间的推移，泥浆会填满这个模具，于是就形成一个可以表现这只动物外形特征的复制品。

三叠纪

在三叠纪初期，地球正在从一场巨大的灭绝事件中恢复过来——那场灾难摧毁了地球上的大部分生物。由于没有任何竞争，幸存下来的动物能够在短时间内大量繁殖。但随着时间的推移，新的动物出现了，包括海洋爬行动物、飞行翼龙和第一批恐龙。这些早期的恐龙体型很小，用两条腿走路，多数是食肉的。

波斯特鳄

又名后鳄龙

在三叠纪晚期，体型最大、最身强力壮的掠食者之一是波斯特鳄。这种披盔戴甲的古老爬行动物看起来有点像长腿鳄鱼。

世界真奇妙！

波斯特鳄以其他恐龙为食，甚至可能吃自己的同类。

超级数据

名称：波斯特鳄

名称的含义：来自波斯特的鳄鱼　时期：三叠纪

身长：约4.5米　体重：约680千克　饮食习惯：食肉

栖息环境：陆地　位置：北美洲

动物类型：史前动物

关键种：柯氏波斯特鳄

长颈龙

来看看长颈龙，一种海洋爬行动物，它的脖子长得令人难以置信。长颈龙可以出其不意地伸出脖子，对三叠纪浅水区的鱼类和爬行动物发动突然袭击。

世界真奇妙！

虽然长颈龙大部分时间都在浅水中度过，但它可能会到岸上来下蛋。

超级数据

名称： 长颈龙
名称的含义： 长铰链　**时期：** 三叠纪
身长： 约6米　**体重：** 约136千克　**饮食习惯：** 食肉
栖息环境： 海洋　**位置：** 欧洲和亚洲
动物类型： 史前动物
关键种： 隆各巴迪卡斯长颈龙

舟椎龙

舟椎龙身形巨大，体长超过噬人鲨的两倍。由于具有巨大的身躯，它在深水中捕食，几乎没有天敌。

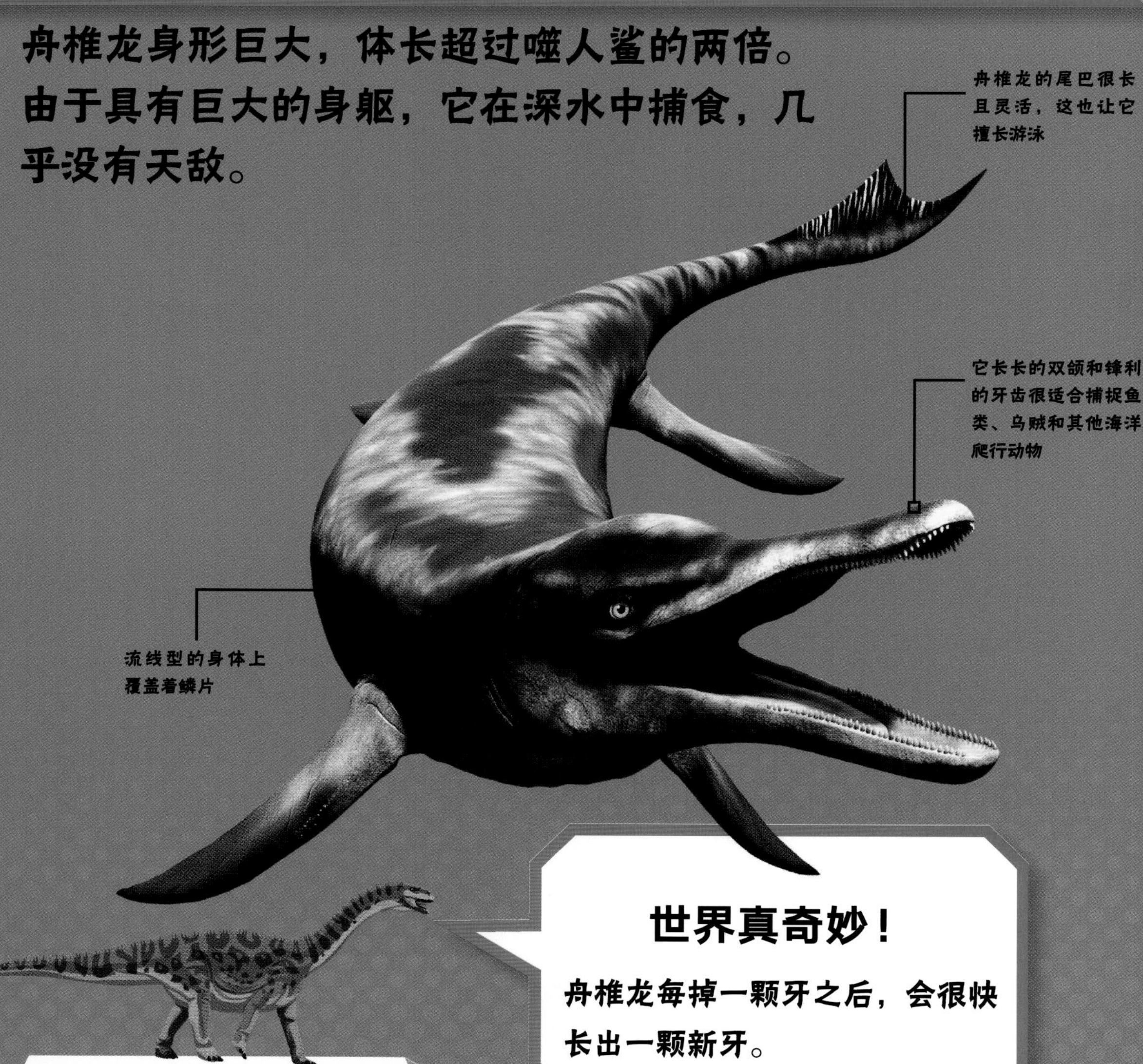

世界真奇妙！

舟椎龙每掉一颗牙之后，会很快长出一颗新牙。

超级数据

名称：舟椎龙

名称的含义：船的脊部　时期：三叠纪

身长：约10米　体重：约3200千克　饮食习惯：食肉

栖息环境：海洋　位置：北美洲和欧洲

动物类型：史前动物

关键种：皮斯科萨斯舟椎龙

湖北鳄

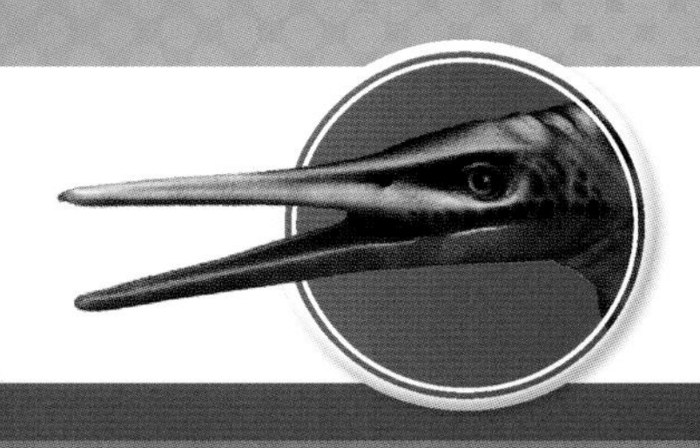

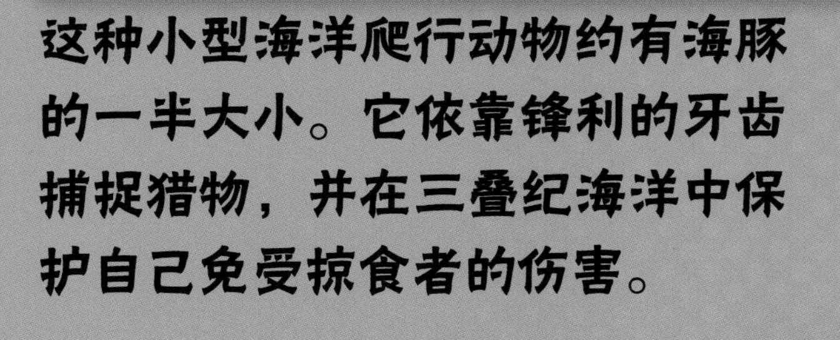

这种小型海洋爬行动物约有海豚的一半大小。它依靠锋利的牙齿捕捉猎物，并在三叠纪海洋中保护自己免受掠食者的伤害。

在背部延伸的带状甲片给它提供了额外保护

长长的吻部长满了短牙，从而方便它抓鱼

扁形前鳍，用于划水

世界真奇妙！

湖北鳄受自己体型的限制，不大可能在陆地上活动。

超级数据

名称：湖北鳄

名称的含义：湖北的鳄鱼　时期：三叠纪

身长：约1米　体重：约45千克　饮食习惯：食肉

栖息环境：海洋　位置：亚洲

动物类型：史前动物

关键种：南昌湖北鳄

真双齿翼龙

真双齿翼龙是三叠纪第一批会飞的翼龙。虽然体型像乌鸦一样小，但因为有一对大翅膀和一条坚硬的尾巴，它成了一个强悍的飞行者，并能俯冲下来捕鱼。

世界真奇妙！

真双齿翼龙有长长的喙，里面大约长着110颗牙齿。

超级数据

名称：真双齿翼龙

名称的含义：两种完全不同的牙齿　时期：三叠纪

翼展：约1米　体重：约10千克　饮食习惯：食肉

栖息环境：陆地/天空　位置：欧洲

动物类型：史前动物

关键种：冉自伊真双齿翼龙

水龙兽

这种矮矮胖胖的生物看起来很奇怪，它不是恐龙，而是哺乳动物的一种古老的近亲。水龙兽身体健壮，白天四处游荡，到了晚上，它会挖洞睡觉。

世界真奇妙！

水龙兽没有牙齿，只有上颌长着两颗犬齿，看起来就像海象的獠牙一样。

超级数据

名称：水龙兽

名称的含义：铁铲蜥蜴　时期：二叠纪到三叠纪

身长：约2.5米　体重：约120千克　饮食习惯：食草

栖息环境：陆地　位置：非洲、亚洲和南极洲

动物类型：史前动物

关键种：默氏水龙兽

曙奔龙

又名始奔龙、曙驰龙

曙奔龙体型虽小，但奔跑速度很快，性格凶猛。它出现在恐龙时代的初期，常在陆地上四处狂奔，追逐其他小型爬行动物。这种恐龙于2011年被命名，当时在阿根廷发现了它的一具近乎完整的骨骼。

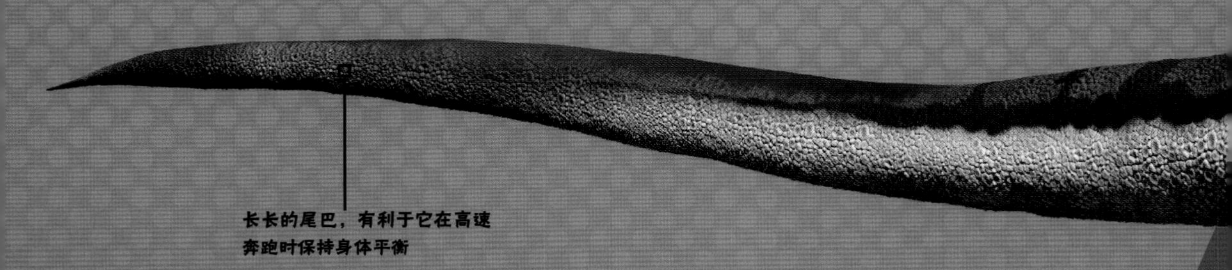

长长的尾巴，有利于它在高速奔跑时保持身体平衡

世界真奇妙！

作为猎手，尽管曙奔龙的奔跑速度很快，但它的体重却和一只大型家猫差不多。

超级数据

名称：曙奔龙

名称的含义：黎明的奔跑者　时期：三叠纪

身长：约1米　体重：约5千克　饮食习惯：食肉

栖息环境：陆地　位置：南美洲

动物类型：恐龙

关键种：莫尔菲曙奔龙

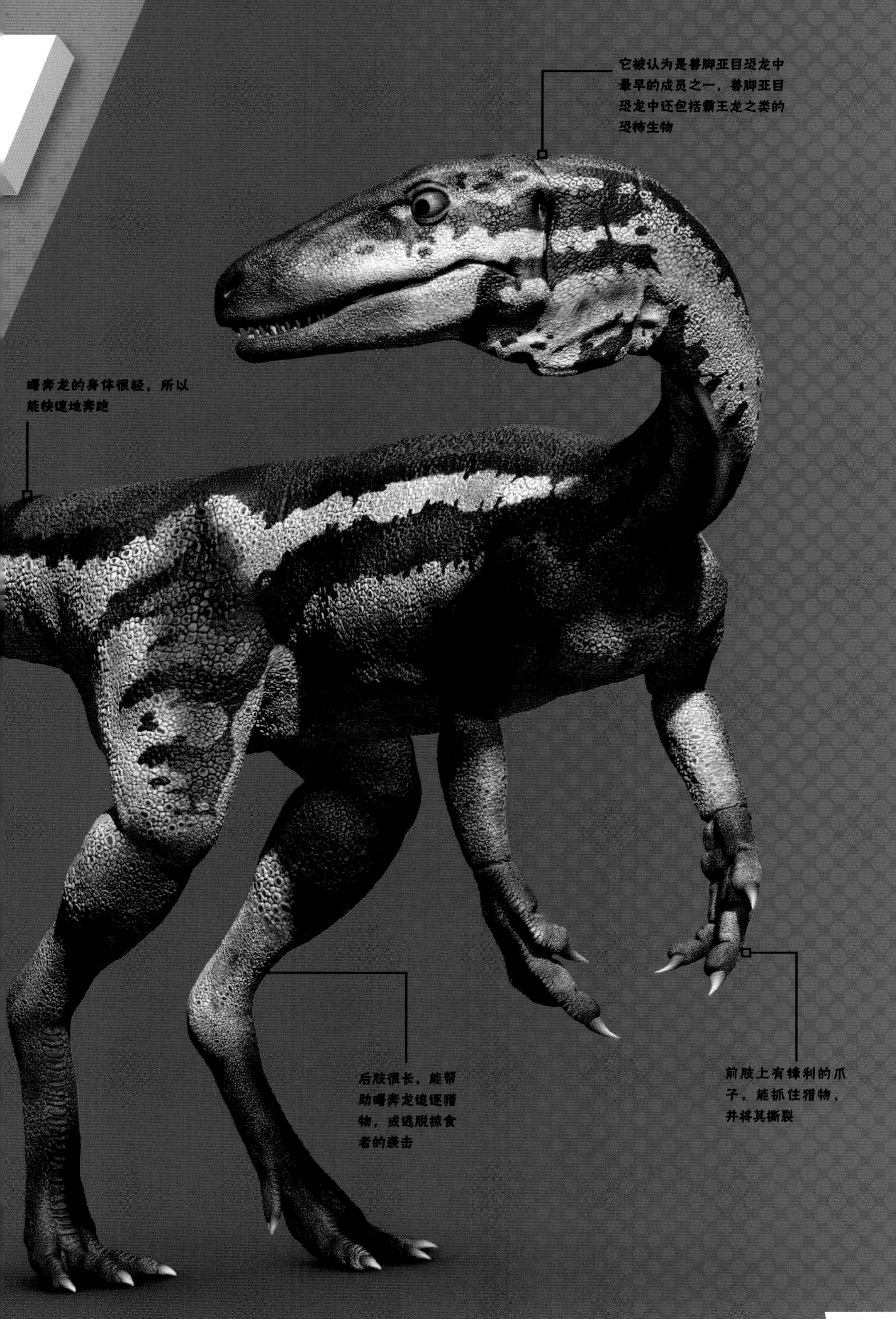
它被认为是兽脚亚目恐龙中最早的成员之一，兽脚亚目恐龙中还包括霸王龙之类的恐怖生物
曙奔龙的身体很轻，所以能快速地奔跑
后肢很长，能帮助曙奔龙追逐猎物，或逃脱掠食者的袭击
前肢上有锋利的爪子，能抓住猎物，并将其撕裂

沙尼龙

这个家伙是有史以来人们知道的最大的一种爬行动物。它庞大的体型意味着它不太可能被其他动物猎杀，因为它足足有一个游泳池那么长。沙尼龙是海洋中出现的第一个真正意义上的巨型掠食者，也是当时世界上最大的掠食者。

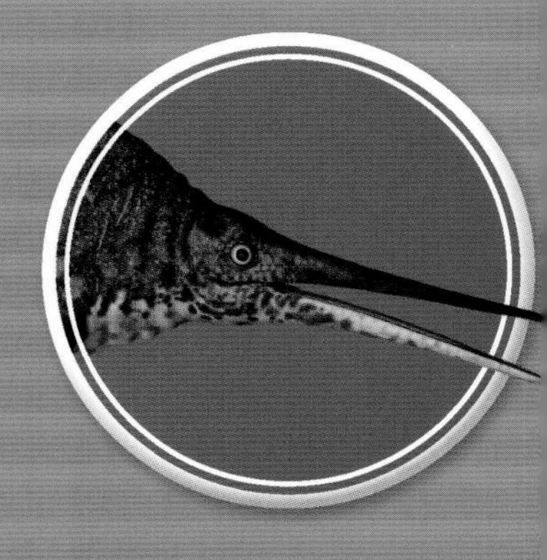

沙尼龙：一条巨型鱼龙，食欲旺盛！

战斗吧！

三叠纪的海洋中有很多生物，包括名目繁多的鱼类以及古老的、类似乌贼的生物。追逐这些丰富猎物的是那些看起来像鲨鱼的鱼龙，其中就包括沙尼龙和舟椎龙。

舟椎龙

这种大型爬行动物看起来有点像现代的海豚。舟椎龙是一个速度很快的游泳健将，有一条像鳗鱼一样的尾巴，占了它身体长度的一半。舟椎龙狭长的吻部长着一排排牙齿，可以捕食柔软的小猎物。

舟椎龙：一头来自深海，且长着鳗尾的爬行动物！

谁会胜出？

这两头深海猛兽将展开一场漫长的战斗，但沙尼龙比它的对手更有优势。它的牙齿呈锥形，大约是舟椎龙牙齿的两倍大，所以它的胜算很大。

研究化石

人类对化石的了解已有数千年的历史，但在很长一段时间里，我们都不知道它们究竟是什么。如今，出现了一门专门研究化石的科学——古生物学。古生物学家们正是通过研究化石，才了解了过去的生命。

挖掘

我们需要非常小心地处理化石。化石周围的石头先要清除。所有的小石块都要经过检查，看它们是否包含任何动物软体部分的痕迹。大骨头都用石膏覆盖，确保它们在移动时不会断裂。

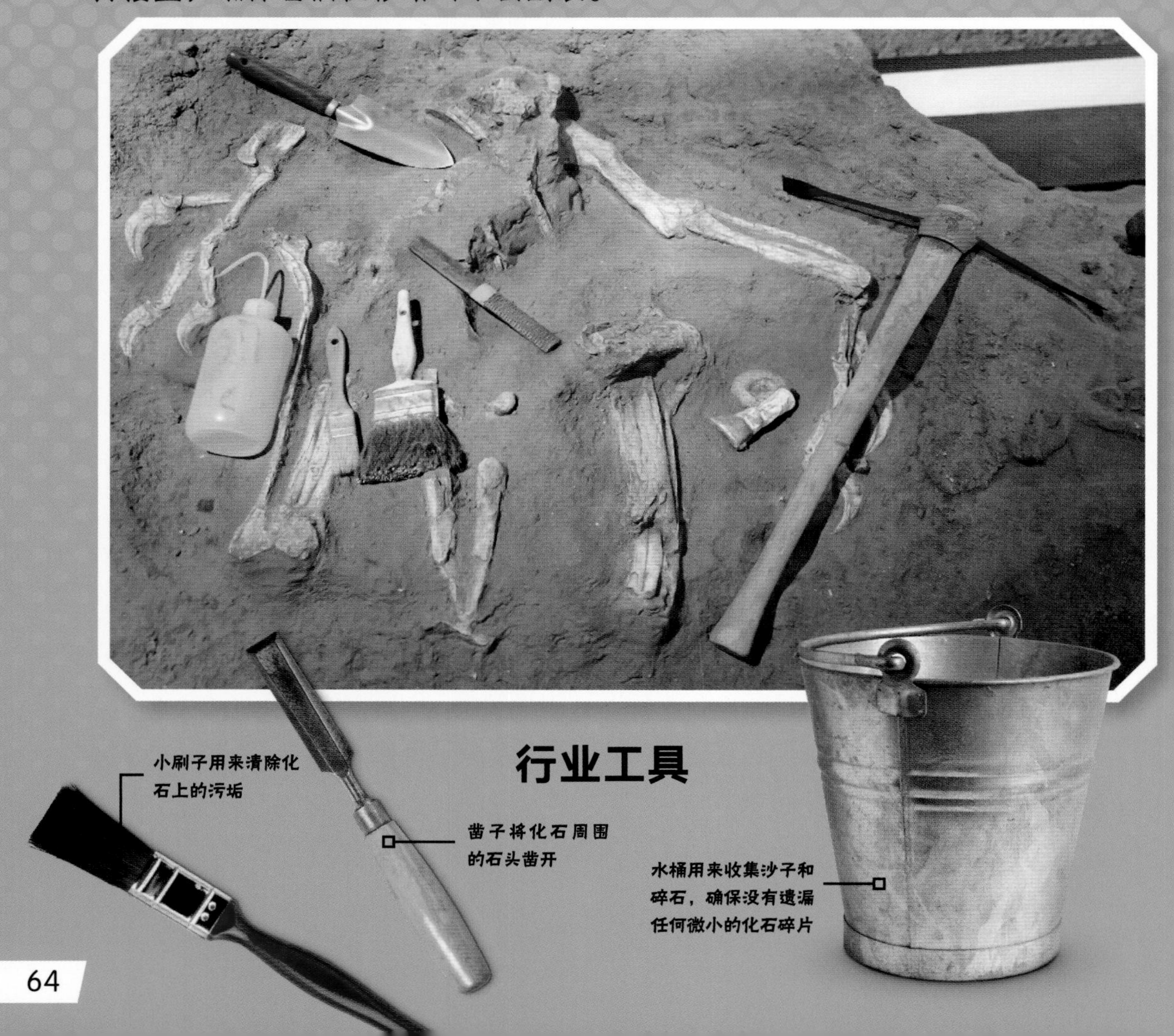

化石定年

化石存在于不同类型的岩石中。通常，较老的岩石层位于较新的岩石层下方。如果科学家们能够通过研究岩石随时间的推移而衰变的程度来确定它的年代，那么他们就可以推测出在该岩石层中的化石的年代。

搭建恐龙

化石有的很重且易碎，因此有时会在特殊情况下进行安全保存。向公众展示的通常是轻量级的复制品。它们由塑料制成，用金属架连接在一起。缺失的部分通常会被添加上去。恐龙的骨架被赋予了栩栩如生的姿态。

起死回生

一些化石保留了动物的软体部分，揭示出动物的颜色和其他特征。但是，科学家们常常不得不依赖于骨骼中的线索来建造恐龙的肌肉和完整身体的模型。信息通常存在空白，因此，科学家们会查看相关联的生物的化石，或是研究那些存活至今的相类似的动物。

早期化石猎手

玛丽·安宁（1799—1846）

玛丽·安宁是最早的古生物学家之一，住在英国莱姆里吉斯。她和她的兄弟发现了第一块鱼龙化石，她那时才12岁。

理查德·欧文（1804—1892）

理查德·欧文创造了“恐龙”这个词。他花了数年时间研究化石和骨骼，并帮助创建了英国伦敦的自然历史博物馆。

奥赛内尔·查利斯·马什（1831—1899）

奥赛内尔·查利斯·马什是一位古生物学家，在与另一位古生物学家爱德华·德林克·科普的比赛中发现了数百块化石。这场比赛被称为“寻骨大战”。

幻龙

这种牙齿像匕首一样的爬行动物大部分时间都在水中捕食。它的四条腿短而结实，且可以在陆地上爬行，并且能像现代海龟一样在海滩上筑巢。

世界真奇妙！

幻龙大约长着120颗尖尖的牙齿，像针一样，擅长捕捉溜滑的鱼类。

超级数据

名称：幻龙

名称的含义：冒牌的爬行动物　时期：三叠纪

身长：约5米　体重：约200千克　饮食习惯：食肉

栖息环境：海洋　位置：欧洲和亚洲

动物类型：史前动物

关键种：奇异幻龙

混鱼龙

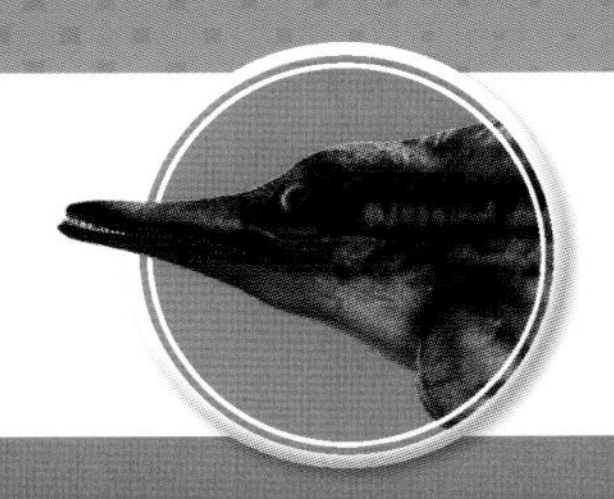

混鱼龙看起来很像现代的海豚。它用鳍状肢熟练地在水中游动，捕食鱼类。世界各地都发现了它的化石。

尾鳍左右摆动，推动混鱼龙在水中向前移动

背鳍有助于在水中保持稳定

吻部狭长，牙齿锋利，擅于抓鱼

世界真奇妙！

混鱼龙虽然生活在水中，但它要呼吸空气。所以必须游到水面上呼吸。

超级数据

名称：混鱼龙

名称的含义：混合型蜥蜴　时期：三叠纪

身长：约2米　体重：约30千克　饮食习惯：食肉

栖息环境：海洋　位置：欧洲和亚洲

动物类型：史前动物

关键种：科纳尼诺斯混鱼龙

撕蛙鳄

这种生物通常用四肢走路。然而，它或许能够在短时间内用后肢直立起来，攻击它想捕捉的较小动物。

世界真奇妙！

在两栖动物虾蟆螈的骨骼上，人们发现了撕蛙鳄留下的牙印。

超级数据

名称：撕蛙鳄

名称的含义：撕裂青蛙的家伙　时期：三叠纪

身长：约6米　体重：约1100千克　饮食习惯：食肉

栖息环境：陆地　位置：欧洲

动物类型：史前动物

关键种：库普弗采尔撕蛙鳄

虾蟆螈

又名虾蟆龙、乳齿螈

体型巨大的虾蟆螈大部分时间都在水里度过。它用四肢拖着身体穿过水下的植物森林，寻找鱼类。据我们所知，它是世界上出现过的体型最大的两栖动物之一。

世界真奇妙！

虾蟆螈的两颗门牙太大，以至于得在牙床上留出一道专门的开口，才能让自己闭上嘴。

超级数据

名称：虾蟆螈
名称的含义：牙齿像野兽的蜥蜴　**时期**：三叠纪
身长：约6米　**体重**：约1400千克　**饮食习惯**：食肉
栖息环境：海洋　**位置**：欧洲和亚洲
动物类型：史前动物
关键种：巨型虾蟆螈

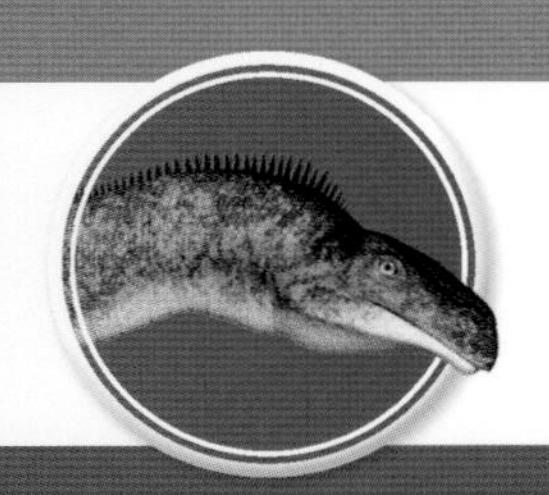

板龙

这种食草动物用后肢行走，并用它有力的前臂和爪子采集树叶。板龙是最早存在的大型恐龙之一，也是最著名的三叠纪恐龙之一。

世界真奇妙！

人们在岩层里发现了许多板龙的骨骼以及完整骨架。这些遗址被称为“骨床”。

超级数据

名称：板龙
名称的含义：宽大的蜥蜴　时期：三叠纪
身长：约10米　体重：约4000千克　饮食习惯：食草
栖息环境：陆地　位置：欧洲
动物类型：恐龙
关键种：特洛辛根板龙

盾齿龙

盾齿龙虽然看似笨拙、行动迟缓，但它在水中表现完美，是一个厉害的游泳健将。它或许可以暂时离开水面到岸上活动，但在陆地上活动会很困难。

世界真奇妙！

盾齿龙的前牙虽小但很锋利，可用来抓捕猎物，而满口又大又圆的扁牙则可以咬碎贝类。

超级数据

名称：盾齿龙

名称的含义：扁平的牙齿　**时期：**三叠纪

身长：约3米　**体重：**约230千克　**饮食习惯：**食肉

栖息环境：海洋　**位置：**欧洲和亚洲

动物类型：史前动物

关键种：吉加斯盾齿龙

埃雷拉龙

又名艾雷拉龙、赫雷拉龙

这种可怕的食肉动物是地球上最早出现的恐龙之一。它身上具备成为一种危险掠食者所需的全部特征：锋利的牙齿、带有大爪子的前肢，以及一条长而有力的尾巴。这条尾巴能帮助埃雷拉龙把体重均衡地分配在后肢上，这样它就能快速追赶猎物。

前肢上有三根长长的、带尖甲的脚趾

世界真奇妙！

埃雷拉龙的下颌很灵活。它的颌骨可以前后滑动，这样不管猎物怎么挣扎，都会被它牢牢咬住。

超级数据

名称： 埃雷拉龙

名称的含义： 埃雷拉的蜥蜴　**时期：** 三叠纪

身长： 约6米　**体重：** 约260千克

饮食习惯： 食肉

栖息环境： 陆地　**位置：** 南美洲

动物类型： 恐龙

关键种： 伊斯基瓜拉斯托埃雷拉龙

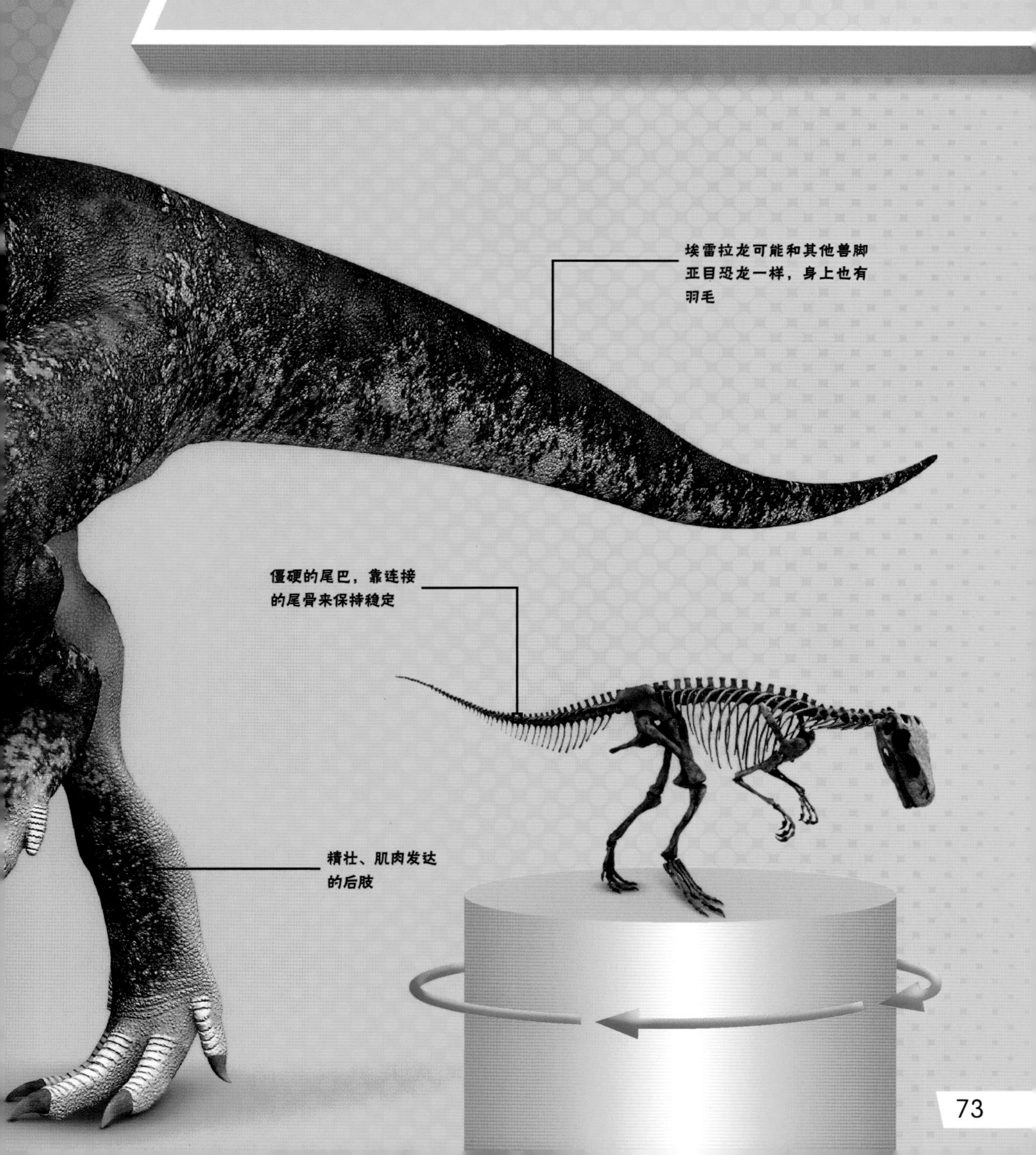

三叠纪的沼泽地是许多早期动物的家园。在这里，一只饥饿的亚利桑那龙即将对一群食草的布拉塞龙发起攻击。

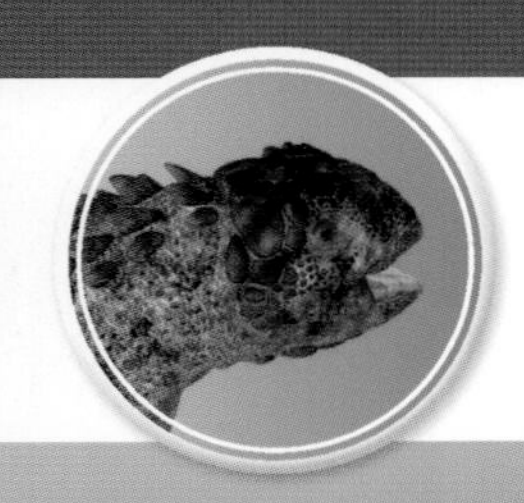

原颚龟

虽然这只古龟不能把脑袋缩进壳里躲起来，但它也不是完全没有防御能力。原颚龟脖子上有一排尖刺，这是警告掠食者不要打它的主意。

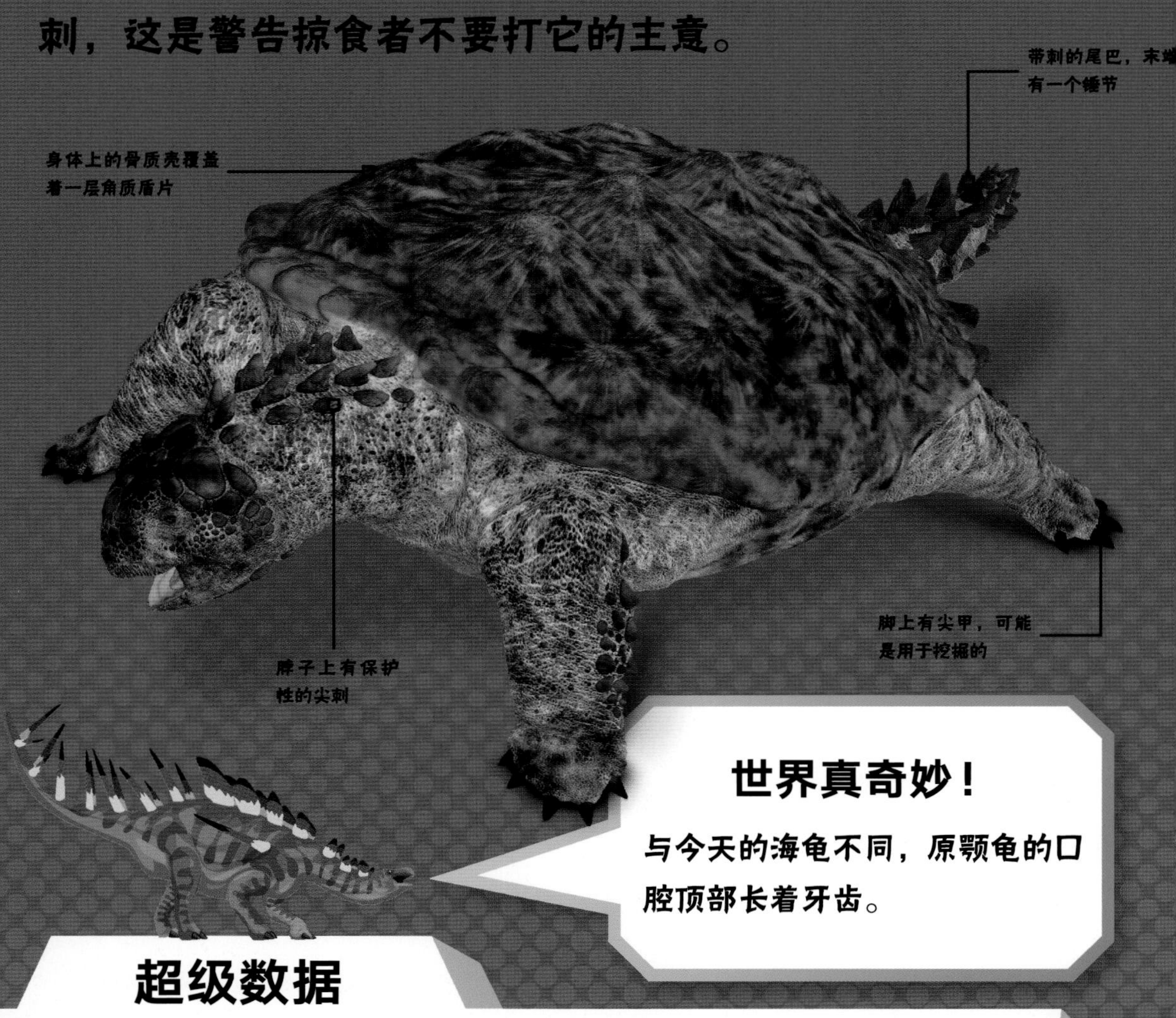

世界真奇妙！

与今天的海龟不同，原颚龟的口腔顶部长着牙齿。

超级数据

名称：原颚龟
名称的含义：在天亮前活动的海龟　时期：三叠纪
身长：约1米　体重：约100千克　饮食习惯：食草
栖息环境：陆地　位置：欧洲、北美洲和亚洲
动物类型：史前动物
关键种：昆斯泰蒂原颚龟

沙尼龙

这种巨大的鱼龙是迄今为止发现的最大的海洋爬行动物。它的个头已经相当于今天地球上最大的动物——蓝鲸。

世界真奇妙！

在英国发现的一些巨大的颌骨可能属于一种比蓝鲸还大的鱼龙。

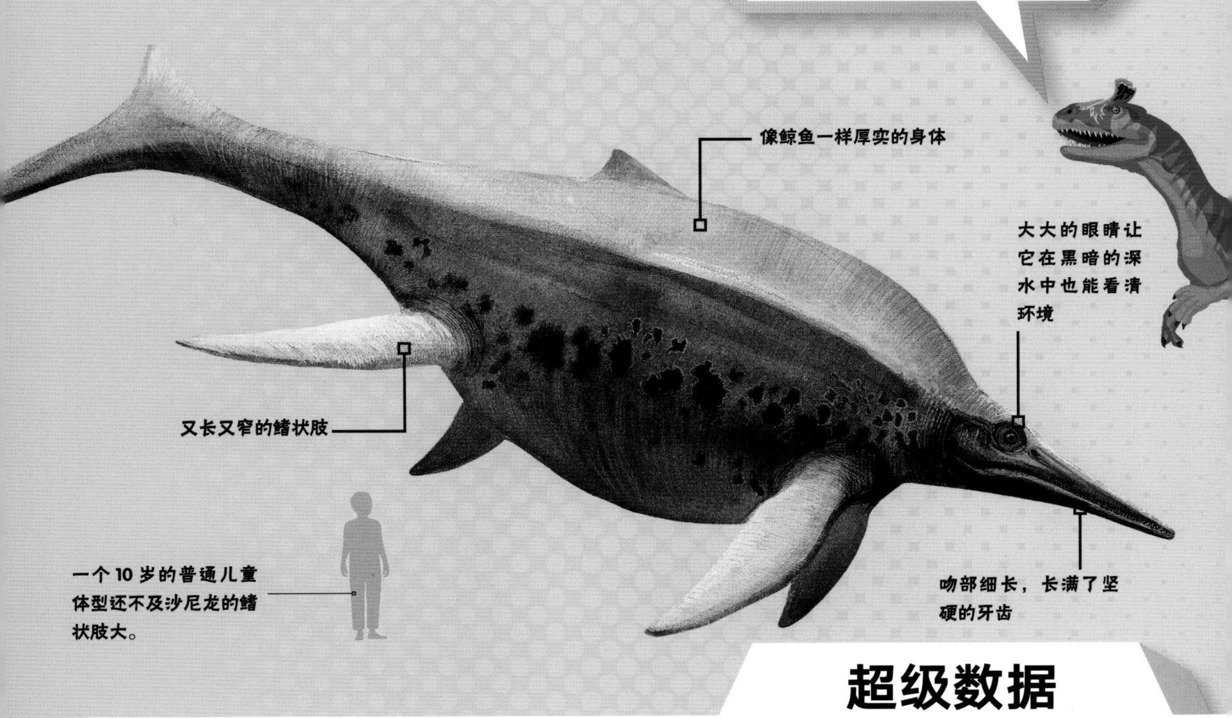

超级数据

名称：沙尼龙

名称的含义：肖肖尼山脉的蜥蜴　时期：三叠纪

身长：约21米　体重：约70,000千克

饮食习惯：食肉

栖息环境：海洋　位置：北美洲

动物类型：史前动物

关键种：西卡尼沙尼龙

芙蓉龙

世界真奇妙！

芙蓉龙背上有帆状物，可能是用来控制体温的。

这种体型庞大的生物没有牙齿，完全用喙状嘴来啄断植物。因为它不能咀嚼，只好把食物囫囵吞下。当地球上的大陆板块还连在一起的时候，芙蓉龙的家族成员就遍布世界各地了。

超级数据

名称：芙蓉龙

名称的含义：芙蓉蜥蜴　时期：三叠纪

身长：约2.5米　体重：约150千克　饮食习惯：食草

栖息环境：陆地　位置：亚洲

动物类型：史前动物

关键种：阿登特斯芙蓉龙

宽额螈

在陆地上，这种两栖动物行动笨拙，但在水中，它是超级掠食者。宽额螈是水族世界中最大的动物之一。数百颗尖尖的牙齿让猎物无处可逃。

世界真奇妙！

宽额螈与最早的恐龙生活在同一时期，并且很可能以它们为食。

超级数据

名称：宽额螈

名称的含义：史前的蜥蜴　时期：三叠纪

身长：约2米　体重：约300千克　饮食习惯：食肉

栖息环境：淡水　位置：欧洲

动物类型：史前动物

关键种：戴尔格诺斯提克斯宽额螈

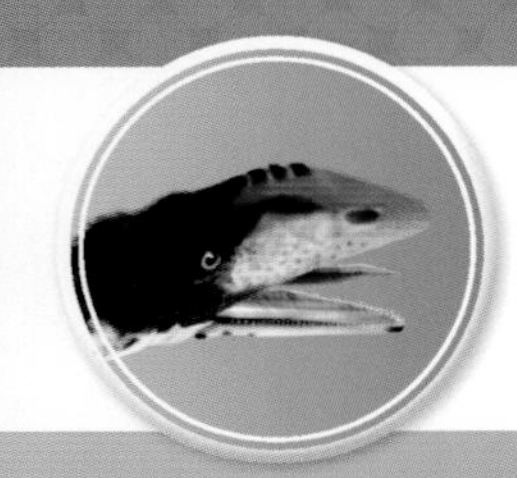

蓓天翼龙

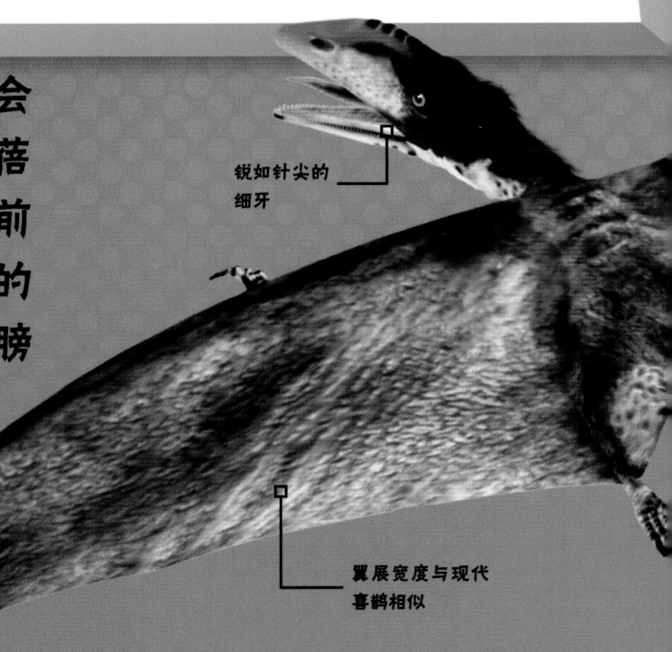

传说这种小型翼龙是最早会飞的脊椎动物之一，所以蓓天翼龙在其他恐龙出现之前就统治了天空。轻盈强壮的骨骼帮助它展开坚韧的翅膀在空中翱翔。

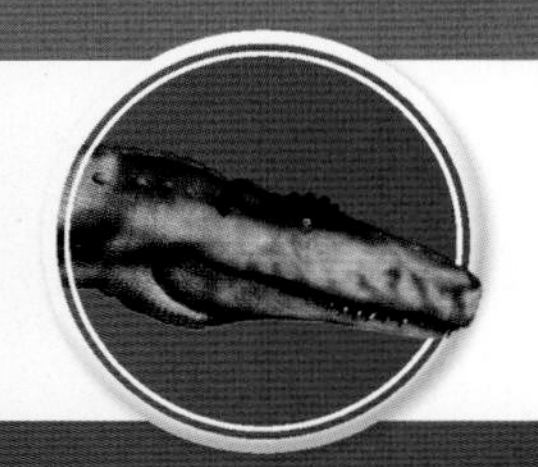

蜥龙鳄

这种大型爬行动物是当时最大、最危险的掠食者之一。它大部分时间都在用四肢爬行，但有时也可以靠后肢站立，进行短距离奔跑。

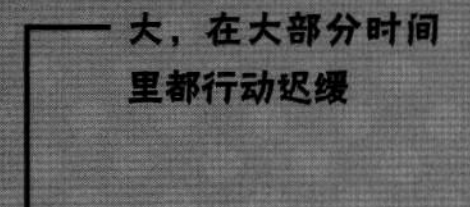

世界真奇妙！

蜥龙鳄看起来像恐龙，但实际上它与现代鳄鱼的关系更近。

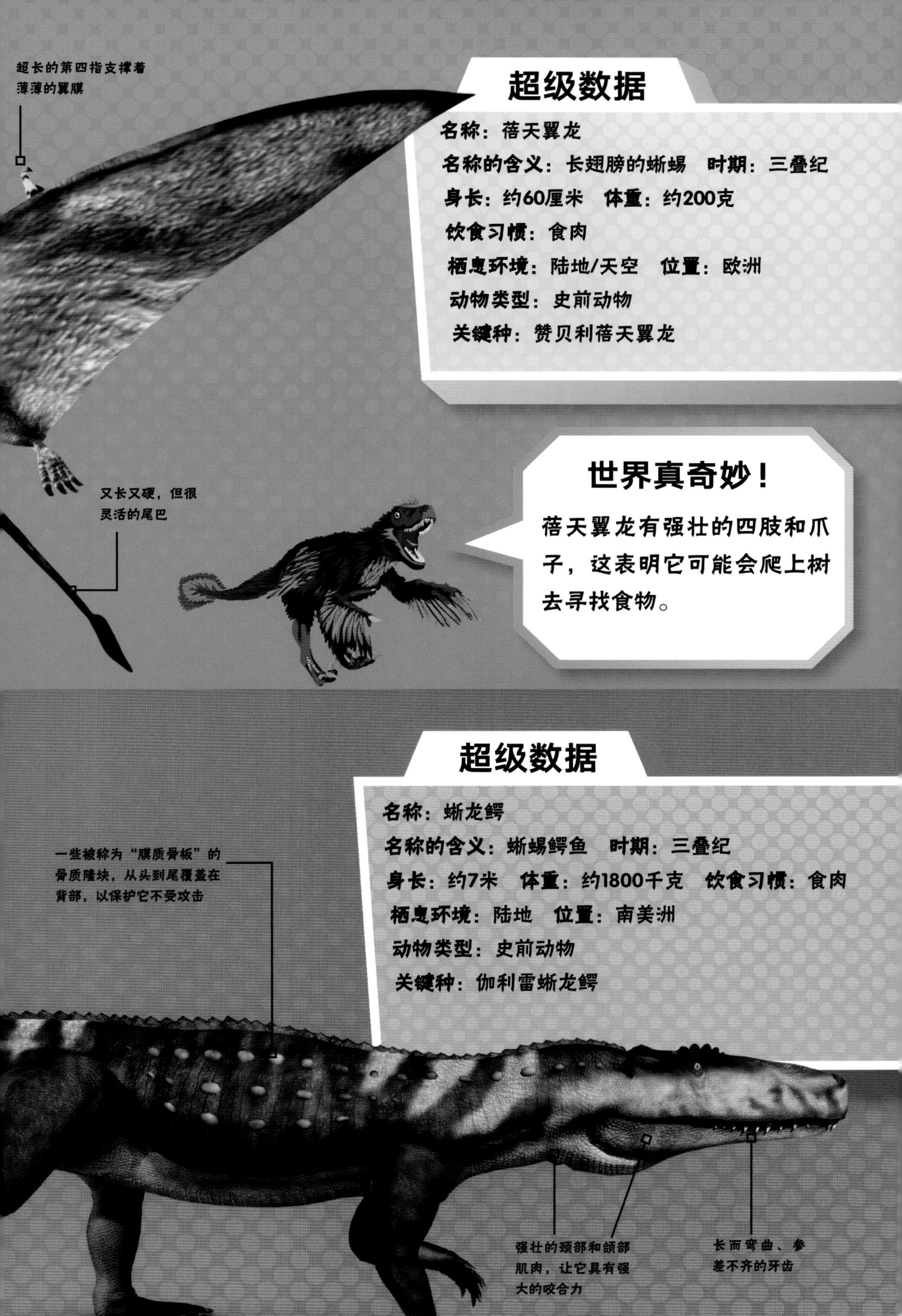

超级数据

名称：蓓天翼龙
名称的含义：长翅膀的蜥蜴　时期：三叠纪
身长：约60厘米　体重：约200克
饮食习惯：食肉
栖息环境：陆地/天空　位置：欧洲
动物类型：史前动物
关键种：赞贝利蓓天翼龙

世界真奇妙！

蓓天翼龙有强壮的四肢和爪子，这表明它可能会爬上树去寻找食物。

超级数据

名称：蜥龙鳄
名称的含义：蜥蜴鳄鱼　时期：三叠纪
身长：约7米　体重：约1800千克　饮食习惯：食肉
栖息环境：陆地　位置：南美洲
动物类型：史前动物
关键种：伽利雷蜥龙鳄

亚利桑那龙

亚利桑那龙是一种牙齿锋利的肉食者，以发现它的地方美国亚利桑那州的名字命名。在很长一段时间里，关于它，唯一已知的化石只有几颗牙齿和一块颌骨。然后，到了2002年，更多的骨头被发现，这些证据表明亚利桑那龙拥有一根大而多刺的脊椎骨。

亚利桑那的背部可有一个很的背帆，于炫耀或调节身体温度。

又长又重的尾巴，用来帮助保持身体平衡

长而有力的后肢

世界真奇妙！

亚利桑那州龙的脊椎骨上长有突起的尖刺。它们可能支撑着一个类似于现代骆驼身体结构的背帆或驼峰。

超级数据

名称：亚利桑那龙

名称的含义：亚利桑那州蜥蜴　**时期**：三叠纪

身长：约3米　**体重**：约700千克

饮食习惯：食肉

栖息环境：陆地

位置：北美洲

动物类型：史前动物

关键种：巴比特亚利桑那龙

蜥龙鳄

这种巨型爬行动物是它那个时代最强的掠食者，是当时地球上最大、最凶猛的食肉动物之一。它会吃掉任何它能找到的东西，包括恐龙和各种食肉动物。蜥龙鳄的牙齿不断地再生，这意味着它的武器永远不会耗尽，而且它的颌部肌肉超级强壮，可以紧紧咬住苦苦挣扎的猎物。

蜥鳄：爬行动物中的超级掠食者已经准备开战了！

战斗吧！

当埃雷拉龙首次现身时，一些致命的食肉动物已经在地球上游荡——而蜥龙鳄就是当时最大的食肉动物之一。人们曾发现一块埃雷拉龙的头骨，上面出现了可能属于蜥龙鳄的咬痕。

埃雷拉龙

前肢上弯曲的大爪子可以让这种食肉动物轻松抓住猎物。埃雷拉龙的颌部具有合页结构，让它可以牢牢地咬住猎物。一旦咬住美味的食物，它的大嘴就不会轻易张开！

埃雷拉龙：这头张牙舞爪的竞争者是否有点不自量力？

谁会胜出？

尽管埃雷拉龙很凶猛，但它并不是蜥龙鳄的对手。蜥龙鳄可能会主动捕食埃雷拉龙，或者吃掉它的尸体。但不管怎样，由于蜥龙鳄的体型太大，埃雷拉龙根本无法与之匹敌。如果一场战争无法避免，那么蜥龙鳄肯定会是胜利者。

生命的痕迹

并非所有化石都来源于动物或植物本体的一部分。痕迹化石反映的是动物生前的活动。它们可以告诉我们动物去过哪里以及它们的行为表现。植物和动物在地面上留下的印记，称为印痕，这些印记会保存在冰、焦油或硬化的树脂之中。

脚印

这些可以在所有类型的岩石中找到。研究脚印可以让我们知道：动物是在走还是在跑，以及它们是否过着群居生活。

粪化石

粪化石就是动物粪便的化石。它们保留了一些食物和骨头，所以科学家们可以推断动物吃了些什么。

巢穴

恐龙的巢穴已经被发现，里面还有恐龙蛋。它们表明恐龙蛋不但有坚硬的外壳，而且形状各异。其中有些恐龙蛋正处在孵化阶段。

世界真奇妙！

一些巨大的蜥脚类动物的蛋却小得出奇：每个蛋只有葡萄柚一般大小。

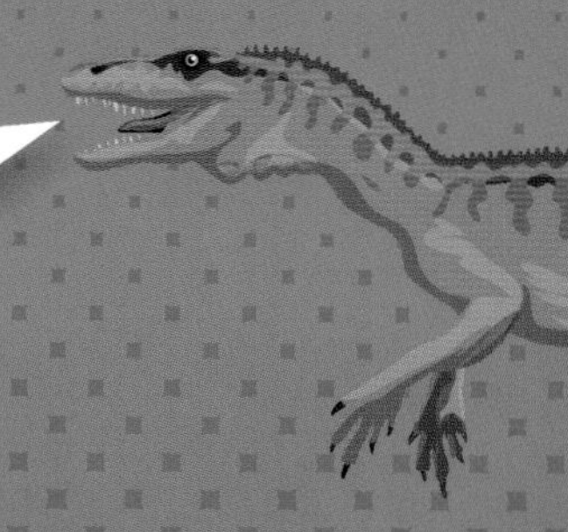

胃石

一些动物吞下这些石头是为了帮助它们消化食物。这些石头留在动物的胃里，通过磨碎坚硬的食物来帮助它们消化。

洞穴

一些动物在地面或水下挖洞以保护自己不受天气或其他生物的影响。这些洞穴给我们提供了关于动物习性的线索。

印痕

有时一个贝壳、一片叶子或一块皮肤会在泥里留下印记。然后泥土慢慢变成石头，于是留下的印记就变成了化石。

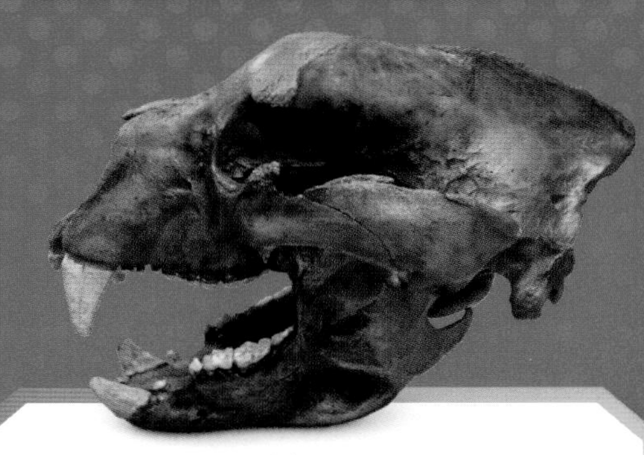

焦油

动物可能会被困在焦油坑里。人们在美国洛杉矶的拉布雷亚焦油坑中，发现了短面熊、美洲狮和其他一些生物的残骸。

侏罗纪

这是恐龙的黄金时代。在三叠纪时期，恐龙只占动物中的很小一部分，但现在它们的体型多种多样，数量也在增加。恐龙主宰了这片土地。它们进化出异常丰富的品种，并且形状各异、大小不一，其中既有体型巨大的食草动物，也有长着羽毛、玲珑小巧的食肉动物。昆虫、蜥蜴、最早的鸟类和早期的哺乳动物都生活在它们中间。而海洋则被巨大的海洋爬行动物统治着，比如鱼龙。

巨刺龙

顾名思义，巨刺龙就是“长着巨刺的蜥蜴”，而如此命名是很有道理的——看看它肩上的那些尖刺吧。巨刺龙长相怪异，属于剑龙类恐龙。它与剑龙相似，但体型比剑龙小，与棘龙没有亲缘关系。

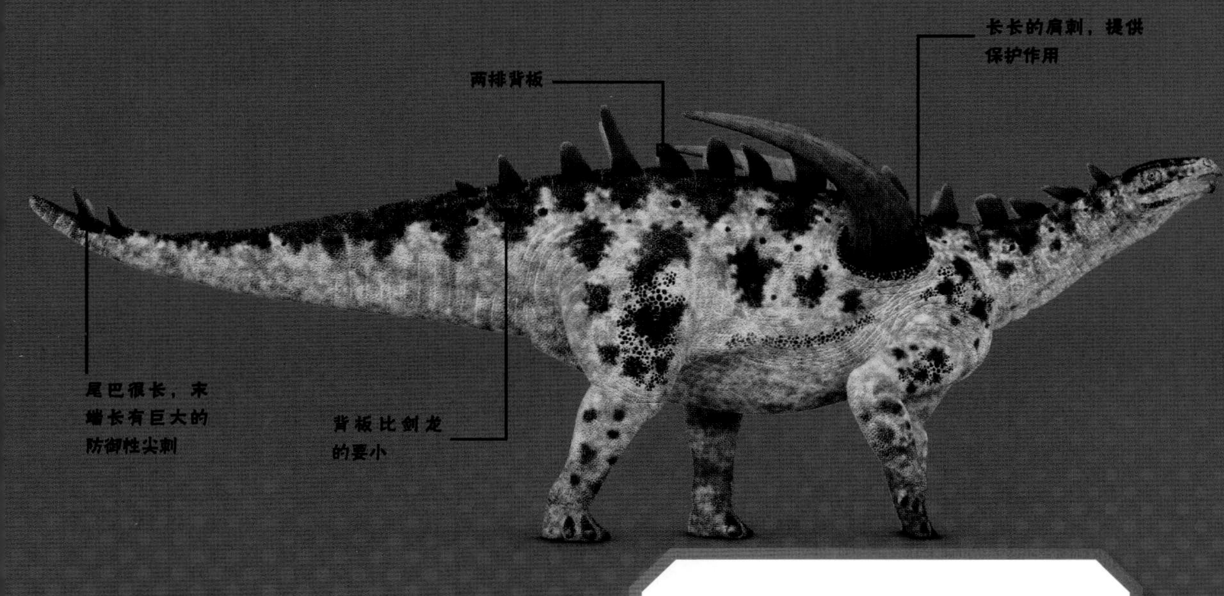

世界真奇妙！

专家们还在争论，巨刺龙模型上的肩刺是否方向装反了。

超级数据

名称： 巨刺龙

名称的含义： 长着巨刺的蜥蜴　**时期：** 侏罗纪

身长： 约4米　**体重：** 约850千克　**饮食习惯：** 食草

栖息环境： 陆地　**位置：** 亚洲

动物类型： 恐龙

关键种： 四川巨刺龙

华阳龙

华阳龙和剑龙可能是亲戚，但华阳龙在地球上出现的时间比剑龙早了1000万年，是最早发现的剑龙类恐龙之一。它脑袋小、体型大、长着尖尖的背板和一条长长的、带刺的尾巴。

世界真奇妙！

剑龙类恐龙尾巴上的尖刺被称为“骨针”——这个词是一位漫画家发明的，但却被恐龙专家们采用。

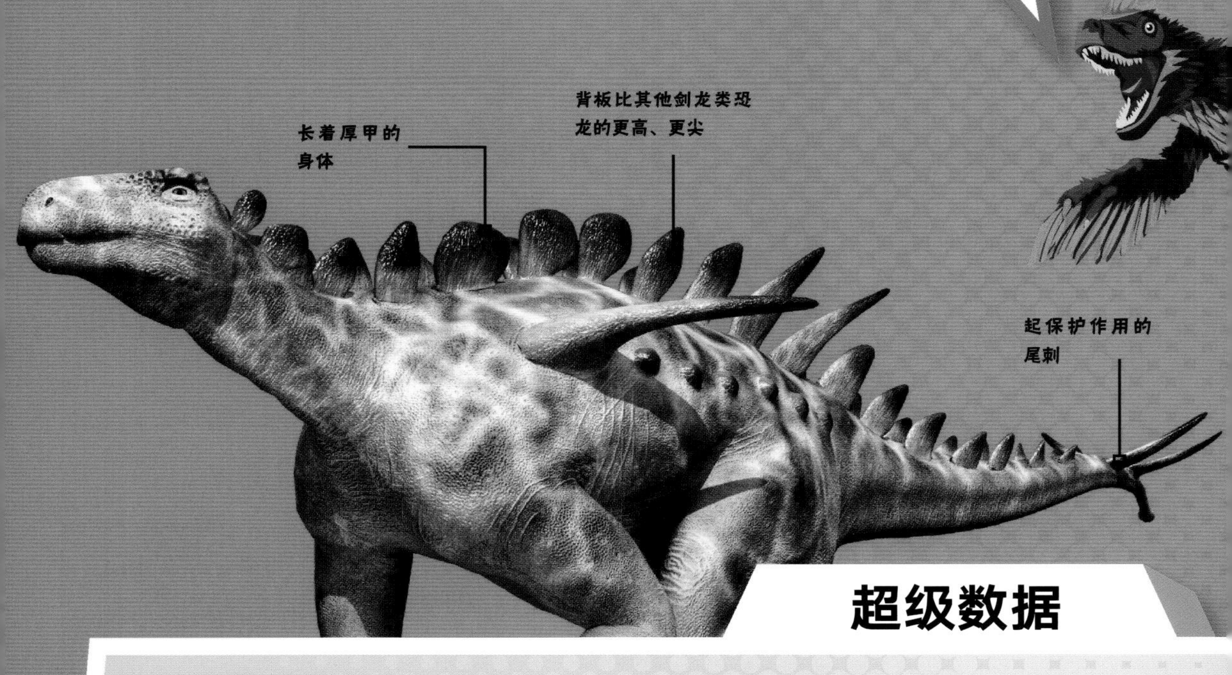

超级数据

名称：华阳龙
名称的含义：华阳蜥蜴　**时期：**侏罗纪
身长：约4.5米　**体重：**约1000千克　**饮食习惯：**食草
栖息环境：陆地　**位置：**亚洲
动物类型：恐龙
关键种：太白华阳龙

秀颌龙

又称秀颚龙、美颌龙、细颚龙、细颈龙、新颚龙

别被它的体型糊弄了——秀颌龙看起来娇小，却能致命。它的行动速度很快，以凶残而闻名。这样的名声对于和鸡一般大小的有羽毛的动物来说，还不错。

世界真奇妙！

1859年出土的一块秀颌龙化石表明，并非所有的恐龙都是体型巨大的。

超级数据

名称：秀颌龙

名称的含义：漂亮的颌部　时期：侏罗纪

身长：约1.2米　体重：约3千克　饮食习惯：食肉

栖息环境：陆地　位置：欧洲

动物类型：恐龙

关键种：长足秀颌龙

迷惑龙

这种食草动物是真正的巨无霸！它有五头大象那么重，比保龄球道还要长一点。它靠四条巨大的腿缓慢跺地行走，寻找着可以吃的植物和树木。

世界真奇妙！

迷惑龙的脖子是由空心的骨头支撑着的，否则它会因为脖子太重而无法抬起头来。

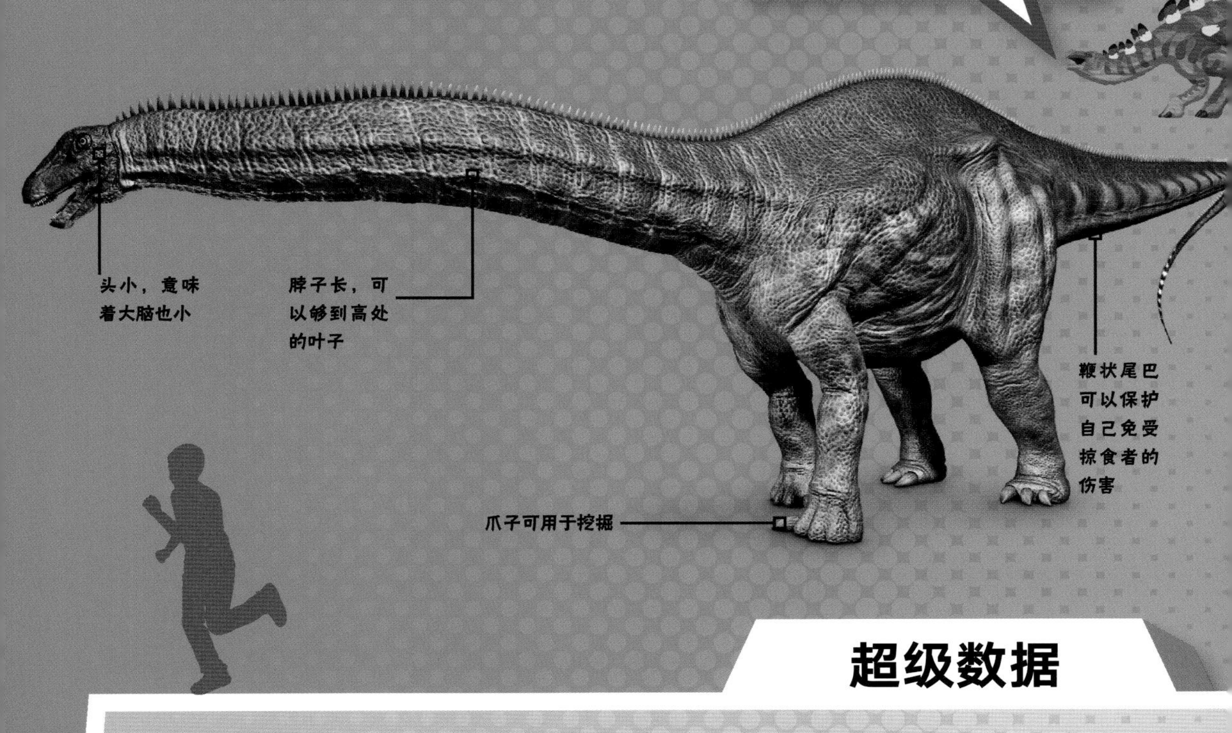

超级数据

名称：迷惑龙
名称的含义：具有迷惑性的析蜴　时期：侏罗纪
身长：约25米　体重：约30,000千克　饮食习惯：食草
栖息环境：陆地　位置：北美洲
动物类型：恐龙
关键种：埃阿斯迷惑龙

马门溪龙

没错，它是蜥脚类动物，就像腕龙一样。但你可以通过它巨大的脖子来判断出它就是马门溪龙！它的颈部由19根巨大的椎骨支撑，而椎骨中充满了空气。

穹顶状的前额

小脑袋

它的脖子和公共汽车一样长

鞭状长尾，用来击退掠食者

腿像树干一样粗

向内弯曲的前爪

脚趾上的尖甲

世界真奇妙！

马门溪龙的脖子是所有动物中最长的——足足有9米长。

超级数据

名称：马门溪龙

名称的含义：马门溪蜥蜴　时期：侏罗纪到白垩纪

身长：约26米　体重：约35,000千克　饮食习惯：食草

栖息环境：陆地　位置：亚洲

动物类型：恐龙

关键种：建设马门溪龙

平喙鳄

又名地蜥鳄

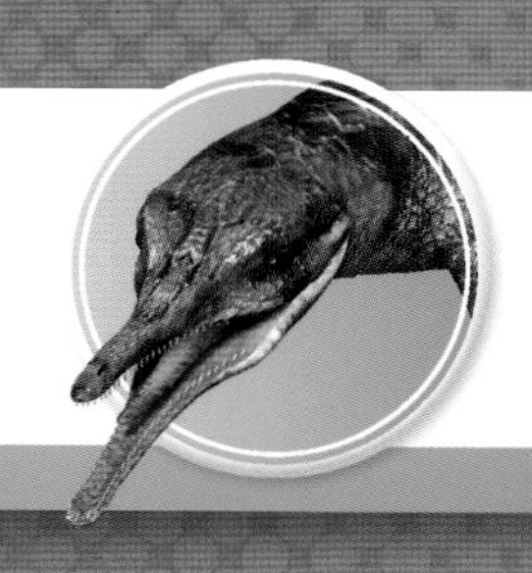

平喙鳄看起来像鳄鱼，但并不适合在陆地上活动。这种生物游动快速有力，在开阔的海洋中捕食。它用自己巨大的桨状四肢和尾巴来划水前行。

世界真奇妙！

化石显示，平喙鳄长着一条类似海豚的尾鳍，这有助于它快速游动。

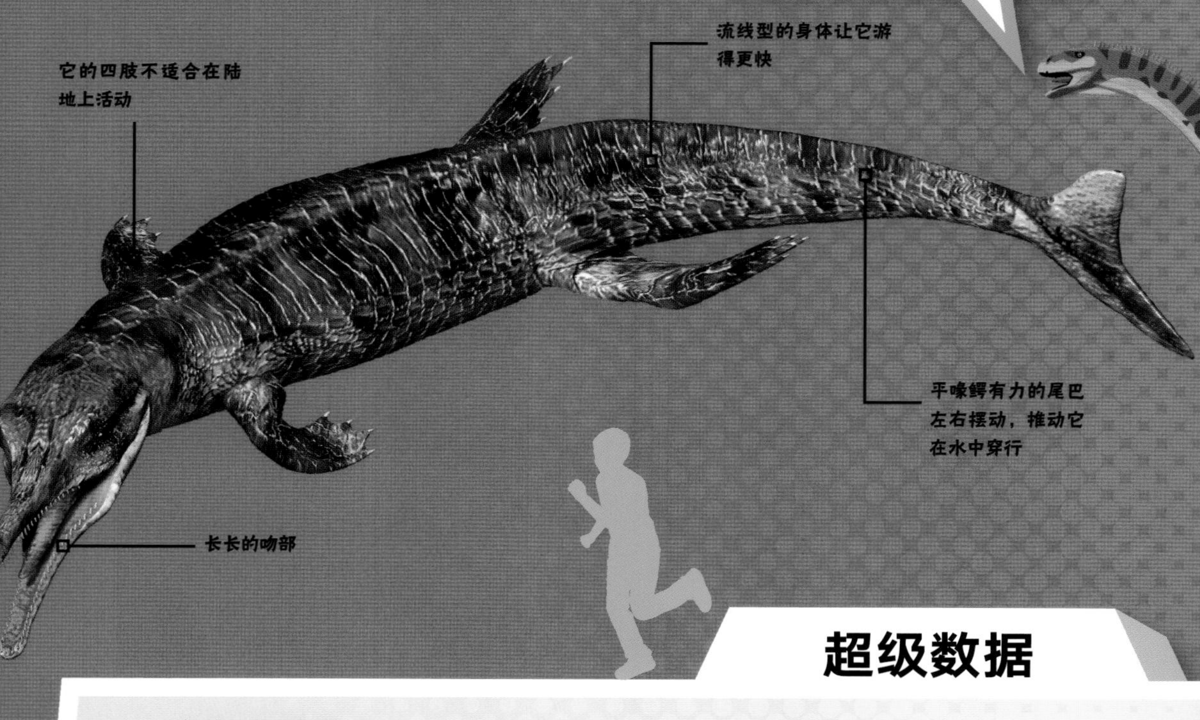

超级数据

名称：平喙鳄

名称的含义：中等的吻部　**时期：**侏罗纪

身长：约3米　**体重：**约25千克　**饮食习惯：**食肉

栖息环境：海洋　**位置：**欧洲

动物类型：史前动物

关键种：短吻平喙鳄

异龙

又名异特龙、跃龙

异龙是有史以来最可怕的恐龙之一。它生性机警、行动敏捷，并且无所畏惧，长着锯齿状的牙齿和锋利的爪子。很多大型恐龙的骨骼上都有异龙牙齿留下的痕迹。这告诉我们：异龙不怕攻击比它体型更大的猎物。

超级数据

名称：异龙

名称的含义：不一样的蜥蜴　时期：侏罗纪

身长：约10.5米　体重：约2300千克

饮食习惯：食肉

栖息环境：陆地　位置：北美洲和欧洲

动物类型：恐龙

关键种：脆弱异龙

世界真奇妙！

异龙凭借自己强壮的颈部肌肉，可以用头骨猛击猎物，同时用它巨大的双颌撕裂肉食。

异龙

异龙是一名出色的猎手，在战斗中无所畏惧。它会毫不犹豫地攻击对手。这种巨大的野兽有着锋利的锯齿状牙齿，即使对手皮糙肉厚也能咬穿。此外，它还有弯曲的爪子，在战斗中可以紧紧抓住猎物。它行动迅速、敏捷，锁定目标后便发起攻击。

异龙：这个无所畏惧的家伙有强烈的进攻欲望，它不断发动冲锋，一次又一次……

战斗吧！

侏罗纪的两大重量级恐龙——凶猛的异龙和全副武装的剑龙，是众所周知的强者，并且经常交战。人们在剑龙化石上发现了与异龙牙齿匹配的伤口和咬痕。

剑龙

相对于力量上的优势，剑龙在速度方面的欠缺完全可以忽略。剑龙的身体像坦克一样大，而且非常强壮，但它最重要的防御武器是尾巴——不但孔武有力，而且末端还带着尖刺。剑龙依靠它裹着装甲的躯体以及巨大、坚硬的背板来保护自己。当对手发动攻击时，厚厚的盔甲为剑龙赢得了足够的时间，让它可以用强壮的尾巴进行反击！

背板可以防止体型更高的掠食者从上方咬到剑龙。

与异龙不同，剑龙的头部靠近地面，缩短了它与要吃的植物之间的距离。

剑龙：这头有尾巴的坦克正与攻击者对峙。小心它的尾刺！

谁会胜出？

你可能以为，狡猾的食肉动物和沉重的食草动物之间的战斗肯定会出现一边倒的局面。然而，尽管异龙具有行动敏捷、爪子锋利的优势，但它在撕咬中还是处于下风。它的双颌虽然可以张得很大，但咬合力并不惊人。这就让剑龙有时间用末端带刺的尾巴进行反击。除非一群异龙全来攻击剑龙，否则食草恐龙会赢得比赛！

获胜者！

恐龙的分类

人们已经发现了1000多种不同的恐龙。它们行动迅速、性格凶猛或长着羽毛——只要你能说出特征，这样的恐龙就可能存在过。科学家们已经将恐龙与其他具有相似特征的动物进行了分组归类。下面是不同的恐龙群体。

从髋骨开始

我们可以根据骨盆或髋骨的形状，把恐龙分为两大类。恐龙可以是蜥臀目——髋骨像蜥蜴，也可以是鸟臀目——髋骨像鸟类。

蜥臀目恐龙

这些可怕的食肉动物有着像蜥蜴一样的髋骨，但它们可以进一步分为两大类：兽脚亚目恐龙（三趾恐龙）和蜥脚类恐龙（脚长得像蜥蜴的恐龙）。兽脚亚目恐龙是蜥臀目恐龙中唯一包括食肉动物的群组，而蜥脚类恐龙包括地球上曾经出现的体型最大的恐龙。

兽脚亚目恐龙

兽脚亚目恐龙用它们强壮的后肢跺来跺去，其中大多是肉食动物，如迅猛龙和霸王龙等。

蜥脚类恐龙

这些恐龙可以通过它们长长的脖子、尾巴以及巨无霸般的体型辨认出来。这些行动缓慢的食草动物包括梁龙和腕龙。

鸟臀目恐龙

这些鸟臀目恐龙细分为五大类型：剑龙类恐龙、甲龙类恐龙、角龙类恐龙、肿头龙类恐龙和鸟脚类恐龙。

甲龙类恐龙

这种四足动物以其厚重的甲胄而闻名。它们的背上遍布骨板和尖刺，用来保护自己。其中一些恐龙，如甲龙和头骨龙，尾巴末端还有一根骨棒。

剑龙类恐龙

剑龙类恐龙以遍及背部的骨板和尖刺而闻名。其中著名的成员包括剑龙和钉状龙。

角龙类恐龙

角龙类恐龙的特征是头部有颈褶、尖喙以及长而尖的角。三角龙、五角龙和原角龙都属于这一类群。

鸟脚类恐龙

鸟脚类恐龙的意思是它们长着“鸟脚”。这一组的恐龙，如禽龙和副栉龙，身上也有其他类似鸟类的特征，包括喙。

肿头龙类恐龙

这些恐龙有厚厚的坚硬头骨。像肿头龙和剑角龙等恐龙，凭借自己“头铁”的优势，经常在战斗中把脑袋当作武器，朝着敌人猛撞。

腔骨龙

又名虚形龙

腔骨龙是一个专业的猎手。它跑得很快，视力极佳，每个前掌上有三个灵活的脚趾，可以抓住小猎物。

世界真奇妙！

一具腔骨龙化石保存得如此完好，以至于我们可以看到它的最后一餐是一条黄昏鳄。

超级数据

名称：腔骨龙

名称的含义：空虚的形状　**时期：**三叠纪

身长：约3米　**体重：**约45千克　**饮食习惯：**食肉

栖息环境：陆地　**位置：**北美洲

动物类型：恐龙

关键种：腔骨龙

双冠龙

又称双嵴龙、双脊龙、双棘龙

双冠龙是当时最大的掠食者之一。它的头骨顶部有两个头冠，上颌有一个奇怪的缺口，可能是用来吞食小型猎物的。

世界真奇妙！

双冠龙曾在电影《侏罗纪公园》中出现，但电影给它虚构了颈褶，并且让它可以喷吐毒液。

超级数据

名称：双冠龙

名称的含义：双冠蜥蜴　**时期**：侏罗纪

身长：约6米　**体重**：约450千克　**饮食习惯**：食肉

栖息环境：陆地　**位置**：北美洲

动物类型：恐龙

关键种：魏氏双冠龙

小盾龙

小盾龙是已知最早与甲龙等著名的带甲恐龙有亲缘关系的动物之一。但这种带甲的恐龙会花很长的时间来躲避掠食者。

世界真奇妙！

小盾龙主要依靠后肢活动，但它也可以用四肢爬行。

超级数据

名称：小盾龙

名称的含义：有小盾的蜥蜴　时期：侏罗纪

身长：约1.2米　体重：约10千克　饮食习惯：食草

栖息环境：陆地　位置：北美洲

动物类型：恐龙

关键种：无畏小盾龙

矛颌翼龙

矛颌翼龙是一种食鱼翼龙，脖子短、尾巴长。它的前牙就像一把筛子，先把小鱼和海洋生物关进嘴里，然后再吞下去。

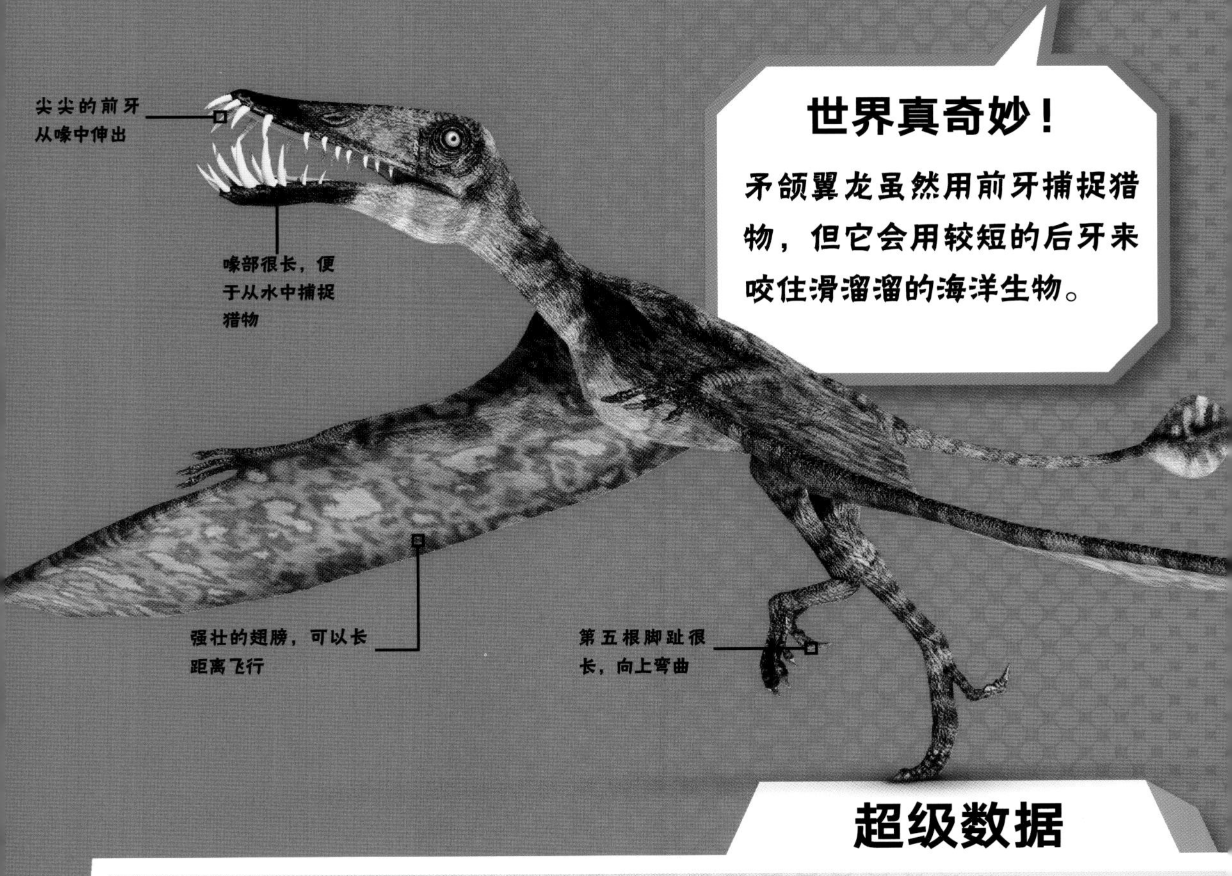

世界真奇妙！

矛颌翼龙虽然用前牙捕捉猎物，但它会用较短的后牙来咬住滑溜溜的海洋生物。

超级数据

名称：矛颌翼龙

名称的含义：矛状下颌　时期：侏罗纪

翼展：约1.5米　体重：约8千克　饮食习惯：食肉

栖息环境：天空　位置：欧洲

动物类型：史前动物

关键种：班斯矛颌翼龙

双形齿兽

双形齿兽是一种会飞的爬行动物，但并不擅长飞行，在陆地上也显得很笨拙。它大部分时间都在悬崖和树上窜来窜去，就像一只长了翅膀的大松鼠。

世界真奇妙！

由于翅膀短小、身体粗壮，双形齿兽只有在万不得已的情况下才会振翅飞翔。

超级数据

名称： 双形齿兽
名称的含义： 两种形状的牙齿　**时期：** 侏罗纪
身长： 约1.5米　**体重：** 约4千克　**饮食习惯：** 食肉
栖息环境： 陆地　**位置：** 欧洲
动物类型： 史前动物
关键种： 长爪双形齿兽

亚特拉斯龙

亚特拉斯龙与腕龙相似，有长长的前腿和向下倾斜的背部。不过，它的脖子较短。

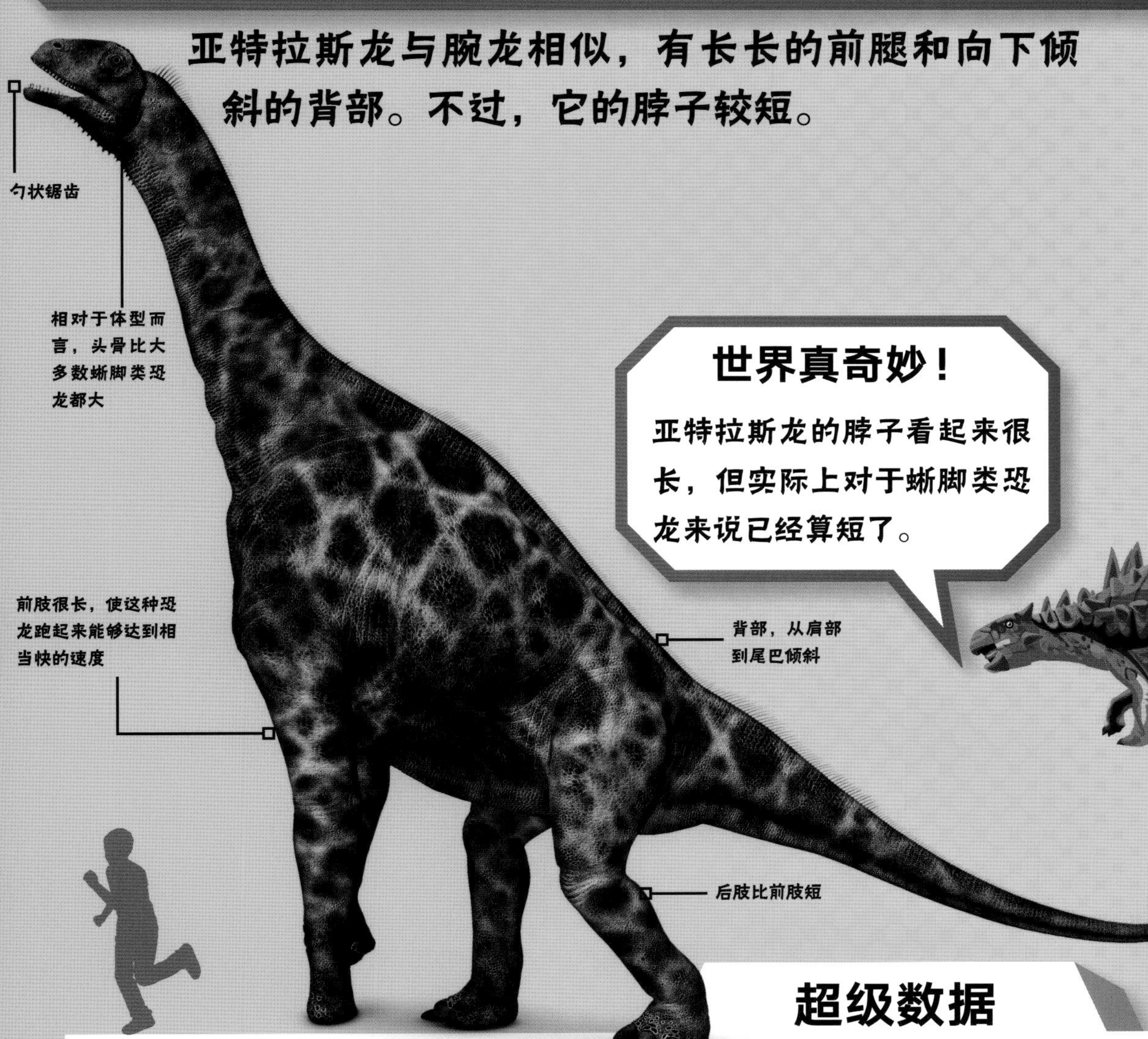

世界真奇妙！

亚特拉斯龙的脖子看起来很长，但实际上对于蜥脚类恐龙来说已经算短了。

超级数据

名称：亚特拉斯龙
名称的含义：亚特拉斯蜥蜴　**时期：**侏罗纪
身长：约15米　**体重：**约14,000千克　**饮食习惯：**食草
栖息环境：陆地　**位置：**非洲
动物类型：恐龙
关键种：伊美拉克亚特拉斯龙

腕龙

你能想到吗？这头巨无霸每走一步，就连附近的地面都会震动。腕龙的前肢比一般蜥脚类恐龙的前肢长。这意味着它的背部会朝着尾巴的方向倾斜。腕龙的脖子长得令人难以置信，这让它可以触及其他大多数恐龙都无法达到的高度。

超级数据

名称：腕龙
名称的含义：长腕蜥蜴　**时期：**侏罗纪
身长：约23米　**体重：**约30,000千克
饮食习惯：食草
栖息环境：陆地　**位置：**北美洲
动物类型：恐龙
关键种：高胸腕龙

保护性眼冠
世界真奇妙！
腕龙不能只靠后肢站立，因为它的身体实在太重了。但由于它拥有如此长的脖子，可能也不需要这么做了。
背部沿着肩膀向尾巴的方向往下倾斜
它的脖子几乎和电线杆一样长
吻部宽大
长长的前肢
嘴里长满勺状牙齿

腕龙可能过着群居生活，并在北美的森林和洪泛区活动。这些恐龙把它们长长的脖子伸向高处的叶子，并把附近的植物全部扯下来吃光，然后再转移到另一处大吃特吃。

约巴龙

约巴龙是生活在北非的一种早期蜥脚类恐龙，它体型庞大、身体沉重，走起路来稳健有力。它的牙齿呈勺状，脖子很灵活，但比大多数蜥脚类恐龙都要短。

它不会用尾巴猛烈地鞭打掠食者

后肢可以承受整个身体的重量

世界真奇妙！

约巴龙化石最初被认为是非洲神话中一个名叫约巴的怪物的骨头。

超级数据

名称：约巴龙

名称的含义：怪物约巴　时期：侏罗纪

身长：约20米　体重：约18,200千克　饮食习惯：食草

栖息环境：陆地　位置：非洲

动物类型：恐龙

关键种：悬崖约巴龙

浅隐龙

又名隐沧龙、棱长颈龙

这是一种外形优雅的海洋爬行动物，长着长长的脖子和强壮的鳍状肢。浅隐龙的头骨和牙齿都显得精致脆弱，所以它无法捕获大型猎物。

世界真奇妙！

浅隐龙鼻孔的形状表明它能在水中嗅到猎物的气味。

超级数据

名称：浅隐龙

名称的含义：隐藏的锁骨　时期：侏罗纪

身长：约8米　体重：约6000千克　饮食习惯：食肉

栖息环境：淡水　位置：欧洲

动物类型：史前动物

关键种：宽足浅隐龙

始祖鸟

来认识一下始祖鸟——最古老的类鸟恐龙之一。它身上有一些明显的恐龙特征，包括尖牙、翼爪和骨质尾巴。

世界真奇妙！

有几块始祖鸟的化石保存得如此完好，以至于你现在还能看出它羽毛的形状。

超级数据

名称：始祖鸟

名称的含义：古老的翅膀　**时期：**侏罗纪

身长：约50厘米　**体重：**约1千克　**饮食习惯：**食肉

栖息环境：陆地/天空　**位置：**欧洲

动物类型：恐龙

关键种：印石板始祖鸟

叉龙

这种长刺的蜥脚类恐龙大约只有腕龙的一半大小。它的名字的意思是“双叉蜥蜴”，指的是它身上从背部朝着尾巴方向长着一些Y形尖刺。

世界真奇妙！

尽管作为蜥脚类恐龙，叉龙的体型有些偏小，但它仍然有三只长颈鹿加起来那么长。

超级数据

名称：叉龙
名称的含义：双叉蜥蜴　**时期：**侏罗纪
身长：约15米　**体重：**约6000千克　**饮食习惯：**食草
栖息环境：陆地　**位置：**非洲
动物类型：恐龙
关键种：汉氏叉龙

西似鸟龙

西似鸟龙是一种毛茸茸的、像鸟一样的兽脚亚目恐龙，它虽然也有翅膀和羽毛，但不能飞，因为它的翅膀太短了。

世界真奇妙！

这个物种是在美国怀俄明州附近挖掘超龙化石时偶然发现的。

超级数据

名称：西似鸟龙
名称的含义：西方的鸟儿　**时期：**侏罗纪
身长：约1米　**体重：**约6千克　**饮食习惯：**食肉
栖息环境：陆地　**位置：**北美洲
动物类型：恐龙
关键种：米斯乐西似鸟龙

橡树龙

这种小型食草动物可能把食物储存在脸颊里。橡树龙有修长强壮的后肢，这使它从掠食者（比如异龙）那里逃跑变得轻而易举。

超级数据

名称：橡树龙

名称的含义：橡树蜥蜴　时期：侏罗纪

身长：约3米

体重：约100千克

饮食习惯：食草

栖息环境：陆地　位置：北美洲

动物类型：恐龙

关键种：高橡树龙

世界真奇妙！

橡树龙与剑龙、梁龙等大型恐龙生活在一起。

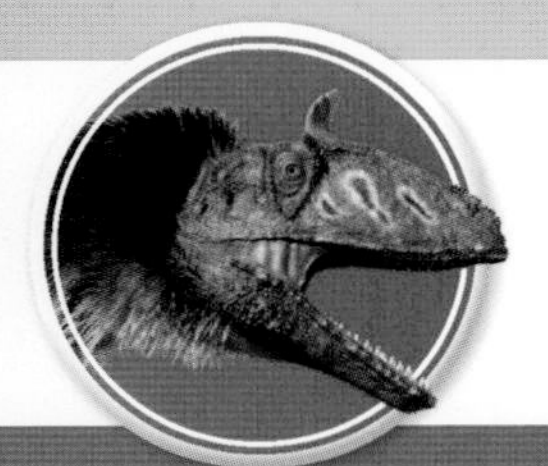

冰脊龙

又名埃尔维斯龙、冰棘龙、冰冠龙或冻角龙

这种可怕的兽脚亚目恐龙是在南极洲发现的第一种，也是那里最大的一种食肉恐龙。当时的气候比现在暖和得多，所以冰脊龙可以在茂密的森林里漫步觅食。这种恐龙巨大的体型以及装饰性的头冠都让它看起来很可怕。

世界真奇妙！

该物种第一块头骨化石曾被昵称为“埃尔维斯”，因为它的头冠看起来像“猫王”埃尔维斯·普雷斯利的发型。

超级数据

名称： 冰脊龙

名称的含义： 寒冷的戴冠蜥蜴　**时期：** 侏罗纪

身长： 约7米　**体重：** 约650千克

饮食习惯： 食肉

栖息环境： 陆地　**位置：** 南极洲

动物类型： 恐龙

关键种： 艾氏冰脊龙

蛇颈龙

蛇颈龙用它巨大的鳍状肢在水中推着自己游动，就像海龟一样。它的脖子很长，动作灵活，在水中游动的速度快得惊人，它又尖又细的牙齿非常适合捕捉小动物，但对体型更大的动物无能为力。

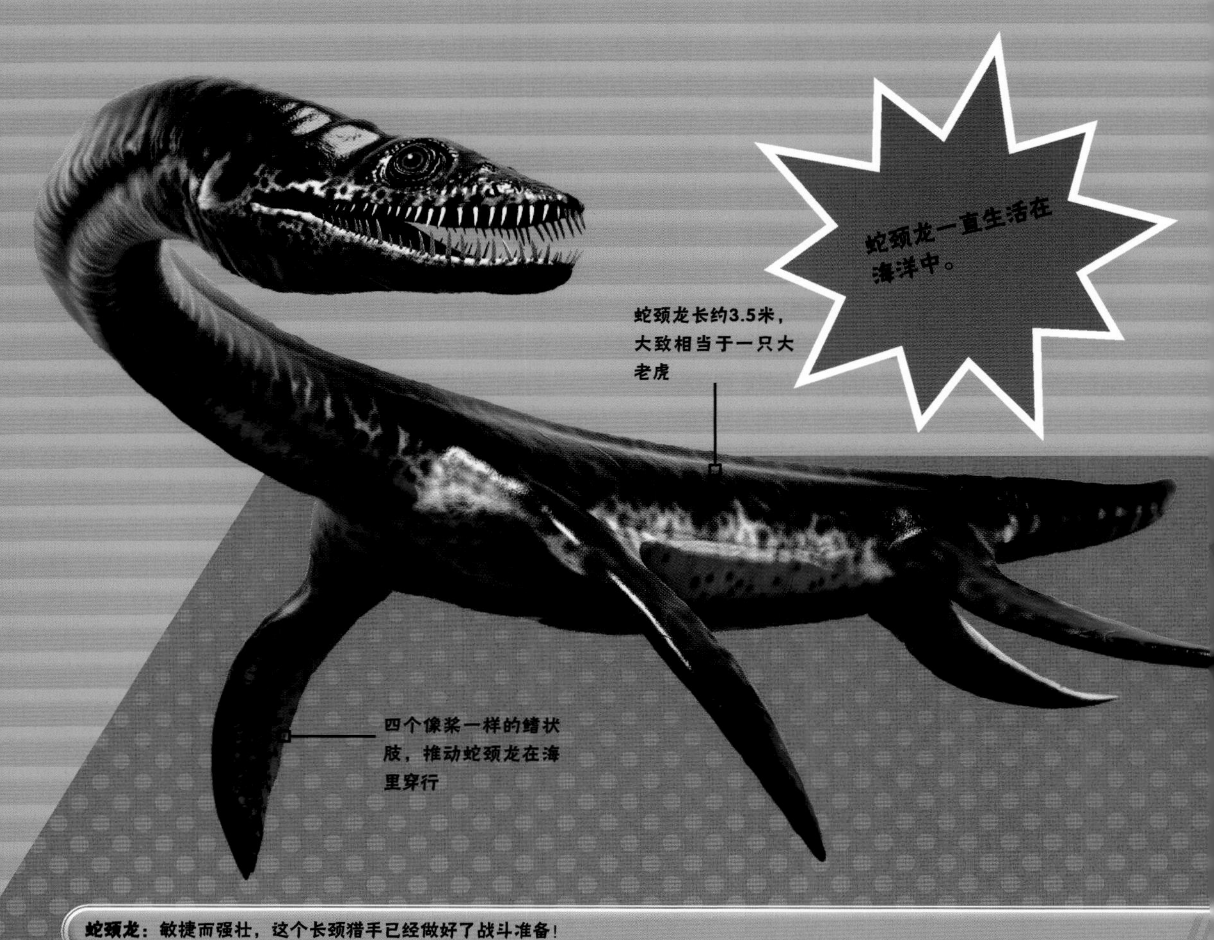

蛇颈龙：敏捷而强壮，这个长颈猎手已经做好了战斗准备！

战斗吧！

这两种深海生物会展开激烈的战斗。像海豚一样的泰曼鱼龙体型更大、速度更快，有强壮的颌部和大大的牙齿，但蛇颈龙小巧、灵活的身体会让它行动起来更加敏捷。

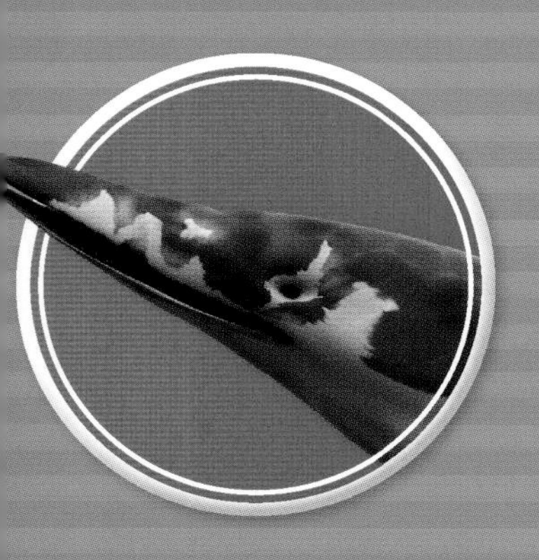

泰曼鱼龙

由于拥有狭窄的吻部、流线型的身体和强壮的尾巴，泰曼鱼龙可以在水中一边快速移动，一边用它那双灵活的眼睛搜寻目标。一旦靠近猎物，便张开大嘴，一口咬下去。

泰曼鱼龙：这个侏罗纪杀手，有一双能发现下一餐食物的眼睛……

谁会胜出？

身长是蛇颈龙三倍的泰曼鱼龙是一个可怕的敌人。蛇颈龙会试图逃跑，但它的速度快不过攻击者。它可能用它那又长又灵活的脖子进行反击，但这将是蛇颈龙的最后一击。它的脖子不宽不窄，正好可以被泰曼鱼龙强大的双颌碾碎，战斗结束。

获胜者！

恐龙世界

在中生代，世界各地都出现了恐龙。这些动物迈着沉重的步履，有的奋力追逐，有的惊慌逃窜……当时地球上的各大洲都闪现着它们的身影。

北冰洋
在蒙古和中国的戈壁沙漠中，寻找早期人类证据的研究人员偶然发现了属于偷蛋龙和其他恐龙的巢穴和蛋。这激励人们对亚洲进行了更多考察，并发现了更多的恐龙化石，包括在中国发现的长着羽毛的中华龙鸟。
梁龙
亚洲
中华龙鸟
欧洲
偷蛋龙
斑龙
卡卡齿龙
迅猛龙
太平洋
化石热点
四川，中国
棘龙
非洲
非洲的撒哈拉沙漠发现了许多恐龙化石，包括食肉的棘龙。位于北非的摩洛哥，曾经是巨大的鲨齿龙的憩息家园。
木他龙
印度洋
大洋洲
在澳大利亚维多利亚海岸发现的化石引发了一波探索恐龙的浪潮，结果发现了长颈的澳洲南方龙、有冠的木他龙以及带甲的敏迷龙。
敏迷龙
恐龙湾，澳大利亚
冰脊龙
直到1986年，科学家们都还认为恐龙不会生活在南极洲，然而事实上，如果回到恐龙时代，这片大陆要比现在温暖很多。人们在这里发现了恐龙化石，其中包括食肉的冰脊龙，证明这里曾是恐龙的家园。
南冰洋
南极洲

圆顶龙

这种性格温顺的食草动物的化石，是在北美晚期侏罗纪岩石中较为常见的恐龙化石之一。圆顶龙在穿越侏罗纪平原时，为了安全，会成群结队地生活。

世界真奇妙！

圆顶龙长着巨大的勺状牙齿，有利于它从树上采食叶子。

超级数据

名称：圆顶龙

名称的含义：圆顶状蜥蜴　**时期：**侏罗纪

身长：约18米　**体重：**约20,000千克　**饮食习惯：**食草

栖息环境：陆地　**位置：**北美洲

动物类型：恐龙

关键种：苏普雷姆斯圆顶龙

单脊龙

又称单棘龙、单嵴龙

单脊龙的头冠巨大而中空，这使它的脑袋看起来比其他兽脚亚目恐龙的头大得多

食肉的单脊龙看起来和其他早期的两足兽脚亚目恐龙很像，除了它引人注目的头冠。在侏罗纪森林中，头冠可能是用来吸引异性或吓跑掠食者的装备。

牙齿锋利如刀，能在瞬间将猎物切开

世界真奇妙！

单脊龙的头冠可能颜色鲜艳，就像一张名片，方便其他同类对它加以识别，或者以此来吸引异性。

超级数据

名称：单脊龙
名称的含义：单冠蜥蜴　时期：侏罗纪
身长：约6米　体重：约680千克　饮食习惯：食肉
栖息环境：陆地　位置：亚洲
动物类型：恐龙
关键种：将军庙单脊龙

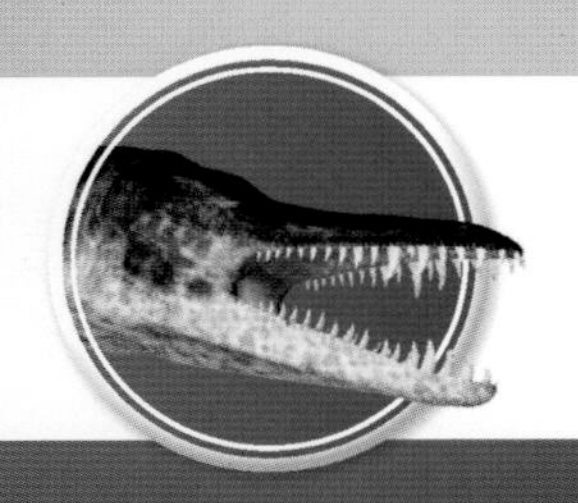

滑齿龙

滑齿龙是侏罗纪海洋中的顶级猎手之一。这种拥有四条强壮鳍状肢的上龙从黑暗的海洋深处跃起，在水中快速穿梭，用牙齿抓住鱼类和乌贼。

鼻孔很大，距离很远都能嗅到猎物的气味

强壮的鳍状肢，推动它庞大的身体穿过侏罗纪的海洋

世界真奇妙！

专家们使用一种特殊的游泳机器人，来研究诸如滑齿龙等上龙的移动方式。

超级数据

名称： 滑齿龙

名称的含义： 光滑的牙齿　**时期：** 侏罗纪

身长： 约6.5米　**体重：** 约2700千克　**饮食习惯：** 食肉

栖息环境： 海洋　**位置：** 欧洲

动物类型： 史前动物

关键种： 残暴滑齿龙

莱索托龙

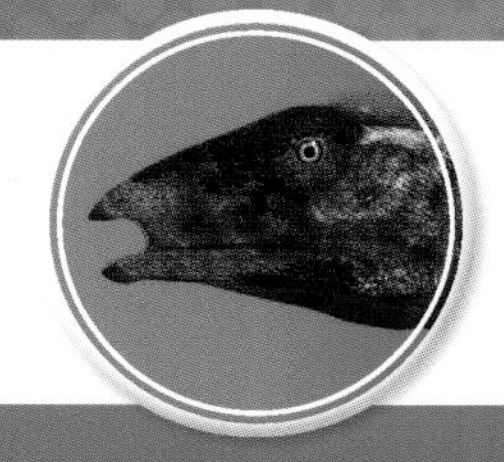

莱索托龙体型小、速度快，是侏罗纪时代最早的食草恐龙之一。这种长腿恐龙总是对危险保持警惕，能轻松地在开阔的平原上摆脱强敌的追捕。

大眼睛用来提防敌人

莱索托龙由于身体轻盈，更容易快速奔跑

世界真奇妙！

莱索托龙每只前爪上都有五趾。

超级数据

名称：莱索托龙
名称的含义：来自莱索托的蜥蜴　时期：侏罗纪
身长：约1米　体重：约7千克　饮食习惯：食草
栖息环境：陆地　位置：非洲
动物类型：恐龙
关键种：诊断莱索托龙

巨椎龙

又名大椎龙

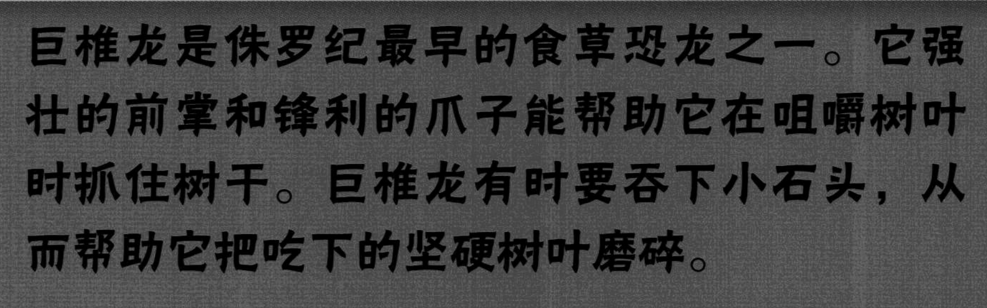

巨椎龙是侏罗纪最早的食草恐龙之一。它强壮的前掌和锋利的爪子能帮助它在咀嚼树叶时抓住树干。巨椎龙有时要吞下小石头，从而帮助它把吃下的坚硬树叶磨碎。

巨椎龙脖子很长，因此它可以上下伸展，尽情享用植物

世界真奇妙！

在巨椎龙的胃化石里，人们发现了一些被称为“胃石”的小石头。

尾巴长达2.5米

刚孵化的巨椎龙用四肢爬行，长大后它们学会用后肢直立行走

超级数据

通用名称：巨椎龙
名称的含义：巨大的椎骨　**时期：**侏罗纪
身长：约6米　**体重：**约1000千克　**饮食习惯：**食草
栖息环境：陆地　**位置：**非洲
动物类型：恐龙
关键种：刀背巨椎龙

耀龙

耀龙体型小巧，属于兽脚亚目，是一种独特的恐龙。它是迄今为止人们所发现的最小的恐龙物种之一，也是我们所知道的第一种把尾部羽毛用来炫耀而不是飞行的恐龙。

世界真奇妙！

耀龙的大腿骨只有鸡大腿骨的一半粗细。

超级数据

名称：耀龙

名称的含义：炫耀羽毛　时期：侏罗纪

身长：约45厘米　体重：约160克　饮食习惯：食肉

栖息环境：陆地　位置：亚洲

动物类型：恐龙

关键种：胡氏耀龙

鱼龙

鱼龙在侏罗纪的海洋中游弋，寻找鱼类、乌贼和其他海洋动物。这种鲨鱼形状的海洋爬行动物拥有一个流线型的躯体、一片巨大的背鳍、两对鳍状肢，以及一条分叉的尾巴。这些都有助于它成为一名强壮、快速的游泳健将。

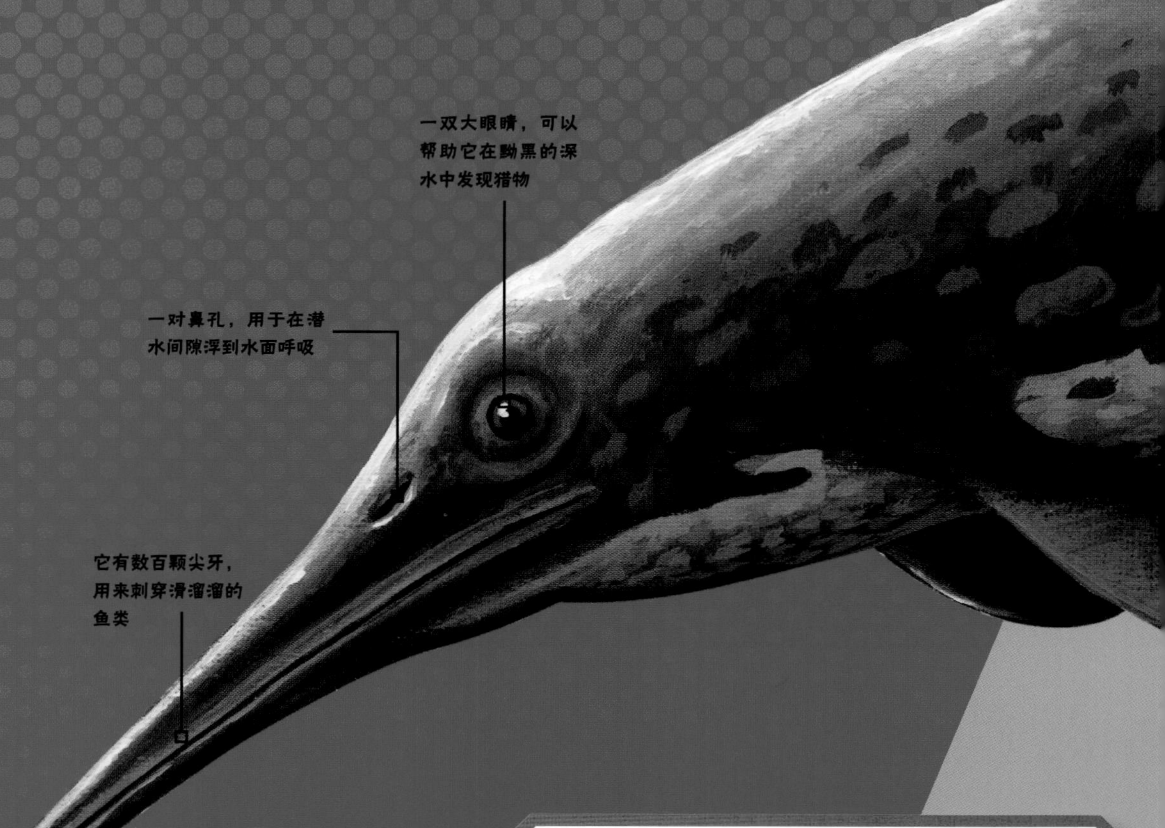

世界真奇妙！

古生物学家玛丽·安宁在英格兰多塞特郡的海滩上发现了第一块经过科学鉴定的鱼龙化石。她当时才12岁。

超级数据

名称：鱼龙

名称的含义：鱼蜥蜴　时期：侏罗纪

身长：约3.3米　体重：约300千克

饮食习惯：食肉

栖息环境：海洋　位置：欧洲和北美洲

动物类型：史前动物

关键种：普通鱼龙

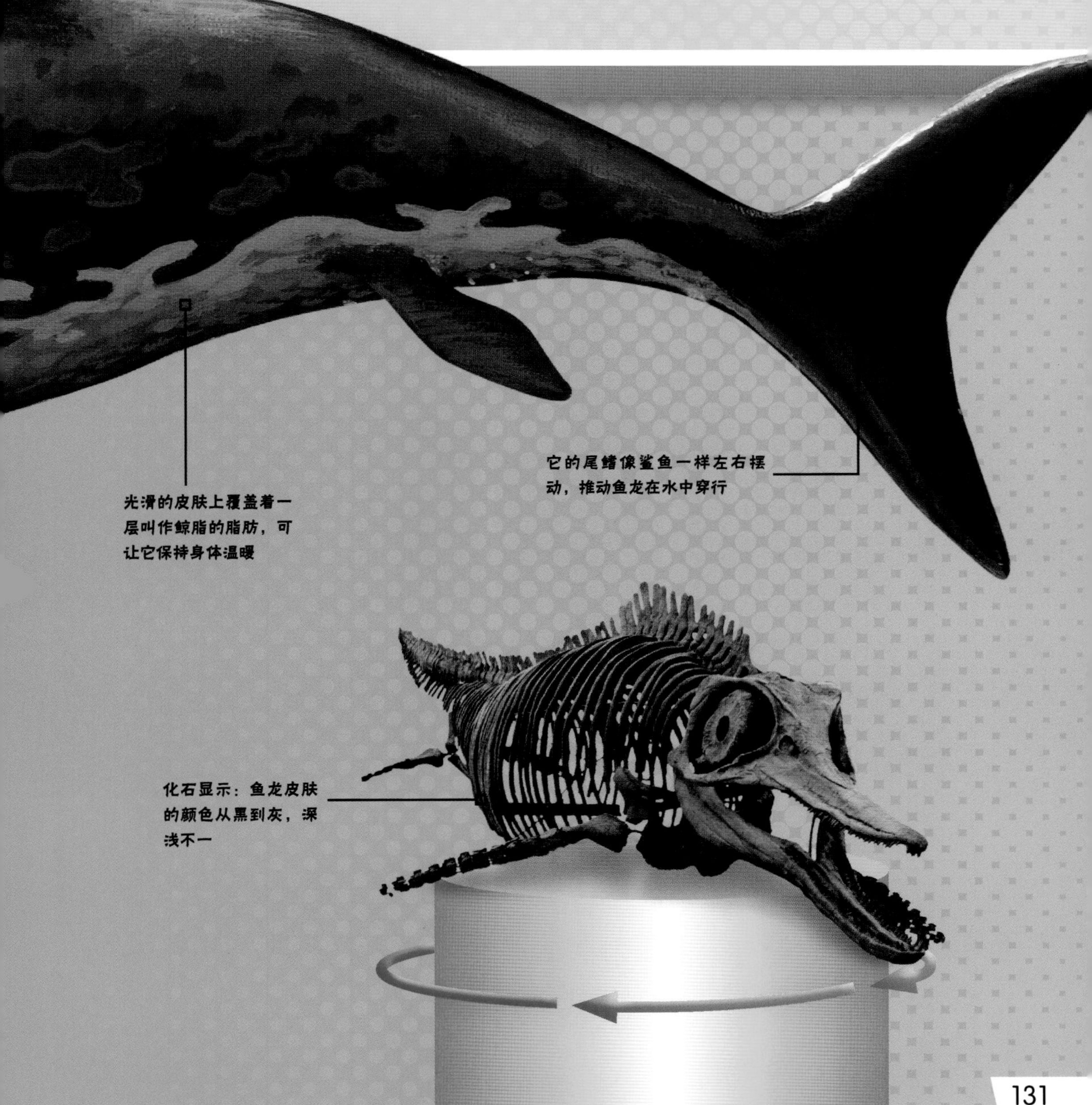

光滑的皮肤上覆盖着一层叫作鲸脂的脂肪，可让它保持身体温暖

它的尾鳍像鲨鱼一样左右摆动，推动鱼龙在水中穿行

化石显示：鱼龙皮肤的颜色从黑到灰，深浅不一

始祖鸟

尽管始祖鸟是最早出现的会飞的恐龙，但它的飞行能力并没有得到充分提升。这意味着它可能经常会待在地面。尽管始祖鸟长得像鸟类，但它仍然具有恐龙的许多特征，包括锋利的牙齿和凸起的爪子。如果捕食者靠得太近，始祖鸟就会用它剃刀般锋利的爪子发动反击，给对方造成严重伤害。

始祖鸟：这种危险的恐龙是战是逃？它必须做出选择。

战斗吧！

秀颌龙行动敏捷，但始祖鸟会飞！这种能力是否足以保证始祖鸟获胜？秀颌龙凭借自己高超的捕猎技能，能否占据上风？

秀颌龙

秀颌龙是顶级掠食者。它和霸王龙、异龙等体型更大的兽脚亚目恐龙有很多共同特征：具有良好的视力、锋利的牙齿和爪子，并且奔跑速度很快。秀颌龙体型小巧、行动敏捷，它用爪子抓住小蜥蜴之后，会一口将其吞下。

秀颌龙：这只长着羽毛的恶魔盯上了一顿大餐，并希望用自己的爪子抓住它！

谁会胜出？

秀颌龙依靠自身的速度和良好的视力悄悄接近始祖鸟，然后突然出击。始祖鸟用脚反制，然后拍打翅膀试图飞走。如果秀颌龙设法抓住了始祖鸟，就可以用它锋利的爪子弄伤它的翅膀，使其无法逃脱。因此两者各有优势，都有可能胜出！

弯龙

这种侏罗纪食草动物，可以用四肢悠闲走路，慢慢享用植物。一旦遇到掠食者发动侵袭，它也可以用后肢快速奔跑，并逃之夭夭。为了安全，弯龙过着群居生活。

脑袋前面有一个坚硬的喙，里面长着许多可以磨碎植物叶子的颊齿

后肢更长，便于快速奔跑

世界真奇妙！

尽管体重有三头灰熊那样重，但弯龙跑起来几乎和公牛一样快。

超级数据

名称：弯龙

名称的含义：灵活的蜥蜴　时期：侏罗纪

身长：约7米　体重：约1000千克　饮食习惯：食草

栖息环境：陆地　位置：北美洲

动物类型：恐龙

关键种：迪斯帕尔弯龙

真鼻龙

真鼻龙看起来像古代的剑鱼，是侏罗纪速度最快的海洋爬行动物之一。它凭借自己出色的视力和极长的双颌来搜寻猎物。

世界真奇妙！

真鼻龙是唯一一种上颌是下颌两倍长的鱼龙。

超级数据

名称：真鼻龙

名称的含义：鼻子挺直的蜥蜴　**时期：**侏罗纪

身长：约6米　**体重：**约700千克　**饮食习惯：**食肉

栖息环境：海洋　**位置：**欧洲

动物类型：史前动物

关键种：长嘴真鼻龙

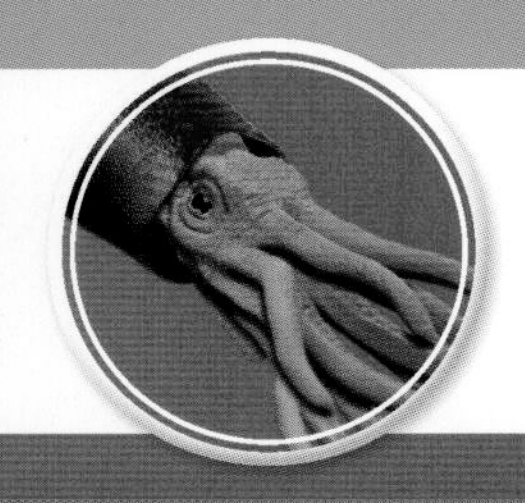

圆柱箭石

这种乌贼状的游泳者在侏罗纪海洋中生活，用它的10条蠕动的触足抓住路过的猎物。圆柱箭石属于箭石家族，该家族的生物以身体像子弹一样呈流线型而闻名。

扁动的侧鳍可以收起，以便快速逃离

触足上有数百个钩子，用来缠住猎物

一对大眼睛，让圆柱箭石即使在黑暗的深海中狩猎时，也具有清晰的视野

世界真奇妙！

过去，人们把箭石化石误认为是闪电击中地面所留下的痕迹。

超级数据

名称：圆柱箭石

名称的含义：圆柱形乌贼　**时期**：侏罗纪到白垩纪

身长：约22厘米　**体重**：约1500千克　**饮食习惯**：食肉

栖息环境：海洋　**位置**：全世界

动物类型：史前动物

关键种：普诺瑟阿那圆柱箭石

米拉加亚龙

米拉加亚龙是素食主义者，它的脖子比侏罗纪世界的其他剑龙类恐龙伸得更远。连最高处的叶子也逃不脱它的大嘴。

世界真奇妙！

米拉加亚龙共有17根颈椎。但今天的大多数哺乳动物只有7根颈椎。

超级数据

名称：米拉加亚龙

名称的含义：美丽的大地女神　时期：侏罗纪

身长：约6.5米　体重：约2000千克　饮食习惯：食草

栖息环境：陆地　位置：欧洲

动物类型：恐龙

关键种：长颈米拉加亚龙

欧罗巴龙

欧罗巴龙是一种蜥脚类恐龙，它的身体很小，但它的脖子却很长，足以吃到侏罗纪森林里高处的树叶。

它的长脖子非常灵活，既可够到高处的树叶，也能吃到低矮的植物

身体比大多数蜥脚类恐龙都更小、更结实

超级数据

名称：欧罗巴龙
名称的含义：欧洲蜥蜴　时期：侏罗纪
身长：约6米　体重：约800千克
饮食习惯：食草
栖息环境：陆地　位置：欧洲
动物类型：恐龙
关键种：豪氏欧罗巴龙

世界真奇妙！

对欧罗巴龙骨骼的研究表明它是一种小型蜥脚类恐龙。

侏罗猎龙

晚上，这种行动敏捷的恐龙会在环礁湖和沼泽里捕食蜥蜴、鱼类和昆虫。前肢的三个爪子和锯齿状牙齿让它尽享美味。

世界真奇妙！

唯一出土的侏罗猎龙化石来自一头未成年恐龙。侏罗猎龙完全长大之后，其体型可能要比化石大得多。

超级数据

名称：侏罗猎龙
名称的含义：侏罗纪猎手 时期：侏罗纪
身长：约75厘米
体重：约300克 饮食习惯：食肉
栖息环境：陆地 位置：欧洲
动物类型：恐龙
关键种：斯氏侏罗猎龙

斑龙

又名巨龙、巨齿龙

斑龙打破了纪录，因为它是第一种被赋予科学名称的恐龙。1824年，人们在英国牛津附近的地下矿坑里发现了一批骨头，并于同年给它正式命名。这种奔跑迅速的食肉动物在茂密的林海中，是出了名的杀手。

食肉斑龙的大牙会定期脱落，但能被长出的新牙替代

这种厉害的掠食者依靠自己的尖牙利爪和强壮的颌部来捕食猎物

世界真奇妙！

斑龙的一根大腿骨曾被错误地认为属于一头大象或某个巨人。

超级数据

名称：斑龙

名称的含义：巨大的蜥蜴　**时期**：侏罗纪

身长：约9米　**体重**：约1500千克

饮食习惯：食肉

栖息环境：陆地　**位置**：欧洲

动物类型：恐龙

关键种：巴氏斑龙

成群的米拉加亚龙在侏罗纪世界漫游，它们有时停下来喝水，有时咀嚼树木上茂密的叶子。这些长颈剑龙是以葡萄牙的米拉加亚地区命名的，因为人们在那里发现了它们的化石。

恐龙饮食

正如恐龙的身体从微型到巨型大小不一，它们的饮食也同样呈现出多样的变化。有些恐龙是快速猎手，能在几分钟内捕获猎物，而另一些则需要花较长时间才能吃到蕨类植物，或者有机会咀嚼树叶。

食草恐龙

食草恐龙是陆地上最常见的动物。其中许多都是高大的蜥脚类恐龙，特征是脖子长、尾巴长、身型庞大。它们的脖子能伸到高高的树冠上，吃到最好的叶子。其他体型较小的食草恐龙就没有这样幸运，只能以长在地面的植物来填饱肚子。

我们怎么知道恐龙吃的是什么？

恐龙生活在很久以前，我们居然对它们的饮食结构有这么多的了解，这实在令人惊讶。科学家们可以研究它们牙齿的大小和形状，并从中学到很多知识。许多食肉动物长着锋利的牙齿，有的甚至是尖牙；而许多食草动物则长着钉状的牙齿。恐龙粪便的化石，被称为“粪化石”，里面就有它们吃过食物的残渣。

食肉恐龙

大多数食肉恐龙，以捕食其他动物为生。它们凭借强壮的后肢冲向目标，然后用锋利的爪子和可怕的牙齿完成猎杀。有的恐龙喜欢单独行动，有的恐龙则喜欢集群出击。狩猎需要时间和精力，所以一些食肉恐龙选择将死去动物的尸体为食。

杂食恐龙

很少有恐龙既吃肉又吃植物。这些杂食恐龙必须具有灵活的颌部和不同类型的牙齿，才能对付不同类型的食物。如果猎物短缺，它们可以大嚼水果、种子、蛋和树叶，这样才能保证不会挨饿。

大带齿兽

大带齿兽是最早在侏罗纪森林中出没的哺乳类动物之一。尽管体型小且浑身毛茸茸的，但一到夜间就活跃起来，它能利用其强大的感官能力来追踪昆虫和蠕虫。它先用爪子抓住猎物，再用锋利的牙齿对其进行撕咬。

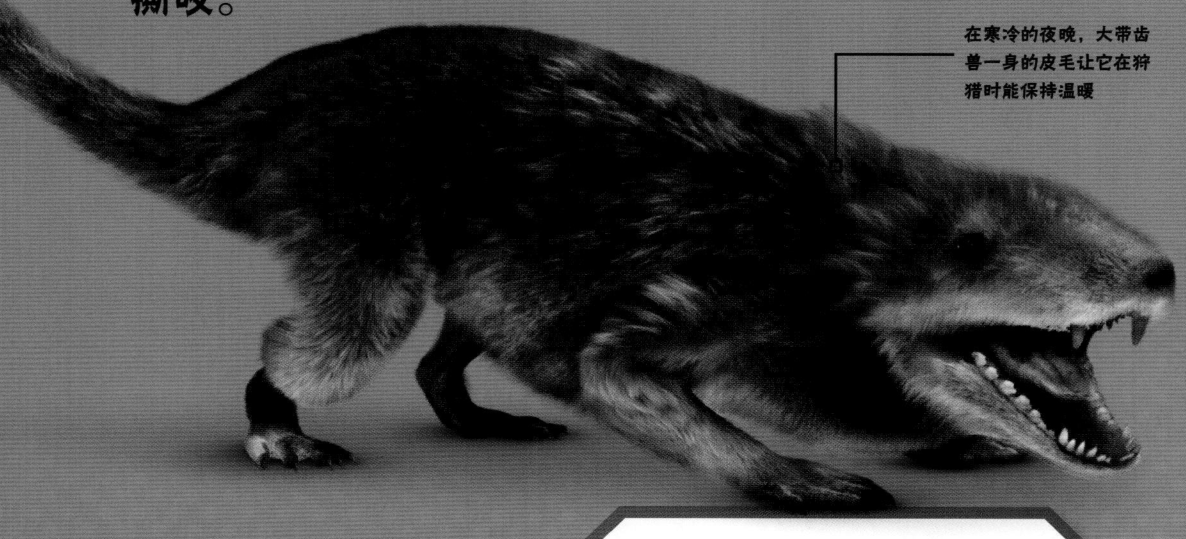

世界真奇妙！

虽然它是一种哺乳动物，但大带齿兽也可能会下蛋，就像现代的鸭嘴兽一样。

超级数据

名称：大带齿兽

名称的含义：大腰带牙齿　**时期：**侏罗纪

身长：约10厘米　**体重：**约25克　**饮食习惯：**食肉

栖息环境：陆地　**位置：**欧洲和非洲

动物类型：史前动物

关键种：茹德内尔大带齿兽

利帕菊石

利帕菊石是早已灭绝的菊石类动物中的一员，最早出现在4.25亿年前。它们是章鱼和乌贼的近亲，为了保护自己柔软的身体，常常缩在躯壳里。

世界真奇妙！

菊石的贝壳成分是霰石，与珍珠中发现的矿物相同。

超级数据

名称：利帕菊石

名称的含义：肥胖的头部　时期：侏罗纪

身长：约25厘米　体重：约1500克　饮食习惯：食肉

栖息环境：海洋　位置：非洲、欧洲和南美洲

动物类型：史前动物

关键种：切尔提恩斯利帕菊石

雷龙

雷龙是一种高大的蜥脚类恐龙，在开阔的平原上活动。它有一个极长的脖子，可以让它吃到高高的树上最美味的叶子。一些科学家认为，当受到攻击威胁时，雷龙可能会用自己的尾巴抽打敌人。雷龙会吞下石头，从而帮助自己磨碎和消化坚硬的植物。

头小，里面的大脑也小

细长的尾巴

前肢稍短

世界真奇妙！

过去，科学家们认为雷龙和迷惑龙属于同一物种。

超级数据

名称：雷龙

名称的含义：雷霆蜥蜴　**时期：**侏罗纪

身长：约22米　**体重：**约1500千克　**饮食习惯：**食草

栖息环境：陆地　**位置：**北美洲

动物类型：恐龙

关键种：秀丽雷龙

泰曼鱼龙

又名离片齿龙、切齿鱼龙

海洋爬行动物泰曼鱼龙潜伏在侏罗纪时期最深、最黑暗的海洋里。这个游泳健将看起来很像海豚，它高速游动，发现猎物后就将其咬碎。

巨大的尾巴左右摆动，推动泰曼鱼龙在水中游动

巨大的双颌长满了锋利的牙齿，能轻而易举咬穿猎物

世界真奇妙！

泰曼鱼龙的咬合力是鳄鱼的两倍。

超级数据

名称： 泰曼鱼龙

名称的含义： 切齿蜥蜴　**时期：** 侏罗纪

身长： 约12米　**体重：** 约6500千克　**饮食习惯：** 食肉

栖息环境： 海洋　**位置：** 欧洲

动物类型： 史前动物

关键种： 板齿泰曼鱼龙

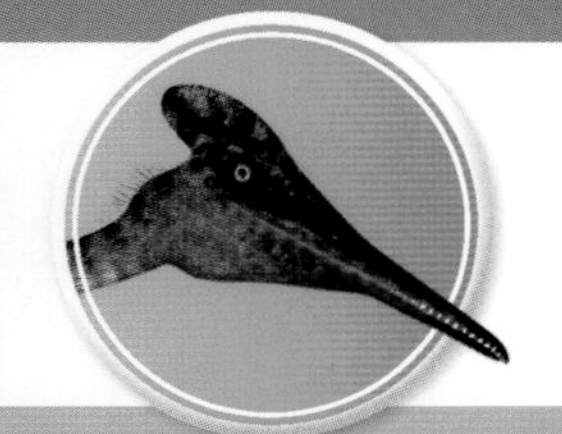

翼手龙

又名翼龙

在侏罗纪海岸上空翱翔的是和鹳一样大的翼手龙。这种体型娇小的翼龙会随时从空中俯冲下来，用自己的长嘴捕捉鱼虾和昆虫。

巨大的翅膀连接在极长的第四指上

颌部满是锋利的牙齿

轻巧的身体和中空的骨骼使翼手龙成为一名强壮而熟练的飞行者

世界真奇妙！

翼手龙是第一个被命名并确定为飞行爬行动物的生物。

超级数据

名称：翼手龙

名称的含义：带翼的手指　时期：侏罗纪

翼展：约1米　体重：约4500克　饮食习惯：食肉

栖息环境：陆地/天空　位置：欧洲

动物类型：史前动物

关键种：古老翼手龙

长颈巨龙

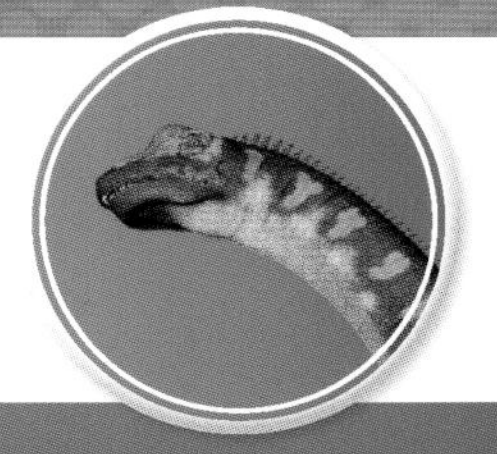

长颈巨龙，意思是“巨型长颈鹿”。其重量相当于6头大象，身高达12米——相当于3层楼的高度。为了维持自己庞大体型的消耗，这种高大的蜥脚类恐龙只好在森林里整天啃食树叶。

这种恐龙的脖子占了它身体总长度的一半

长颈巨龙由于颈骨中留有充满空气的间隙，所以它的脖子能保持轻盈和灵活

鳞状皮肤

世界真奇妙！

古生物学家不能确定长颈巨龙的鼻孔到底在哪里，过去一直认为它的鼻孔位于前额。

超级数据

名称：长颈巨龙

名称的含义：巨型长颈鹿　时期：侏罗纪

身长：约22米　体重：约25,000千克

饮食习惯：食草

栖息环境：陆地　位置：非洲

动物类型：恐龙

关键种：布氏长颈巨龙

利兹鱼

见识一下史上最大的硬骨鱼。利兹鱼是一种巨大的生物，几乎没有天敌。然而，它却只吃最小的海洋生物，如小鱼小虾等。

蜀龙

巨大的尾巴末端有两对短刺

大多数蜥脚类恐龙依靠它们巨大的身体来对抗攻击者，蜀龙有一件特殊的武器，它的尾巴上有一根骨棒和几根锋利的尖刺，能对攻击者发出致命的一击。

世界真奇妙！

蜀龙是极少数拥有尾刺的恐龙之一。

超级数据

名称：利兹鱼

名称的含义：利兹的鱼　时期：侏罗纪

身长：约16米

体重：约45,000千克

饮食习惯：食肉　栖息环境：海洋

位置：欧洲和南美洲

动物类型：史前动物　关键种：可疑利兹鱼

嘴里几乎没有牙齿，可以把水滤掉，只留下微小的海洋生物供自己食用

世界真奇妙！

利兹鱼的体重是当今世界上最大的硬骨鱼的10倍。

强壮的长脖子可以伸到枝繁叶茂的树梢上，让其他体型较小的蜥脚类恐龙望尘莫及

超级数据

名称：蜀龙

名称的含义：蜀地的蜥蜴　时期：侏罗纪

身长：约10米

体重：约4000千克　饮食习惯：食草

栖息环境：陆地　位置：亚洲

动物类型：恐龙

关键种：李氏蜀龙

剑龙

认识一下巨型剑龙家族中的超级巨星吧！剑龙大约有一辆小型巴士那么大，而且胃口颇大。这种以植物为食的庞然大物，大部分时间都在广袤的侏罗纪森林中啃食低处的植物，以维持其庞大身体的正常运转。重量级的剑龙移动得非常缓慢，但它的体型和尖刺对于吓退敌人很管用。

尖锐的喙，里面有较小的钉状牙齿

超级数据

名称：剑龙
名称的含义：屋顶蜥蜴 **时期：**侏罗纪
身长：约9米 **体重：**约4000千克
饮食习惯：食草
栖息环境：陆地 **位置：**欧洲和北美洲
动物类型：恐龙
关键种：马氏剑龙

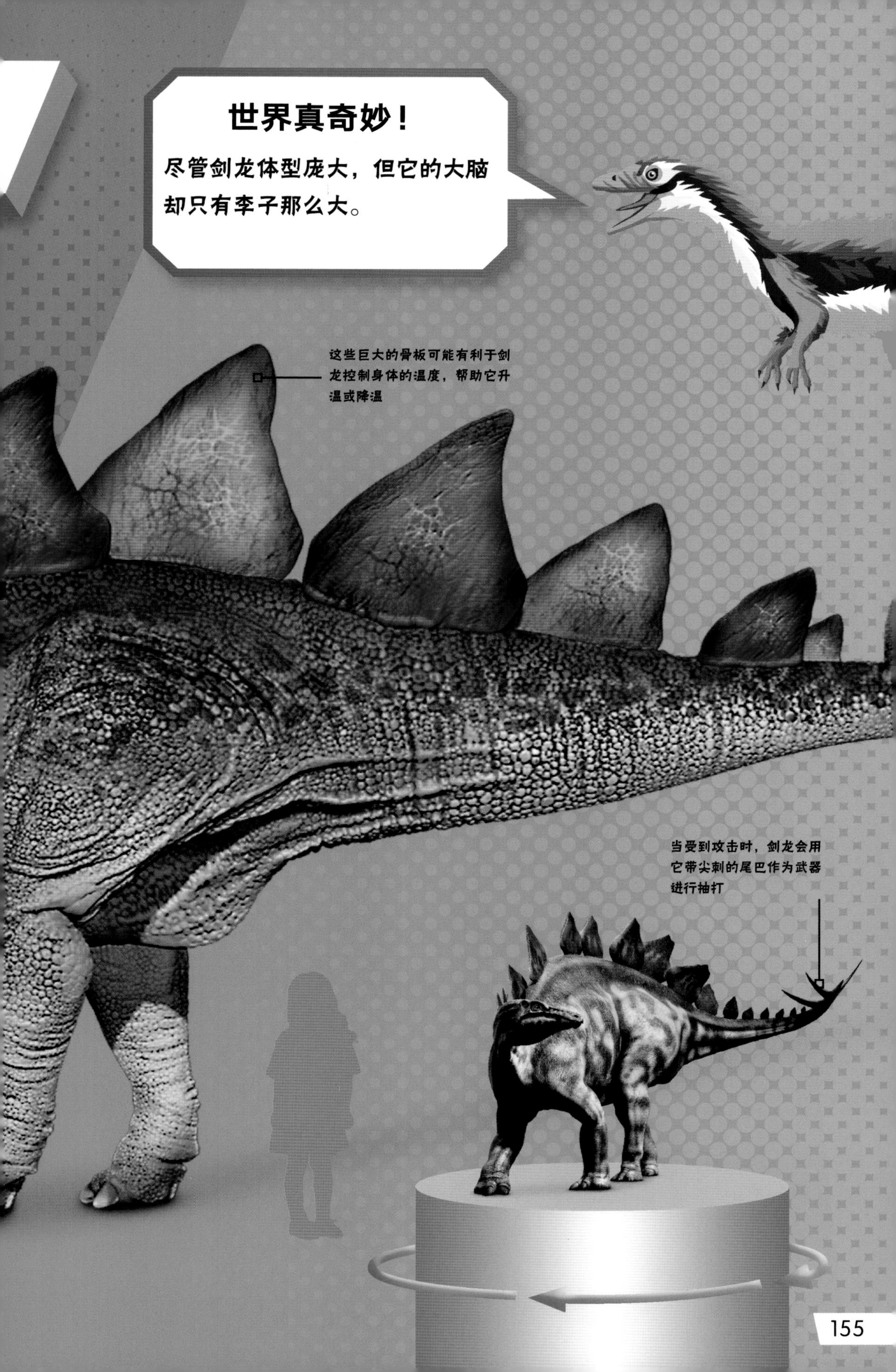
世界真奇妙！
尽管剑龙体型庞大，但它的大脑却只有李子那么大。
这些巨大的骨板可能有利于剑龙控制身体的温度，帮助它升温或降温
当受到攻击时，剑龙会用它带尖刺的尾巴作为武器进行抽打

双冠龙：这个戴着头冠的杀手已经看到了一顿美餐，正准备发动攻击。

战斗吧！

当凶猛的双冠龙在侏罗纪平原上悄悄靠近猎物时，体型小巧的小盾龙应当也在游荡觅食。但小盾龙的身高只有双冠龙的1/5，体重非常轻，并且它以植物为食，是个素食主义者。

小盾龙

小盾龙是体形最小的恐龙之一，它的动作敏捷而狡猾。小盾龙的四肢肌肉强健，身体轻盈灵巧，这意味着它可以高速奔跑。小盾龙身上长满了一种称为“盾板”的骨刺，可以保护自己免受敌人的攻击。

小盾龙：体型小但速度快，这只小恐龙会玩一些花哨动作。

谁会胜出？

双冠龙的优势是力量大、牙齿锋利。毫无疑问，只要它能追上小盾龙，战斗就会结束——尽管后者身披重甲。但小盾龙是有名的飞毛腿。见势不妙，它能扭转身来，拔腿就跑。说起奔跑速度，双冠龙可就差远了。大多数时候，它只能眼睁睁地看着小盾龙逃之夭夭。所以，虽然牙尖齿利并且体型高大，但并不能保证双冠龙总是赢家。这次的胜利属于小个子！

获胜者！

喙嘴龙

又叫嘴口龙、喙嘴翼龙、长尾翼龙

喙嘴龙是厉害的飞行家。它在天空中搜索侦察，然后俯冲下来捕捉海洋或河流中的鱼类。它可以紧紧抓住猎物，然后凭着一口锋利的牙齿饱餐一顿。

世界真奇妙！

喙嘴龙长尾巴上的骨棒能帮助它像飞镖一样笔直地飞行。

它将尖尖的吻部刺入水面，捕捉滑溜溜的鱼类和乌贼

巨大的翅膀使喙嘴龙能够乘风而起，居高临下地瞄准猎物

超级数据

名称：喙嘴龙

名称的含义：喙状的吻部　时期：侏罗纪

身长：约2米　体重：约4500克　饮食习惯：食肉

栖息环境：陆地　位置：欧洲

动物类型：史前动物

物种名称：明氏喙嘴龙

狭鳍龙

又名狭翼龙、狭翼鱼龙

这种光滑、流线型的海洋爬行动物一边在水中高速前进，一边寻找鱼类和乌贼充饥。它长满锋利牙齿的嘴可以在几秒钟内撕裂猎物。

世界真奇妙！

敏捷的狭鳍龙在水中的行进速度可达每小时40千米。

背鳍使狭翼龙在水中能保持稳定和平衡，就像现在的海豚和鲨鱼一样

细长的颌部，里面长满锋利的牙齿

光滑的皮肤帮助狭翼龙在水中快速游动

超级数据

名称：狭鳍龙

名称的含义：狭窄的鳍　**时期：**侏罗纪

身长：约4米　**体重：**约750千克　**饮食习惯：**食肉

栖息环境：海洋　**位置：**欧洲

动物类型：史前动物

物种名称：四叉戟狭鳍龙

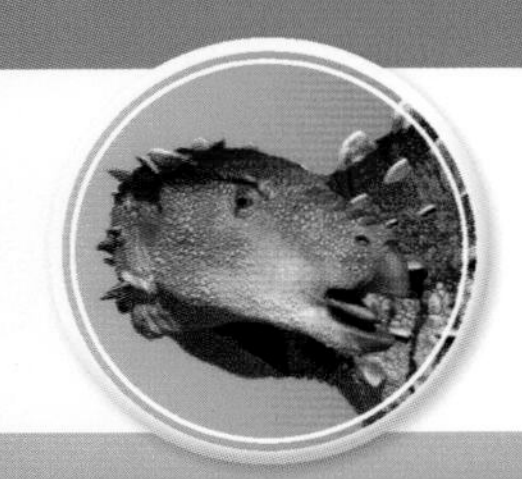

肢龙

又名棱背龙、踝龙或腿龙

厚重的铠甲为肢龙提供了保护。这种行动缓慢的食草动物用覆盖在身上的一层坚硬骨板吓跑对手——这些骨板从它小小的脑袋一直延伸到那长尾巴的末端。

世界真奇妙！

肢龙的骨板上覆盖着坚韧的角蛋白——我们的指甲中的主要成分也是这种物质。

超级数据

名称：肢龙

名称的含义：肢体蜥蜴　**时期：**侏罗纪

身长：约4米　**体重：**约320千克　**饮食习惯：**食草

栖息环境：陆地　**位置：**欧洲

动物类型：恐龙

关键种：哈里斯肢龙

棘刺龙

棘刺龙在早期的蜥脚类恐龙中算得上身形高大。2007年，在非洲尼日尔发现了一具几乎完整的棘刺龙的骨骼。起初，古生物学家以为它的尾巴末端有尖刺，但事实证明这是错误的。

世界真奇妙！

第一头棘刺龙的化石于2007年被挖掘出来。它是已知的、遗骸保存得最完整的早期蜥脚类恐龙之一。

嘴里的钉状牙齿扯下叶子，然后囫囵吞下

棘刺龙平时用强壮的四肢行走，但有时它也可以用后肢站立，以便吃到最高处的叶子

长长的尾巴，用来保持身体平衡

超级数据

名称：棘刺龙

名称的含义：尖刺蜥蜴　**时期**：侏罗纪

身长：约13米　**体重**：约6350千克　**饮食习惯**：食草

栖息环境：陆地　**位置**：非洲

动物类型：恐龙

关键种：尼日尔棘刺龙

奇翼龙

奇翼龙介于早期的鸟类和古代的蝙蝠之间，是一种独特的恐龙，曾经生活在中国。它那让人称奇的、没有羽毛的翅膀给它赢得了一个名字——奇翼龙，意思是“奇怪的翅膀”。它只有鸽子那么大，但能爬树，还能在空中滑翔。

世界真奇妙！

迄今为止，人们只发现了一只奇翼龙的化石。它是由中国的一位农民发现的，现存于一家中国博物馆。

翅膀上有一层薄薄的皮肤，类似于现代蝙蝠的皮膜

奇翼龙爬树的时候，用爪子抓住树枝

超级数据

名称：奇翼龙

名称的含义：奇怪的翅膀 时期：侏罗纪

身长：约60厘米　体重：约380克

饮食习惯：食肉

栖息环境：陆地　位置：亚洲

动物类型：恐龙

关键种：奇翼龙

作为体型最大的、长着骨板的恐龙，剑龙看起来非常雄伟，它可能是一种性格温顺的恐龙，过着独居生活。在寻找食物时，它那庞大的身体、硬邦邦的骨板以及带尖刺的尾巴，足以让来犯者望而生畏。

蛮龙

蛮龙是欧洲有史以来体型最大的恐龙之一。这种巨大的猎手统治着侏罗纪森林和洪泛区。它是一个“暴君”，它拥有强壮的身体、有力的后肢、长长的爪子和锋利的牙齿。

牙齿大而锋利，可以咬穿猎物的身体，包括行动缓慢的蜥脚类恐龙

前肢上长着很大的爪子，非常适合砍杀猎物

世界真奇妙！

蛮龙这个名字的意思是“野蛮的蜥蜴”，因为它容易发怒、生性好斗。

超级数据

名称：蛮龙
名称的含义：野蛮的蜥蜴　时期：侏罗纪
身长：约10米　体重：约3000千克　饮食习惯：食肉
栖息环境：陆地　位置：北美洲和欧洲
动物类型：恐龙
关键种：谭氏蛮龙

怪嘴龙

又名承溜口龙

怪嘴龙身上覆盖着骨板和锋利的尖刺，这为它提供了诸多保护，有助于它安全地享用食物。

世界真奇妙！

怪嘴龙是一种不同寻常的带甲恐龙，因为给它提供保护作用的那些骨板，底部竟然是中空的！

超级数据

名称： 怪嘴龙

名称的含义： 滴水嘴蜥蜴　**时期：** 侏罗纪

身长： 约3.5米　**体重：** 约850千克　**饮食习惯：** 食草

栖息环境： 陆地　**位置：** 北美洲

动物类型： 恐龙

关键种： 帕皮尼怪嘴龙

永川龙

永川龙体型大、脑子好使，会用许多不同的方法来捕食猎物。这种凶猛的杀手既可以团体围猎，又能单独行动，甚至食用死尸，它对其他动物构成了严重威胁。

世界真奇妙！

永川龙巨大的头骨上开有六个洞，从而减轻了它的身体重量。

超级数据

名称： 永川龙

名称的含义： 永川的蜥蜴　**时期：** 侏罗纪

身长： 约11米　**体重：** 约3300千克　**饮食习惯：** 食肉

栖息环境： 陆地　**位置：** 亚洲

动物类型： 恐龙

关键种： 上游永川龙

蛇颈龙

海洋生物必须提防蛇颈龙——一种致命的海洋掠食者。蛇颈龙拥有咬合力惊人的双颌和满口锋利的牙齿，它会突然从黑暗的深水中冒出来，冲向鱼类和软体动物。

世界真奇妙！

过去，一些人声称的苏格兰著名的尼斯湖怪兽看起来就像蛇颈龙。

超级数据

名称：蛇颈龙
名称的含义：近似蜥蜴　**时期**：侏罗纪
身长：约3.5米　**体重**：约850千克　**饮食习惯**：食肉
栖息环境：海洋　**位置**：欧洲
动物类型：史前动物
关键种：长颈蛇颈龙

异齿龙

又名畸齿龙、奇齿龙

这种行动敏捷的小恐龙在灌木丛中寻找食物——无论是植物，还是啮齿动物和昆虫，都被列入它的食谱。一些古生物学家认为异齿龙身上可能长有羽毛。

锋利的犬齿用于进食和自卫

世界真奇妙！

和现代哺乳动物一样，这种恐龙有三种牙齿：较小的前牙、颊齿和锋利的犬齿。

超级数据

名称：异齿龙

名称的含义：异齿蜥蜴　**时期：**侏罗纪

身长：约1.2米　**体重：**约10千克　**饮食习惯：**杂食

栖息环境：陆地　**位置：**北美洲

动物类型：恐龙

关键种：塔克异齿龙

达克龙

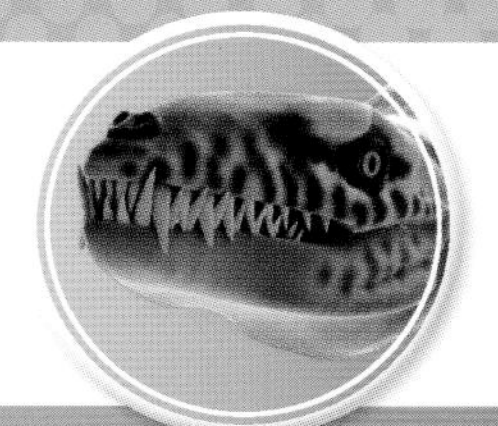

史前掠食者达克龙在海洋中游弋，寻找鱼类和其他海洋爬行动物。四条鳍状肢和一条像鱼一样的尾巴，悄无声息地推动着这种生物冲向毫无防备的猎物。

世界真奇妙！

达克龙的意思是“咬人的蜥蜴”，因为与大多数史前生物相比，它的牙齿很大。

超级数据

名称：达克龙
名称的含义：咬人的蜥蜴　时期：侏罗纪到白垩纪
身长：约5米　体重：约900千克　饮食习惯：食肉
栖息环境：海洋　位置：欧洲和南美洲
动物类型：史前动物
关键种：巨达克龙

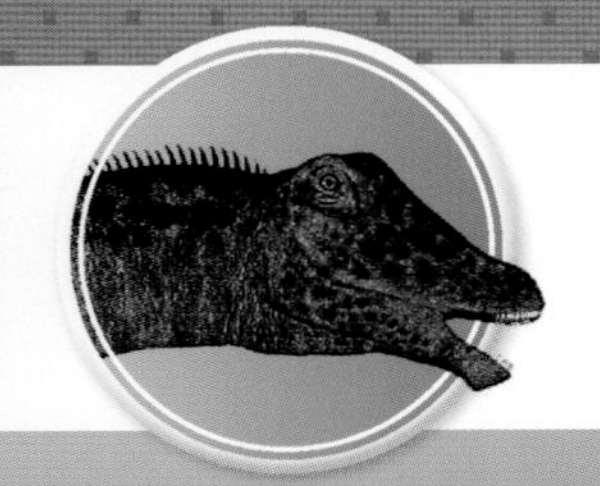

梁龙

这个庞然大物是地球上生存时间最长的生物之一。梁龙几乎和蓝鲸一样长！它那灵活无比的长脖子能够伸到高高的树梢上，这就使得它能够采摘到最高、最茂盛的树叶来为它巨大的身体提供“燃料”。

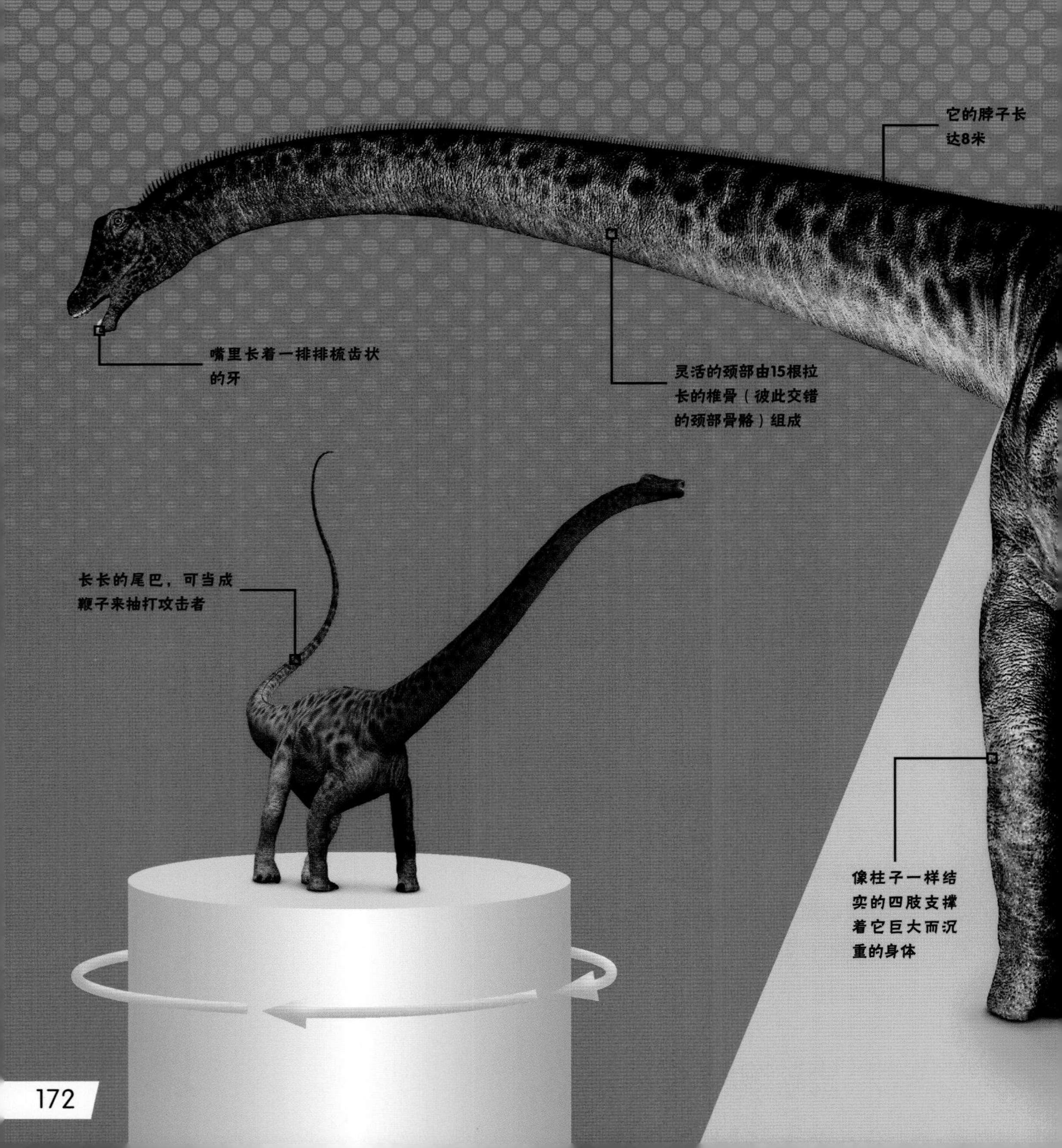

超级数据

名称：梁龙

名称的含义：一对横梁　时期：侏罗纪

身长：约26米　体重：约15,000千克　饮食习惯：食草

栖息环境：陆地　位置：北美洲

动物类型：恐龙

关键种：卡内基梁龙

梁龙还可以用后肢站立，从而可吃到更高处的树叶

世界真奇妙！

梁龙触及树顶的高度，是现在长颈鹿能够触及的高度的两倍。

会飞的爬行动物

第一种会飞的脊椎动物是翼龙，它们在中生代统治着天空。但它们不是恐龙，尽管一开始确实有一些类似恐龙的特征，比如长着长尾巴和又短又圆的喙。翼龙进化得更适应空中生活：它们的尾巴更短，身体形状更加光滑。

双形齿兽

早期翼龙，尾巴长、翅膀小、身体强壮。虽然它们会飞，但大部分时间都在陆地上活动。

无齿翼龙

这种翼龙都有巨大的头冠，它们经常用它来炫耀。其中，雄性无齿翼龙是一种风筝状的翼龙，它们的头冠可以长到70厘米长。

风神翼龙

风神翼龙的翼展巨大，达到了10米。它们的身体足足有一架小型飞机那么大！这种大型生物之所以能够飞行，是因为它们的骨骼是空心的，而且很轻。

南翼龙

南翼龙的颌部适合捕食。它们的下颌布满了数百颗薄薄的牙齿，有利于从浅水中筛出小型海洋生物。

翼龙蛋

2017年，中国科学家发现了数百个保存得极其完好的翼龙蛋。

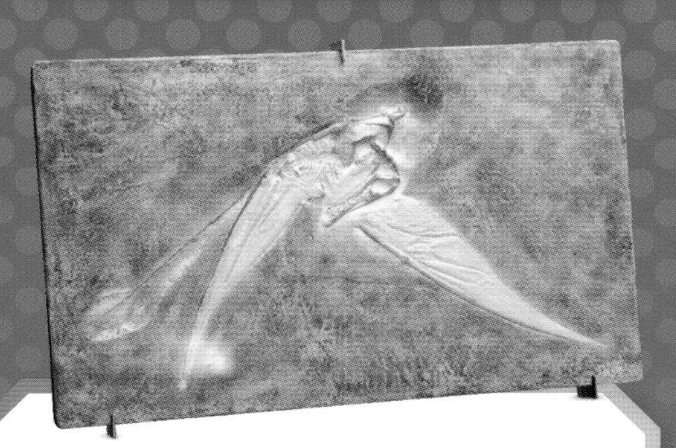

喙嘴龙

保存最完好的翼龙化石之一非喙嘴龙莫属。这些化石上的痕迹如此细致，连翅膀都可以看到。

翼手龙

虽然它属于后期的翼龙，但翼手龙是最先被人类发现的品种。它的脚上有蹼，尾巴也比其他翼龙短。翼手龙的蹼脚更适合在陆地上行走。

世界真奇妙！

记住，翼龙不是鸟！它们的翅膀不是羽毛，而是一层薄薄的皮肤。

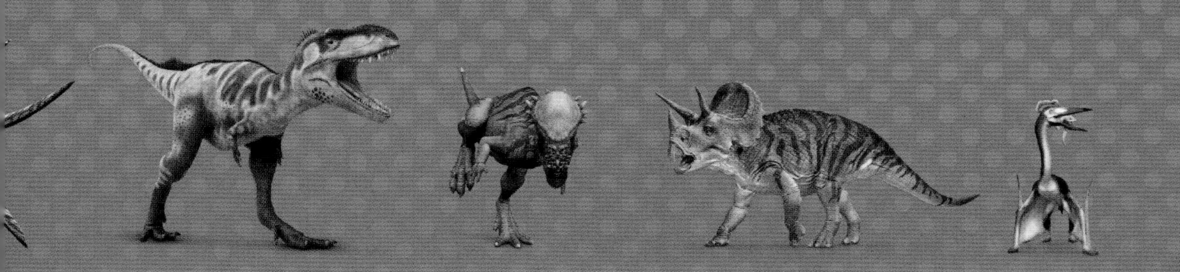

白垩纪

在白垩纪时期，恐龙仍然统治着地球，但世界正在发生变化。随着海平面上升，巨大的大陆板块继续分裂，开始变成类似于我们今天所看到的样子。于是出现了新的生物和环境。开花的植物和蜜蜂以及其他昆虫一起出现。但是，最大的变化发生在白垩纪末期。一颗巨大的小行星撞击地球，导致许多物种灭绝。

艾伯塔龙

又名阿尔伯塔龙、亚伯达龙

以加拿大的艾伯塔省而命名的艾伯塔龙，是北美最可怕的物种之一。它的体重相当于3只现代鸵鹿，但体型仍只有其表亲——霸王龙——的一半大。

头骨长1米

艾伯塔龙有50多颗参差不齐的香蕉状牙齿，可以咬穿骨头。它用这些牙齿来咬住并撕扯猎物

艾伯塔龙是兽脚亚目恐龙。它用后肢走路，前肢上有爪子

世界真奇妙！

一些艾伯塔龙的颌骨化石上有孔，可能得归咎于寄生虫——那些生活在其他生物身上的微小生物。

超级数据

名称：艾伯塔龙

名称的含义：艾伯塔省的蜥蜴　时期：白垩纪

身长：约9米　体重：约2000千克　饮食习惯：食肉

栖息环境：陆地　位置：北美洲

动物类型：恐龙

关键种：肉食艾伯塔龙

开角龙

又名加斯莫龙、隙龙、裂头龙或裂角龙

开角龙是角龙家族的一员，它们都有像鹦鹉一样的喙，身上长着角和引人注目的骨状颈褶。它也是在加拿大的艾伯塔省被发现的，体型大约是它的亲戚“三角龙”的一半大。

世界真奇妙！

开角龙的颈褶上有洞，但由于被皮肤覆盖，所以颈褶看起来很坚固。

超级数据

名称： 开角龙

名称的含义： 空隙蜥蜴　**时期：** 白垩纪

身长： 约5米　**体重：** 约3000千克　**饮食习惯：** 食草

栖息环境： 陆地　**位置：** 北美洲

动物类型： 恐龙

关键种： 贝氏开角龙

牛龙

又名肉食牛龙

牛龙具有豹子的速度和犀牛的体重，是一个可怕的杀手。它名字的意思是“食肉的公牛”。

这两只15厘米长的角可能是用来争夺领地或配偶的

与其他兽脚亚目恐龙相比，牛龙的头骨较短——大约是人类男性平均身高的1/3

细小的前肢对狩猎没什么用处

强壮的后肢肌肉能让它以每小时56千米的速度奔跑

世界真奇妙！

牛龙巨大的尾部虽然能帮助它快速奔跑，但不能让它快速转身。

超级数据

名称：牛龙

名称的含义：食肉的公牛　时期：白垩纪

身长：约8米　体重：约2000千克　饮食习惯：食肉

栖息环境：陆地　位置：南美洲

动物类型：恐龙

关键种：萨氏食肉牛龙

恐爪龙

这种致命的恐龙主要来自一个由小型、快速和敏捷的掠食者组成的家族。它的大脑相对较大，善于用智慧来追踪和捕捉猎物，甚至包括其他恐龙。

长尾巴能让恐爪龙在奔跑或攻击猎物时保持身体平衡

和其他驰龙一样，恐爪龙身体的某些部位几乎肯定覆盖着羽毛

每只脚上用于杀戮的尖甲可长达13厘米，尖甲又长又弯，能将猎物撕碎

世界真奇妙！

恐爪龙是电影《侏罗纪公园》中“迅猛龙”的原型。

超级数据

名称：恐爪龙
名称的含义：恐怖的爪子　**时期**：白垩纪
身长：约3.6米　**体重**：约100千克　**饮食习惯**：食肉
栖息环境：陆地　**位置**：北美洲
动物类型：恐龙
关键种：奥斯特罗姆恐爪龙

马拉维龙

关于马拉维龙，我们只能根据其部分骨骼的遗骸进行研究，其中包括它的头骨和脑腔（容纳大脑的骨头）的碎片。这种恐龙长得和长颈鹿一样高，以发现它地点的名字马拉维而命名。

头骨小

脖子长，可触及高处的植物

皮肤上出现了一些被称为“膜质骨板”的坚硬隆块，可能形成了一层起保护作用的盔甲

它的尾巴大约有8米长

世界真奇妙！

在最终对它命名之前，马拉维龙的名字被改动了好几次。

超级数据

名称：马拉维龙

名称的含义：马拉维的蜥蜴　**时期：**白垩纪

身长：约11米　**体重：**约4500千克　**饮食习惯：**食草

栖息环境：陆地　**位置：**非洲

动物类型：恐龙

关键种：迪克西马拉维龙

小盗龙

这种小型的有翼食肉动物全身长满了羽毛。专家认为，它在树与树之间滑翔，或许还能振翅飞行。化石证据表明，它有闪亮的黑色羽毛，就像今天的鸟类一样。

世界真奇妙！

在中国出土了一个小盗龙化石，人们在它的胃里发现了一种新的史前蜥蜴。

超级数据

名称：小盗龙

名称的含义：小盗贼　时期：白垩纪

身长：约80厘米　体重：约1千克　饮食习惯：食肉

栖息环境：陆地/天空　位置：亚洲

动物类型：恐龙

关键种：赵氏小盗龙

三角龙

三角龙的形象令人生畏：它拥有巨大的身躯，头上长着两个扫帚柄那么长的犄角，颈部还有独特的褶皱。这种强壮的食草动物的体重是犀牛的四倍，在角龙家族中也算得上是体型较大的成员了。专家们认为：三角龙为了安全，会结队出行。

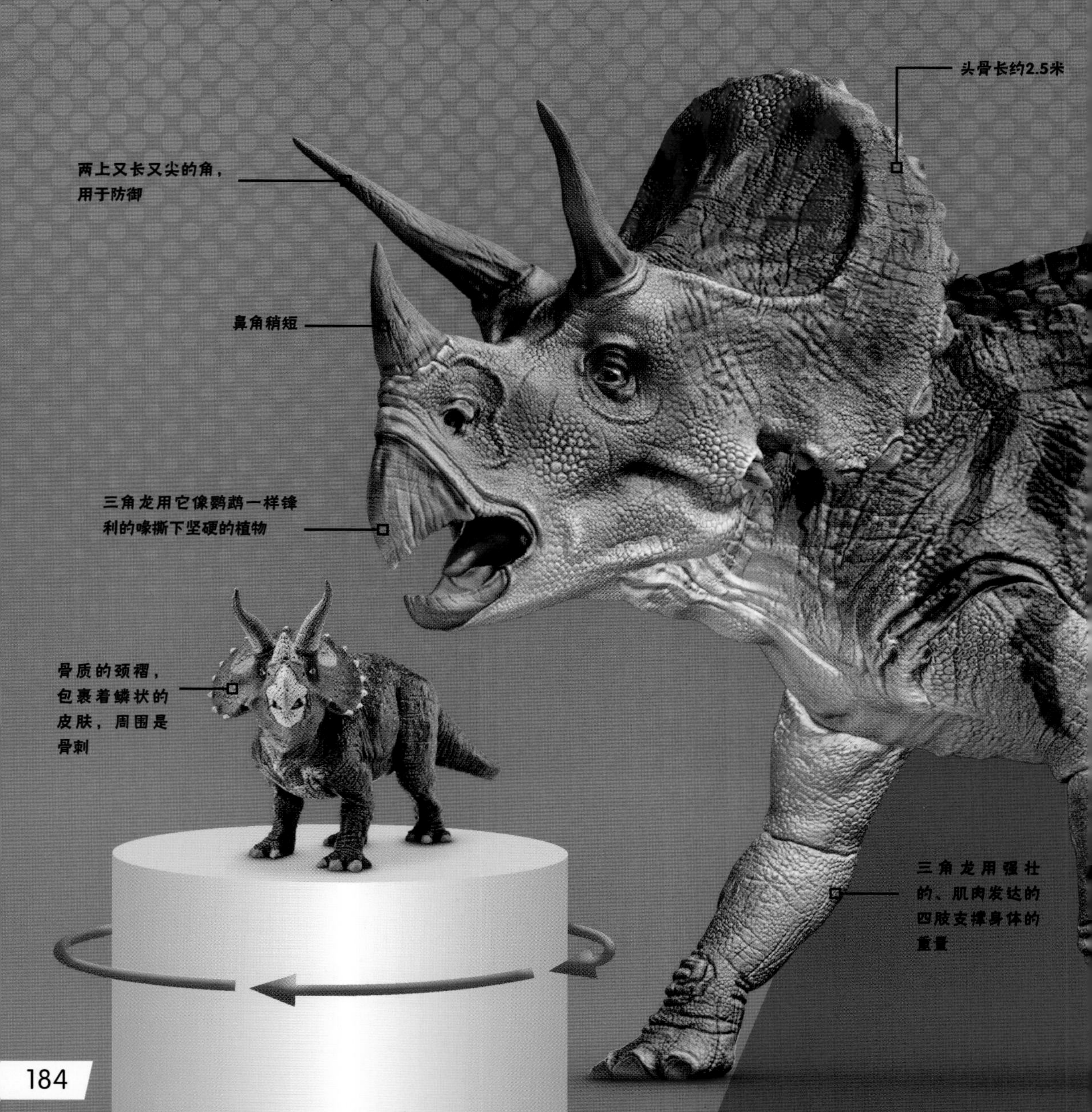

超级数据

名称：三角龙

名称的含义：长着三只角的面孔　时期：白垩纪

身长：约3.6米　体重：约8000千克

饮食习惯：食草

栖息环境：陆地　位置：北美洲

动物类型：恐龙

关键种：恐怖三角龙

世界真奇妙！

三角龙头上的角在争夺领地或配偶的战斗中经常受损。化石证据表明，这种损伤可以随着时间的推移而得到愈合。

甲龙

甲龙有一辆坦克那么大，身披厚重的盔甲，它绝不是一只无助的食草动物，因为它身上覆盖着一层骨质的保护盾。掠食者很难在它背上找到一处柔软的地方下口。如果这还不够的话，甲龙的尾巴末端还有一根骨质大棒，非常适合用来击打掠食者。

甲龙用巨大的尾棒发出的重击足以打碎敌人的骨头。

甲龙： 虽然身披盔甲又具有威胁，但这次它好像遇到麻烦了，对吗?

战斗吧！

没有哪种恐龙比霸王龙更可怕或更危险。而甲龙柔软的腹部根本敌不过掠食者的牙齿。但是，只要甲龙不腿软倒地的话，它可以依靠强壮的身体盔甲来保护自己！

霸王龙

作为最大的肉食恐龙之一，霸王龙被认为是有史以来最凶猛的食肉动物。它身上的一切部位都非常适合捕食猎物，它有强壮的肌肉、有力的下颌、巨大的牙齿、锋利的爪子以及出色的视力。狡猾的霸王龙有时也会偷袭猎物。

霸王龙体型巨大，身长约13米，体重相当于3只河马，难怪它是最可怕的掠食者

霸王龙：这个头号杀手想吃晚餐了，而且现在就要！

谁会胜出？

霸王龙朝着甲龙张开大嘴，但它会非常沮丧，因为没有地方可以让它的牙齿咬进去！与此同时，甲龙可以用它尾部的那根骨棒抽打敌人。这根骨棒足够坚硬，完全能把霸王龙的小腿击碎。除非霸王龙能找到甲龙身体较低、较软的部分，否则它就没办法搞定这个食草动物！

获胜者！

海洋中的爬行动物

恐龙主宰着陆地，而海洋则是由巨大的海洋爬行动物来统治的。无论是巨大的水下杀手，还是优雅的游泳者和微小的甲壳生物，当时的海洋生命与今天我们看到的海底生物完全不同。

上龙

上龙的咬合力大得惊人。它的头骨有2米长，可以吃掉比犀牛还大的猎物。

鱼龙

这种速度超快的海洋爬行动物有着光滑的身体和尖尖的吻部——形状有点像今天的导弹。

沙尼龙

沙尼龙是有史以来已知的最大的海洋爬行动物，几乎和蓝鲸一样长。

薄板龙

薄板龙长脖子上的骨头比其他任何动物都多。它用它的脖子捕食成群的鱼类。

幻龙

一种长相可怕的掠食者，它的面部像鳄鱼一样平坦。幻龙也可以在陆地上活动。

弓鲛

海洋爬行动物有着超强的猎捕能力，但它们也面临着其他游泳动物的竞争，比如凶猛的弓鲛。

滑齿龙

滑齿龙比噬人鲨还大，有着巨大有力的颌部和强壮的鳍状肢——总之，它是一种可怕的杀手。

世界真奇妙！

今天的鲸鱼、海豚和海豹是在这些凶猛的海洋爬行动物灭绝之后才出现的。

鲨齿龙

鲨齿龙是有史以来在地球上横行的体型最大的食肉动物之一，甚至能将小型恐龙整个吞下。它的名字来源于其锋利的牙齿——“鲨齿”，意思是拥有像噬人鲨一样的牙齿。

世界真奇妙！

20世纪30年代发现的早期鲨齿龙的化石，在第二次世界大战期间被毁掉了。

超级数据

名称：鲨齿龙
名称的含义：长着鲨鱼牙齿的蜥蜴　时期：白垩纪
身长：约13米　体重：约7500千克　饮食习惯：食肉
栖息环境：陆地　位置：非洲
动物类型：恐龙
关键种：撒哈拉鲨齿龙

五角龙

它可能不像它的亲戚三角龙那样有名，但在犄角的数量上，五角龙可是超过了三角龙。它的名字的意思是“有五只角的面孔”，因为五角龙除了脸颊上有两只角之外，在头上还有三只角。

世界真奇妙！

五角龙拥有陆地动物中最大的头骨。在美国发现的一个头骨居然高达2.65米。

五角龙的颈褶也比三角龙的长

鼻角稍短

鹦鹉般的尖喙

五角龙的腿部比普通10岁儿童的身体还粗、比他们的身高还长。

超级数据

名称：五角龙

名称的含义：有五只角的面孔　时期：白垩纪

身长：约8米　体重：约6500千克　饮食习惯：食草

栖息环境：陆地　位置：北美洲

动物类型：恐龙

关键种：斯腾伯格五角龙

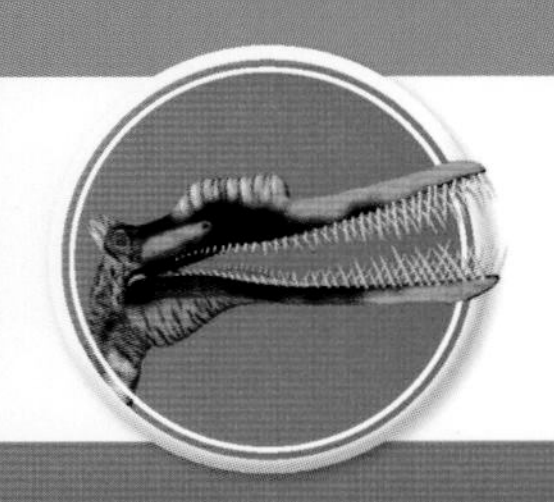

振元翼龙

这只翼龙的化石于21世纪初在中国东北地区被发现，包括一具完整的骨骼。它的吻部很长，里面布满一排排像针一样的长牙。

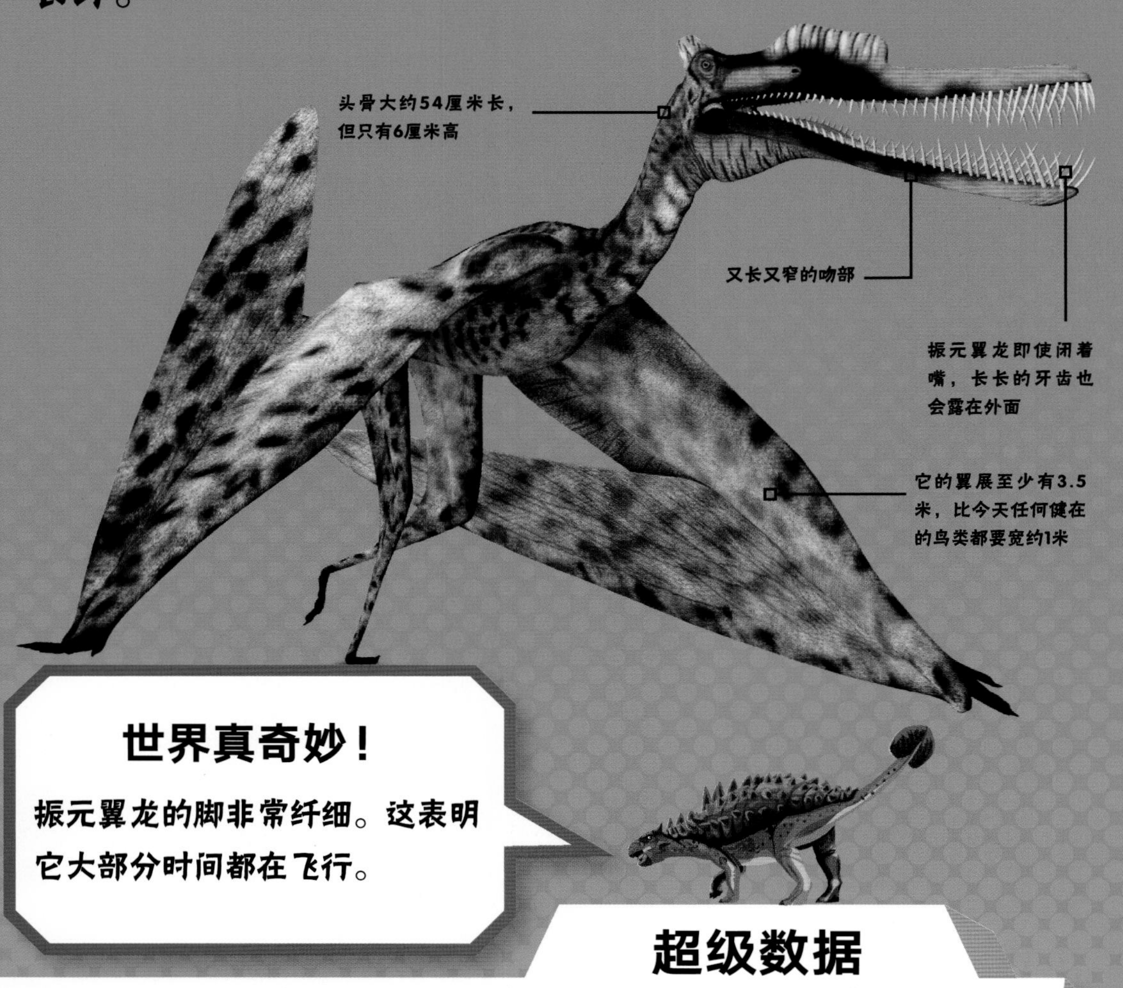

世界真奇妙！

振元翼龙的脚非常纤细。这表明它大部分时间都在飞行。

超级数据

名称：振元翼龙

名称的含义：振元的翅膀　时期：白垩纪

身长：约3.5米　体重：约10千克　饮食习惯：食肉

栖息环境：陆地/天空　位置：亚洲

动物类型：史前动物

关键种：长喙振元翼龙

大鼻角龙

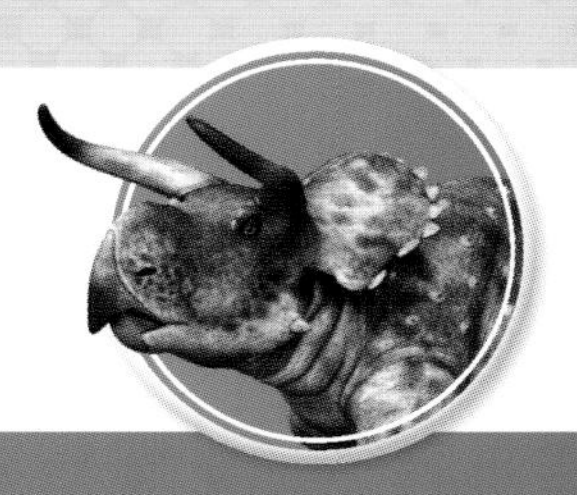

像所有的角龙一样，大鼻角龙是一种食草动物。但它的鼻子比角龙家族的其他成员大得多，并且头上的犄角也比其他家族成员更长，突兀地向前伸着，就像今天的公牛一样。

世界真奇妙！

大鼻角龙有一个大鼻子而著称，但它的嗅觉很差，因为其嗅觉感受器位于头骨中很靠后的地方。大鼻角龙和一头小象一样重。

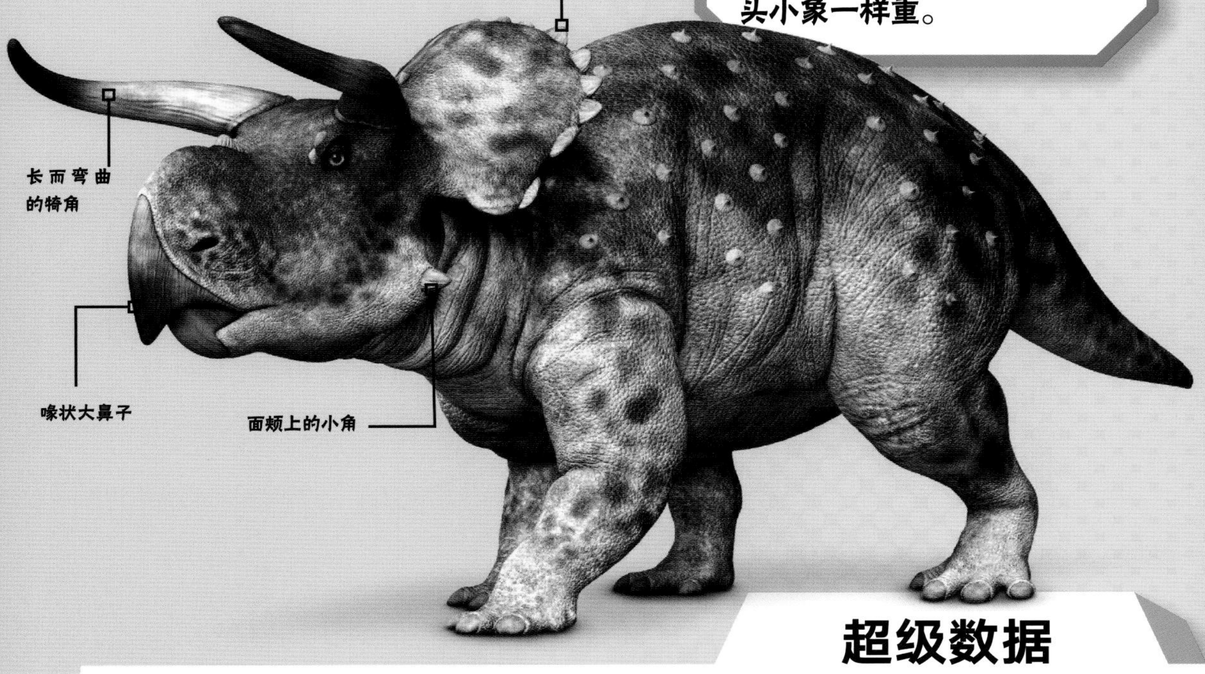

超级数据

名称：大鼻角龙

名称的含义：鼻子大且长角的面孔　**时期：**白垩纪

身长：约5米　**体重：**约2000千克　**饮食习惯：**食草

栖息环境：陆地　**位置：**北美洲

动物类型：恐龙

关键种：提氏大鼻角龙

虐龙

又名比斯提毁灭龙

这种鲜为人知的霸王龙亲戚曾经在北美平原上游荡。虐龙这个名字的意思是“破坏者”——它用一张大嘴捕捉猎物，食谱中甚至包括其他恐龙。

世界真奇妙！

美国新墨西哥州出土了十几岁的虐龙以及成年虐龙的化石。

超级数据

名称：虐龙
名称的含义：破坏者　**时期：**白垩纪
身长：约9米　**体重：**约3800千克　**饮食习惯：**食肉
栖息环境：陆地　**位置：**北美洲
动物类型：恐龙
关键种：希氏虐龙

帝鳄

又称为肌鳄、帝王鳄、超级巨鳄

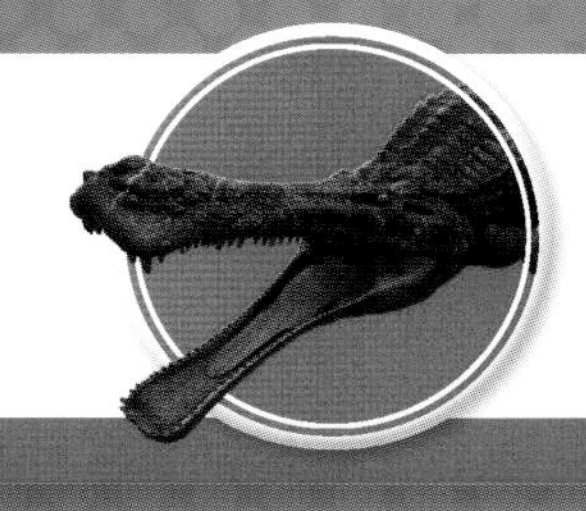

帝鳄的体型至少是现代鳄鱼的两倍。它只比强大的恐爪龙稍小一点，这使它成为有史以来最大的鳄鱼类生物之一。

世界真奇妙！

帝鳄的寿命长达50~60年，并且一生都在不断生长，体重相当于一台小型推土机。

超级数据

名称：帝鳄

名称的含义：肌肉鳄鱼　**时期：**白垩纪

身长：约9.5米　**体重：**约4000千克　**饮食习惯：**食肉

栖息环境：海洋　**位置：**非洲和南美洲

动物类型：史前动物

关键种：帝鳄

霸王龙

又名暴龙、雷克斯龙

霸王龙可能是最著名的恐龙，它也是体型最大、最厉害的陆地掠食者之一。它位于食物链的顶端，因为它巨大的颌部可以一口吞下230千克的食物——大约相当于一头猪。它甚至可以咬碎坚硬的骨头。

世界真奇妙！

科学家们通过检查粪便，知道这种恐龙可以咬断骨头。因为他们在霸王龙粪化石中发现了骨头碎片。

超级数据

名称：霸王龙

名称的含义：残暴的蜥蜴王　**时期：**白垩纪

身长：约13米　**体重：**约7000千克

饮食习惯：食肉

栖息环境：陆地　**位置：**北美洲

动物类型：恐龙

关键种：雷克斯暴龙

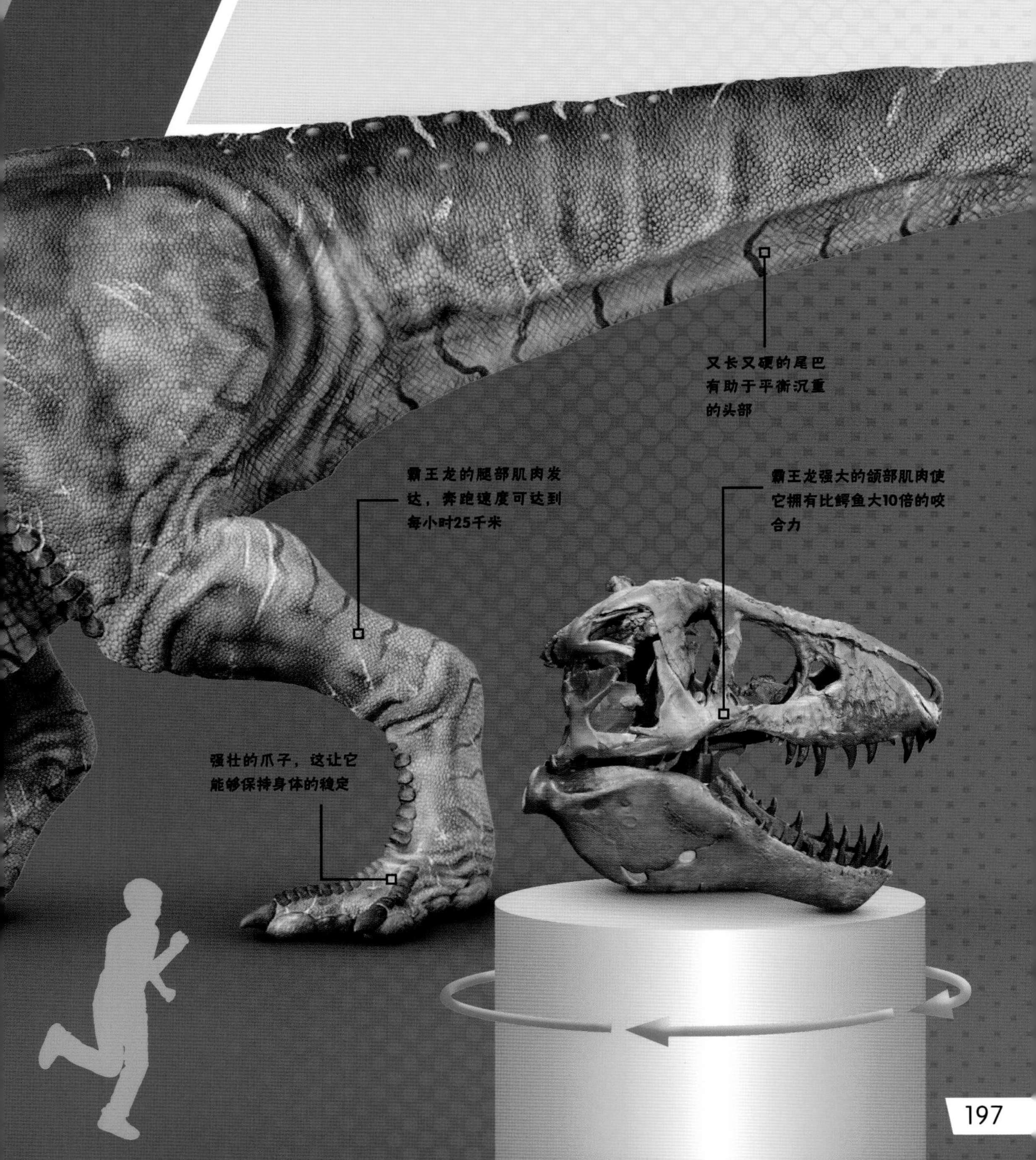

“嘎吱嘎吱！”特暴龙证明，如果拥有巨大有力的双颌，即使前肢短小一点也没有问题。这种体型庞大的家伙，在它的表亲霸王龙登场的几百万年前，就在忙着追杀猎物了。

北方盾龙

这种甲龙类恐龙是在21世纪发现的最令人兴奋的恐龙之一。它的化石保存得如此完好，以至于专家们可以分辨出北方盾龙的皮肤是什么颜色，以及它吃的是什么植物。

世界真奇妙！

在一名矿工发现北方盾龙的骨架后，人们花了6年时间才将它从岩石中提取出来。

超级数据

名称：北方盾龙
名称的含义：北方的盾牌　时期：白垩纪
身长：约5.5米　体重：约1360千克　饮食习惯：食草
栖息环境：陆地　位置：北美洲
动物类型：恐龙
关键种：马氏北方盾龙

特暴龙

在它的表亲霸王龙统治北美的几百万年前，特暴龙就在亚洲横行无忌了。它处于食物链的顶端，极有可能捕食像纳摩盖吐龙这样的大型蜥脚类恐龙。

世界真奇妙！

从它的体型来看，特暴龙的前肢是所有大暴龙中最小的。

超级数据

名称：特暴龙

名称的含义：让人害怕的蜥蜴　**时期：**白垩纪

身长：约10米　**体重：**约5000千克　**饮食习惯：**食肉

栖息环境：陆地　**位置：**亚洲

动物类型：恐龙

关键种：勇士特暴龙

葬火龙

葬火龙是一种行动迅速的偷蛋龙。它以小动物、植物的种子和叶子为食，比现代的鸵鸟稍大一些。同时像鸵鸟一样，它也不会飞。

世界真奇妙！

葬火龙悉心照料自己产下的蛋。它会一直坐在上面孵卵，直到孩子们破壳而出。

超级数据

名称：葬火龙

名称的含义：火葬柴堆的主　**时期：**白垩纪

身长：约3米　**体重：**约80千克　**饮食习惯：**杂食

栖息环境：陆地　**位置：**亚洲

动物类型：恐龙

关键种：奥氏葬火龙

棱齿龙

这种小型鸟脚亚目恐龙是体型更大的禽龙的近亲。它曾经在英格兰南部的林地上游荡，因为那里有很多美味的植物可供它享用，还有很多乔木和灌木可以让它躲避掠食者。

世界真奇妙！

专家们曾经以为棱齿龙生活在树上。但现在，大多数人认为它生活在地面，并且跑得很快。

超级数据

名称：棱齿龙

名称的含义：高冠状牙齿　时期：白垩纪

身长：约2米　体重：约25千克　饮食习惯：食草

栖息环境：陆地　位置：欧洲

动物类型：恐龙

关键种：福氏棱齿龙

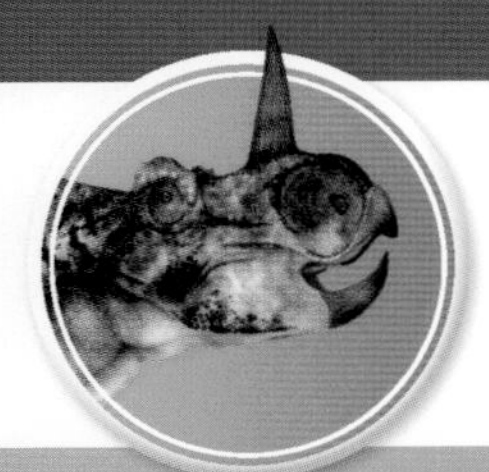

戟龙

又名刺盾角龙

戟龙的鼻子上有一个角，面颊有一个角，颈褶上有四个长角。此外，它身体从颈褶到尾巴的部位还有许多更小的尖刺，难怪戟龙名字的意思是“有刺的蜥蜴”。

世界真奇妙！

在大型骨床中，人们发现数百只戟龙的化石被埋在一起。

超级数据

名称：戟龙

名称的含义：有刺的蜥蜴　**时期：**白垩纪

身长：约5.5米　**体重：**约2700千克　**饮食习惯：**食草

栖息环境：陆地　**位置：**北美洲

动物类型：恐龙

关键种：亚伯达戟龙

副栉龙

又名副龙栉龙、似栉龙、拟栉龙、似棘龙、拟棘龙

许多鸭嘴龙都长着令人难忘的头冠，其中副栉龙的头冠可能最引人注目，其头冠大约长1米，是头骨长度的两倍。

超级数据

名称：副栉龙
名称的含义：有头冠的蜥蜴
时期：白垩纪
身长：约10米
体重：约3250千克
饮食习惯：食草
栖息环境：陆地　位置：北美洲
动物类型：恐龙
关键种：沃克氏副栉龙

世界真奇妙！

副栉龙的头冠如同扩音器一样，使它的叫声听起来特别响亮。

木他龙

又名木他布拉龙 、穆塔布拉龙、马塔巴拉龙、莫它布拉

这种笨重的食草动物大约有两辆汽车那么长，曾经游荡的区域在现在的澳大利亚境内，就像禽龙和埃德蒙顿龙一样、，它是一种鸟脚亚目恐龙，但它的吻部很特别，呈圆形，上面有一个骨冠。

超级数据

名称：木他龙

名称的含义：木他布拉的蜥蜴　时期：白垩纪

身长：约7米　体重：约2800千克

饮食习惯：食草

栖息环境：陆地　位置：大洋洲

动物类型：恐龙

关键种：兰登氏木他龙

世界真奇妙！

木他龙的骨冠可能有一个气囊，使它的叫声更响亮，就像一些现代青蛙的喉囊一样。

恐爪龙

恐爪龙虽然体型不大，却是一种可怕的掠食者。它大约有犀牛那么长，可只有猎豹那么重。这意味着它行动迅速而敏捷。恐爪龙在恐龙中相当聪明，非常善于追踪猎物。

恐爪龙：这种带爪生物会在战斗中获胜吗？

战斗吧！

科学家们有化石证据，证明恐爪龙确实攻击过腱龙。这将是一场经典的食肉动物和食草动物在速度和体型方面的较量，但谁会赢呢？

腱龙

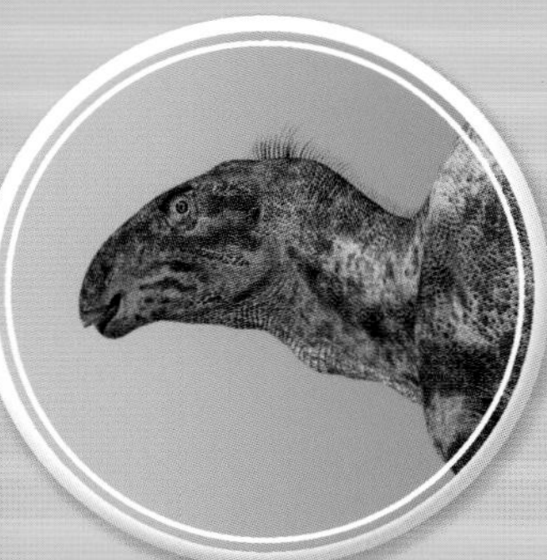

腱龙是一种大型食草动物，身长可达8米，和一辆公共汽车差不多。它重约1350千克，与一头犀牛差不多。腱龙行动缓慢，用一条长尾巴来让自己沉重的身躯保持平衡。虽然腱龙主要用四条腿行走，但有时也可以用后肢直立起来觅食或自卫。

腱龙：还是这头食草巨兽会获得胜利？

谁会胜出？

腱龙虽然体型要大得多，但恐爪龙会赢得这场战斗。恐爪龙的杀戮性爪子会对这种食草动物造成严重伤害。然后，它会动用自己强壮的颌部肌肉，而这足以咬穿对方的骨头。所以，腱龙根本没有还手之力。

龙王龙

这种厚头龙身上特殊的尖刺和颈褶给它赢得了“龙王”的称号。然而，一些古生物学家认为龙王龙看起来就像十几岁的肿头龙。

世界真奇妙！

这种恐龙的全名是“霍格沃茨龙王龙”，以纪念J.K.罗琳在《哈利·波特》丛书中提到的霍格沃茨魔法学校。

爬兽

爬兽是一种食肉哺乳动物，体型和狼獾差不多大。它比恐龙时代的大多数哺乳动物都要大，而且有非常锋利的牙齿。

龙王龙的头骨不像冥河龙或其他厚头龙家族成员是那种圆顶形状

龙王龙身长大约3米，差不多是肿头龙体型的三分之二

龙王龙头上拥有独一无二的尖刺和突起

喙部没有牙齿，用来撕扯植物，而口腔后部的牙齿则用来咀嚼食物

短前肢

龙王龙用后肢走路

超级数据

名称：龙王龙

名称的含义：龙王　时期：白垩纪

身长：约3米　体重：约100千克

饮食习惯：食草

栖息环境：陆地　位置：北美洲

动物类型：恐龙

关键种：霍格沃茨龙王龙

世界真奇妙！

人们发现了一头爬兽的化石，它的胃里居然装着一只鹦鹉龙的幼崽。

毛茸茸的尾巴

爬兽用四个宽大的脚掌行走

超级数据

名称：爬兽

名称的含义：爬行类哺乳动物　时期：白垩纪

身长：约1米　体重：约14千克

饮食习惯：食肉

栖息环境：陆地　位置：亚洲

动物类型：史前动物

关键种：强壮爬兽

古角龙

这是白垩纪时期最早的角龙之一，也是这类群体中体型最小的恐龙。它是在中国发现的，可能是用后肢行走，而不是四肢行走。

世界真奇妙！

古角龙名字的意思是“古代长角的面孔”，但它事实上几乎没有犄角。

超级数据

名称：古角龙
名称的含义：古代长角的面孔　**时期：**白垩纪
身长：约1米　**体重：**约10千克　**饮食习惯：**食草
栖息环境：陆地　**位置：**亚洲
动物类型：恐龙
关键种：大岛氏古角龙

尼日尔龙

尼日尔龙是一种体型较小的蜥脚类恐龙，它的体重和一头大象差不多，曾经在非洲各地跋涉。它的吻部很特别，宽大且边缘很直，看起来有点像吸尘器。

尼日尔龙的眼睛长在头骨顶部，这样它就能看到周围的一切

相对于其他蜥脚类恐龙来说，它的脖子很短，只有大约13块颈骨

它的嘴里至少长了500颗牙齿。因此一颗牙齿掉了以后，另一颗就会补上

尾巴可能用于防御

世界真奇妙！

尼日尔龙的进食方式是前后摆动脖子来吃路上的植物，看起来有点像割草机。

超级数据

名称：尼日尔龙

名称的含义：尼日尔的爬行动物　**时期：**白垩纪

身长：约9米　**体重：**约4000千克　**饮食习惯：**食草

栖息环境：陆地　**位置：**非洲

动物类型：恐龙

关键种：塔氏尼日尔龙

高吻龙

高吻龙是一种曾经在蒙古游荡的鸟脚亚目恐龙。它与其他恐龙（比如禽龙）有亲缘关系，身体和一辆大型面包车差不多长。

新猎龙

这种猎龙可能捕捉禽龙，甚至可能以蜥脚类恐龙为食。新猎龙的体重和两只雄性北极熊加起来差不多。

世界真奇妙！

英国怀特岛的一场风暴让化石从悬崖上掉下来之后，人们才第一次发现新猎龙的存在。

世界真奇妙！

高吻龙的喙和后牙之间有空隙，这意味着它可以一抓住植物就开始咀嚼。

超级数据

名称：高吻龙
名称的含义：高高的吻部　时期：白垩纪
身长：约7米　体重：约1800千克　饮食习惯：食草
栖息环境：陆地　位置：亚洲
动物类型：恐龙
关键种：库氏高吻龙

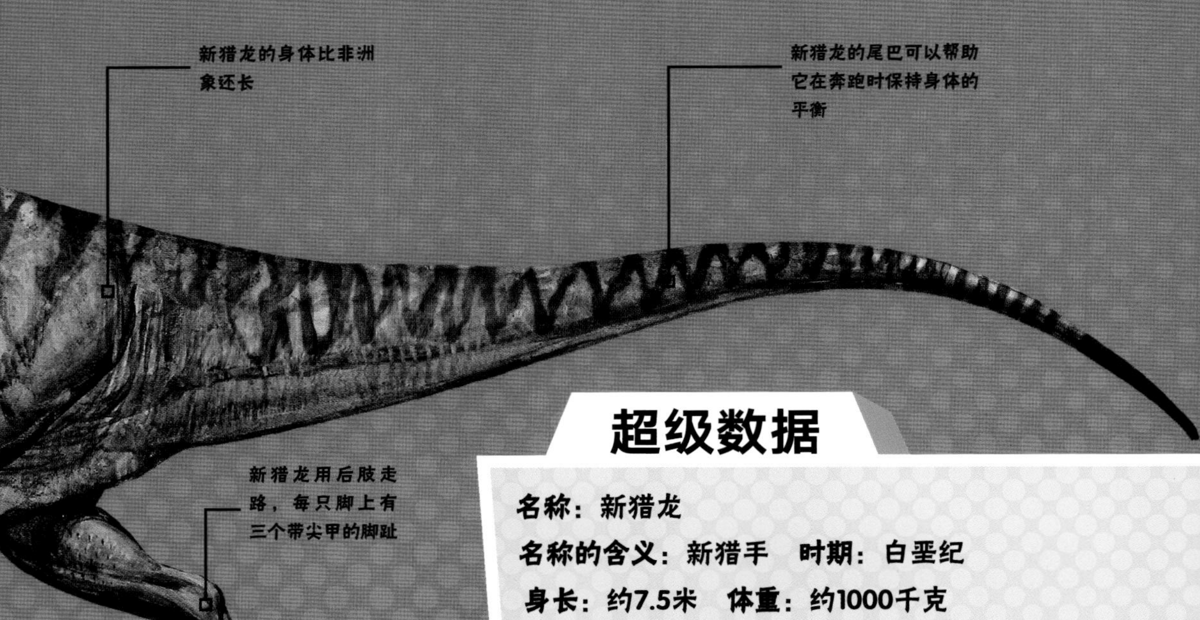

超级数据

名称：新猎龙
名称的含义：新猎手　时期：白垩纪
身长：约7.5米　体重：约1000千克
饮食习惯：食肉
栖息环境：陆地　位置：欧洲
动物类型：恐龙
关键种：赫特新猎龙

甲龙

甲龙就像一辆装甲坦克，很难被其他猛兽击败。它巨大的身体从头到尾都覆盖着坚硬的骨质盔甲。似乎这些还不足以防御掠食者，它的尾巴末端还有一个致命的骨锤。

超级数据

名称：甲龙

名称的含义：融合的蜥蜴　时期：白垩纪

身长：约9米　体重：约6000千克

饮食习惯：食草

栖息环境：陆地　位置：北美洲

动物类型：恐龙

关键种：大面甲龙

和所有披甲恐龙一样，甲龙身上覆盖着一种叫作“膜质骨板”的骨板

世界真奇妙！

甲龙的尾巴末端是一个由骨板连接而成的锤状结构。如果甩动这个尾锤，足以打碎其他恐龙的骨头！

甲龙的肠道能消化大量植物材料

尾锤是用来保护甲龙自身——或许还有它的幼崽——免受掠食者的攻击

史前植物

植物早在恐龙出现之前就存在了。第一批植物生活在水中，大约5亿年前开始有植物在陆地上生长。石炭纪（大约在3.59亿—2.99亿年前）被称为“植物时代”。茂密的沼泽森林为蕨类、苔藓和马尾类植物的生长创造了完美的条件。

苔藓

它们可能是最早从水中迁移到陆地上的植物之一。大多数苔藓化石很小，需要借助显微镜才能观察到。

蕨类

这些低洼地带的植物是石炭纪常见的植物之一。它们会被食草动物吃掉。

苏铁

苏铁在所有大陆上都有分布，约占陆地植物的20%。较大的食草动物，如木他龙，会吃掉它们坚硬的叶子。

世界真奇妙！

石炭纪森林的遗迹形成了今天用来发电的煤。

针叶树

大型针叶树最早出现在三叠纪时期。它们生长在茂密的森林里，可以长到30米高。

马尾类植物

这些普通的植物今天仍然存在。它们是矮小的食草动物的理想食物，如多刺甲龙，一些已灭绝的马尾类植物能长到50米高！

银杏

这类树从三叠纪开始就很常见。其中只有一个品种存活到了今天，而且在数百万年的时间里几乎没有发生任何变化。

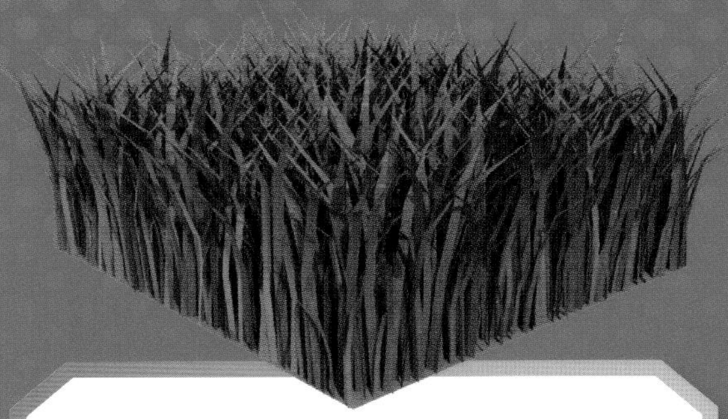

草

今天，草是许多食草动物的主要食物。但草是到了白垩纪时期才开始出现的，所以很多史前食草动物根本就没有机会尝到它的味道。

薄片龙

薄片龙属于蛇颈龙类，生活在海里。它是一种脊椎动物，长着一根坚固的脊椎。然而，它不能行走，因为它的鳍状肢不够强壮，不能支撑它的体重。它的脖子有助于它悄悄接近猎物，随后它会迅速甩动脖子猎食那些毫无防备的鱼类。

薄片龙的颈部有大约72块交错连接的椎骨。而今天的长颈鹿，和大多数哺乳动物一样，只有7块椎骨

薄片龙和犀牛一样重

它的体长是鲨鱼的两倍，但其中脖子至少占了一半的长度

世界真奇妙！

人们第一次搭建薄片龙的骨架时，把它脑袋的位置安装错了。

超级数据

名称： 薄片龙

名称的含义： 薄板蜥蜴　**时期：** 白垩纪

身长： 约12米　**体重：** 约8500千克　**饮食习惯：** 食肉

栖息环境： 海洋　**位置：** 北美洲

动物类型： 史前动物

关键种： 蜗虎薄片龙

艾伯塔角龙

又名亚伯达角龙

这种角龙长相奇特，它虽然有长长的眉角，但没有鼻角。不过，艾伯塔角龙的鼻子上有一个香蕉状的骨脊。在它长满尖刺的颈褶上还有两根弯曲的大钩。

世界真奇妙！

艾伯塔角龙的眉角能长到60厘米，大约是三角龙眉角的一半长。

超级数据

名称：艾伯塔角龙
名称的含义：艾伯塔长角的面孔
时期：白垩纪
身长：约6米
体重：约3500千克
饮食习惯：食草
栖息环境：陆地　位置：北美洲
动物类型：恐龙
关键种：内氏艾伯塔角龙

阿马加龙

对于蜥脚类恐龙来说，阿马加龙可能体型很小，但它是外形最独特的恐龙之一。它的脖子比其他蜥脚类恐龙短，并且身体从脖子到背部有两排尖刺。

世界真奇妙！

这种恐龙只能吃到3米高的植物。

剑齿鼠

新的发现开始帮助我们了解当恐龙统治地球时，史前哺乳动物在南美洲的活动情况。在阿根廷发现的一种哺乳动物的化石，为我们提供了一些新的线索。这种动物被命名为“剑齿鼠”，因为它长着剑齿，看起来和松鼠很像。

它和犀牛差不多重。和所有蜥脚类恐龙一样，骨头很轻，但很结实

阿马加龙的尖刺很可能是用来吓跑掠食者，或者吸引异性的

铅笔状的牙齿

阿马加龙用四肢走路

超级数据

名称：阿马加龙

名称的含义：阿马加的蜥蜴　时期：白垩纪

身长：约9.5米　体重：约2700千克

饮食习惯：食草

栖息环境：陆地　位置：南美洲

动物类型：恐龙

关键种：卡氏阿马加龙

世界真奇妙！

剑齿鼠的牙齿和下巴都很细长，如果用牙齿使劲咬下去，它就会伤到自己。

超级数据

名称：剑齿鼠

名称的含义：锋利牙齿　时期：白垩纪

身长：约23厘米　体重：约400克

饮食习惯：食肉

栖息环境：陆地　位置：南美洲

动物类型：史前动物

关键种：齿痕剑齿鼠

剑齿鼠的体型比现在的老鼠大

和恐龙相比，这种哺乳动物的四肢看起来弱多了

无畏龙

又名豪勇龙

古生物学家们对无畏龙背部为什么有一个巨大的帆状驼峰无法统一看法。随着无畏龙年龄的增长，这个背帆也变得越来越大，所以它很可能是用来吸引异性的。

世界真奇妙！

无畏龙生活在河口附近，因此可能遭到号称“超级巨鳄”的帝鳄的猎杀。

超级数据

名称：无畏龙
名称的含义：勇敢的蜥蜴　**时期：**白垩纪
身长：约8米　**体重：**约3000千克　**饮食习惯：**食草
栖息环境：陆地　**位置：**非洲
动物类型：恐龙
关键种：尼日尔无畏龙

长喙龙

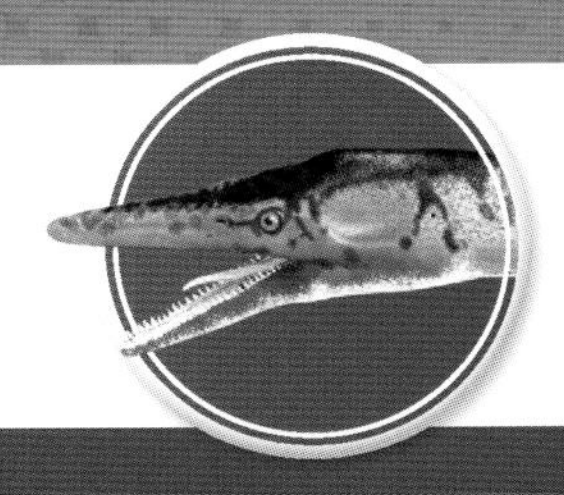

这种短颈蛇颈龙的鳍状肢非常适合游泳，但不太适合在陆地上活动。所以长喙龙一生都在海洋里度过。它捕食小鱼，并尽力避开体型巨大的沧龙类恐龙，比如海王龙。

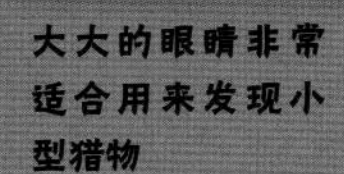

世界真奇妙！

长喙龙可能会吞下小石块，以帮助消化胃里的食物。

超级数据

名称： 长喙龙
名称的含义： 长鼻子面孔　**时期：** 白垩纪
身长： 约4米　**体重：** 约1500千克　**饮食习惯：** 食肉
栖息环境： 海洋　**位置：** 北美洲
动物类型： 史前动物
关键种： 奥氏长喙龙

风神翼龙

又名披羽蛇翼龙

风神翼龙是一种翼龙，而不是恐龙，它可能是有史以来体型最大的飞行动物。风神翼龙站起来有长颈鹿那么高，翼展有一架小型飞机那么大。风神翼龙的骨头是中空的，所以它的体重和马鹿差不多。令人惊讶的是，身体这么沉重的家伙居然可以飞行，并且能一口气飞很长的距离。

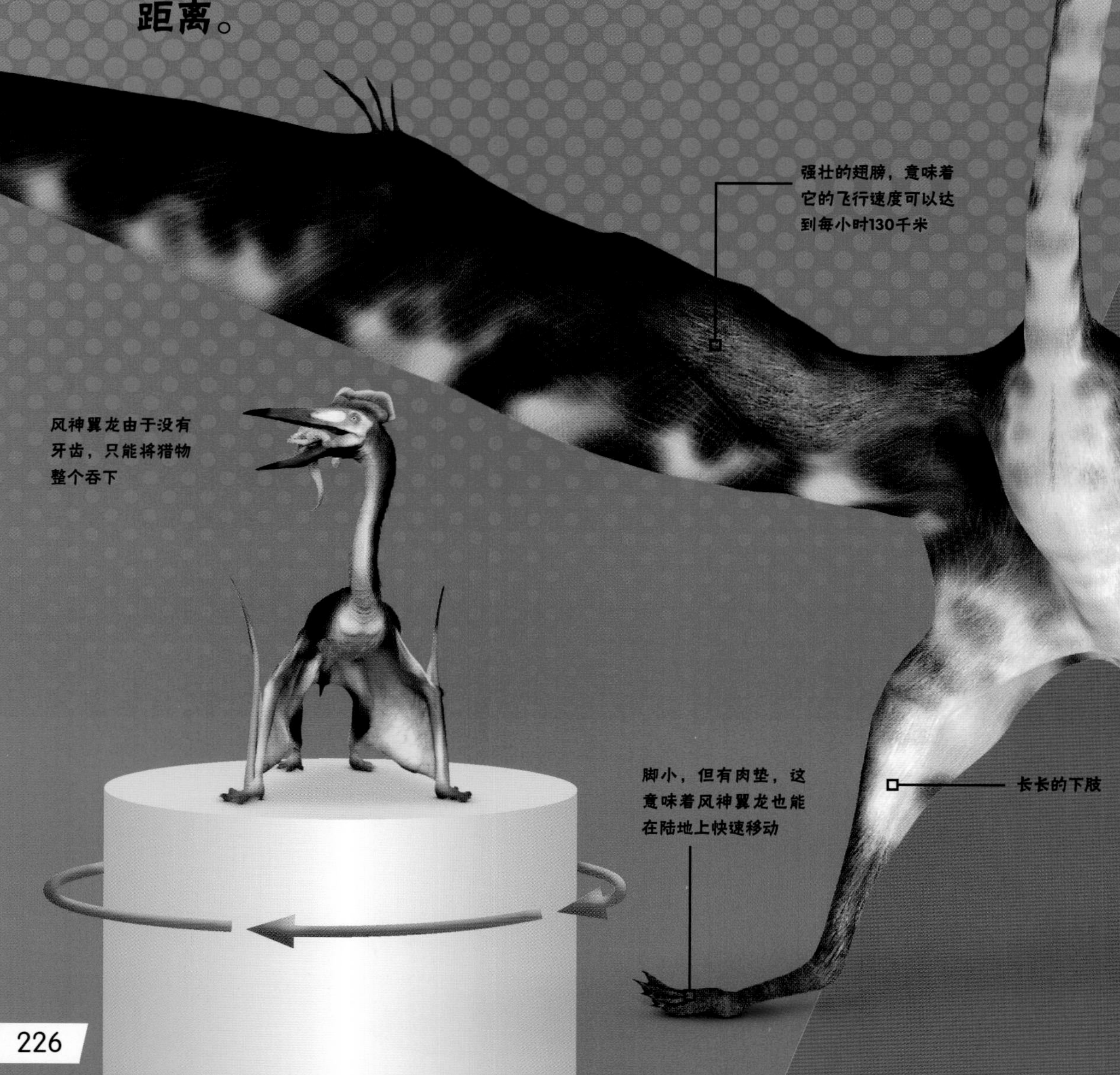

世界真奇妙！

风神翼龙拥有陆地动物中最长的颌部。它的下颌大约有1米长，足以一口吞掉一个大活人。

它用镊子般的双颌来捕捉陆地上的猎物，比如小型恐龙

超级数据

名称：风神翼龙

名称的含义：纪念披羽蛇神奎·特克　时期：白垩纪

身长：约10米　体重：约250千克

饮食习惯：食肉

栖息环境：陆地/天空　位置：北美洲

动物类型：史前动物

关键种：诺氏风神翼龙

鹦鹉龙，又名鹦鹉嘴龙

这种小角龙的体型比爬兽大，但远不及它的亲戚三角龙。然而，鹦鹉龙的智力弥补了它在体型上的不足。它大脑的体积大于平均水平，这意味着它足够聪明，懂得结队出行从而避免受到强敌的伤害。它还非常善于隐藏，因为它的皮肤能使自己与周围环境融为一体。

鹦鹉龙：这只鬃尾野兽有隐身的天赋！

战斗吧！

人们在出土的爬兽化石的胃里，发现了鹦鹉龙幼崽的骨头。但是，和幼崽打架可不公平！强大的爬兽真的有能力拿下一只成年的鹦鹉龙吗？

爬兽

爬兽浑身毛茸茸的，可能看起来很柔弱，其实它是一个致命的猎手。其体型比当时的大多数哺乳动物都要大，并且拥有宽大的颌部，里面长满极其锋利的牙齿。作为一种肉食动物，爬兽的身体足够大、足够强壮，可以捕食小型恐龙。

爬兽：一个毛茸茸的猎手，正在寻找食物！

谁会胜出？

这是一场势均力敌的战斗。虽然爬兽很容易猎杀鹦鹉龙的幼崽，但挑战一头成年鹦鹉龙的难度就大多了。首先，爬兽必须找到鹦鹉龙的藏身之地，但这并不容易，因为鹦鹉龙善于伪装隐身。即使爬兽真的发现了一头鹦鹉龙，也很可能因为它的同伴众多而很难得手。但是，论单打独斗，鹦鹉龙肯定不是爬兽的对手。

魁纣龙

除了名字之外，比起霸王龙来，魁纣龙其实与鲨齿龙和巨兽龙的亲缘关系更近。魁纣龙长着大约60颗锋利的牙齿，足以撕裂任何恐龙。

世界真奇妙！

最初的两具魁纣龙骨架，是在阿根廷发现的，彼此相距1000米。

超级数据

名称：魁纣龙

名称的含义：暴君巨人　**时期**：白垩纪

身长：约12米　**体重**：约5200千克　**饮食习惯**：食肉

栖息环境：陆地　**位置**：南美洲

动物类型：恐龙

关键种：丘布特魁纣龙

腱龙

腱龙是一种食草性鸟脚亚目恐龙，与禽龙有亲缘关系。它名字的意思是“筋肉蜥蜴”，因为腱龙用一个筋肉网络来支撑它超长的尾巴，这样尾巴就不会在地上拖着了。

超级数据

名称：腱龙
名称的含义：筋肉蜥蜴　时期：白垩纪
身长：约8米
体重：约1350千克
饮食习惯：食草
栖息环境：陆地　位置：北美洲
动物类型：恐龙
关键种：提氏腱龙

世界真奇妙！

人们发现一头腱龙的化石，上面的咬痕来自恐爪龙——一种比腱龙体型更小、重量更轻的恐龙。

尖角龙

世界真奇妙！

在加拿大一个巨大的骨床中，人们发现了数千块尖角龙的骨骼化石——这群恐龙可能是在横渡河流时，由于洪水泛滥而被淹死的。

在角龙家族里，尖角龙的体型相当小。它看起来有点像犀牛，只是更长一些，有一个长角的颈褶，可能是用来吸引异性的。

它带刺的颈褶上有两个向前弯曲的钩子

尖角龙的四肢结实有力，每只脚上有四个脚趾

尖角龙的颈褶上附着肌肉，这让它拥有强大的咬合力，可以吃掉坚硬的植物

超级数据

名称：尖角龙

名称的含义：尖刺蜥蜴　时期：白垩纪

身长：约6米　体重：约1180千克　饮食习惯：食草

栖息环境：陆地　位置：北美洲

动物类型：恐龙

关键种：阿佩塔斯尖角龙

似鸵龙

似鸵龙的名字意思是“模仿鸵鸟的动物”，因为它长得很高，身上有羽毛，就像现代的鸵鸟一样。此外，它是世界上跑得最快的恐龙之一，每小时能跑65千米，这速度也和鸵鸟差不多。

眼睛很大，这给了似鸵龙良好的视力，可以全方位观察

没有牙齿的喙部

脖子细长，可以吃到高处的植物

坚硬的尾巴，有助于似鸵龙在奔跑时保持身体平衡

前肢覆盖着羽毛，但不会飞翔

世界真奇妙！

1914年，在加拿大的红鹿河边，人们发现了一具似鸵龙几乎完整的骨架。

超级数据

名称：似鸵龙

名称的含义：模仿鸵鸟的动物 **时期：**白垩纪

身长：约5.5米 **体重：**约420千克 **饮食习惯：**杂食

栖息环境：陆地 **位置：**北美洲

动物类型：恐龙

关键种：高似鸵龙

似鸡龙

它名字的意思是“模仿鸡”，但似鸡龙比鸡要重得多。它可能更像鸵鸟，善于奔跑，最高速度能达到每小时65千米。

长尾巴能帮助似鸡龙在奔跑时保持身体平衡

世界真奇妙！

似鸡龙可能是最大的似鸟类恐龙，几乎是成年人身高的两倍，身体比一匹马还重，但跑得比马快。

盾龙

盾龙是在澳大利亚发现的，于2015年被命名，该名字的意思是“盾牌蜥蜴”。这来源于它背上的骨质盔甲，这是所有甲龙类恐龙典型的特征。

超级数据

名称：似鸡龙
名称的含义：模仿鸡　时期：白垩纪
身长：约8米　体重：约450千克　饮食习惯：杂食
栖息环境：陆地　位置：亚洲
动物类型：恐龙
关键种：气腔似鸡龙

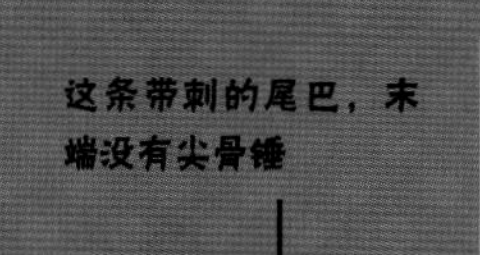

世界真奇妙！

盾龙是在澳大利亚发现的少数恐龙之一。

超级数据

名称：盾龙
名称的含义：盾牌蜥蜴　时期：白垩纪
身长：约2米　体重：约250千克
饮食习惯：食草
栖息环境：陆地　位置：大洋洲
动物类型：恐龙
关键种：耶氏盾龙

重爪龙

重爪龙有着长长的吻部和锋利的牙齿，脑袋看起来有点像鳄鱼。重爪龙可以在水里，或者沿着湖边和河边捕食，用它强壮的双颌抓鱼。然而，重爪龙也可以在陆地上活动，它以恐龙为食，猎杀成年恐龙和它们的幼崽。

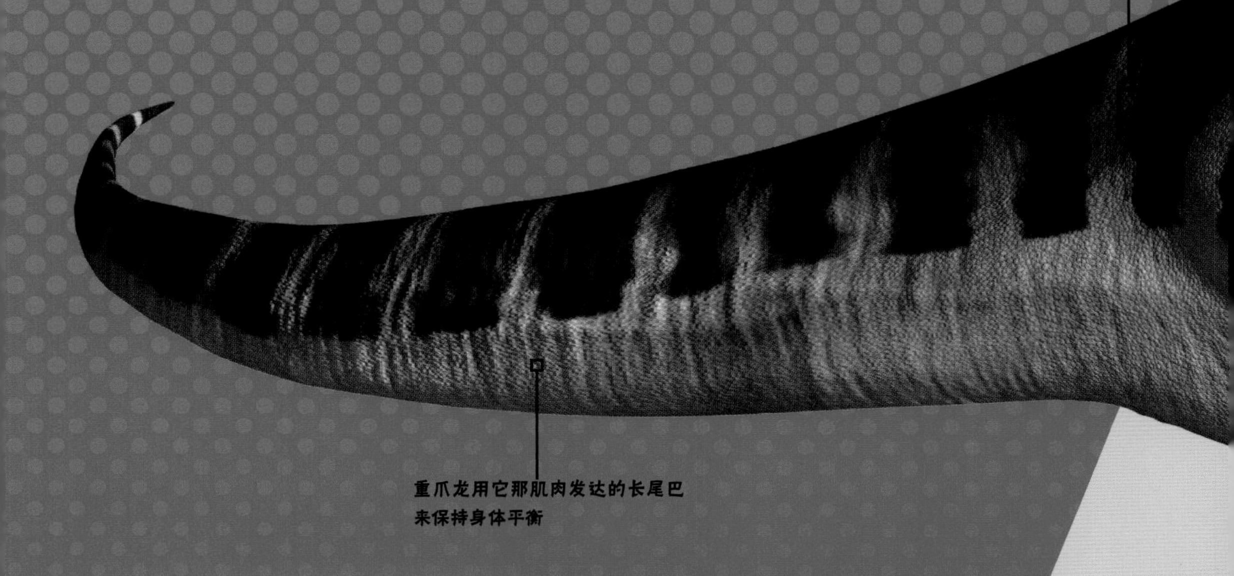

重爪龙身长10米，是现代咸水鳄的两倍

重爪龙用它那肌肉发达的长尾巴来保持身体平衡

超级数据

名称：重爪龙

名称的含义：沉重的爪子　**时期：**白垩纪

身长：约10米　**体重：**约2000千克

饮食习惯：食肉

栖息环境：陆地　**位置：**欧洲

动物类型：恐龙

关键种：沃克氏重爪龙

世界真奇妙！
1983年，威廉·沃克在英国萨里发现了重爪龙化石。他是一个水管工，爱好就是寻找化石。
重爪龙脑袋上的小头冠可能是用来求偶的
前肢上有一个巨大的爪子，可能是用来刺伤或钩住滑溜溜的鱼类的
重爪龙下颌约有64颗锥状牙齿，比其他兽脚亚目恐龙的牙齿要多得多
这只巨大的趾甲，可能长在它的拇指上，长约30厘米，形状弯曲
重爪龙用强壮的后肢奔跑

科学家们认为，戟龙可能有点爱炫耀。它可怕的棱角和尖刺能吓跑一些掠食者，但更有可能的是，戟龙是以此来给同类留下深刻印象，并吸引异性的。

昆虫

大多数昆虫和令人毛骨悚然的爬行动物，如蜘蛛，出现在大约3.5亿年前——也就是植物开始开花的时候。我们对史前昆虫有很多了解，因为世界各地都发现了它们的化石。许多昆虫被困在黏稠的树脂中，树脂硬化之后就形成琥珀。很多昆虫的体型都比现在的大得多。

远古蜈蚣虫

这种千足虫大约有2.5米长——比现代最长的千足虫长6倍左右。当它长出新腿时，坚硬的外骨骼就会脱落。

巨脉蜻蜓

这种蜻蜓是体型最大的飞行昆虫。它的翼展达到了75厘米，是现代蝙蝠的2倍。

蟑螂

事实证明，蟑螂并不是什么新鲜生物。这种顽强的昆虫的早期亲戚，在3亿多年前就存在于世界上了。

世界真奇妙！

许多昆虫在导致恐龙灭绝的小行星撞击事件中幸存下来。

莱茵耶克尔鲎

这种海蝎身长2.6米。它是一种节肢动物，其家族成员包括蜘蛛和蝎子。它或许也可以在陆地上活动。

臭虫

臭虫被认为已经存在了1亿年。它们可能对小型哺乳动物而不是大型恐龙造成困扰。

莱尼虫

迄今为止发现的最古老的昆虫化石之一是莱尼虫化石，大约4.1亿年前，莱尼虫就生活在英国的苏格兰地区了。

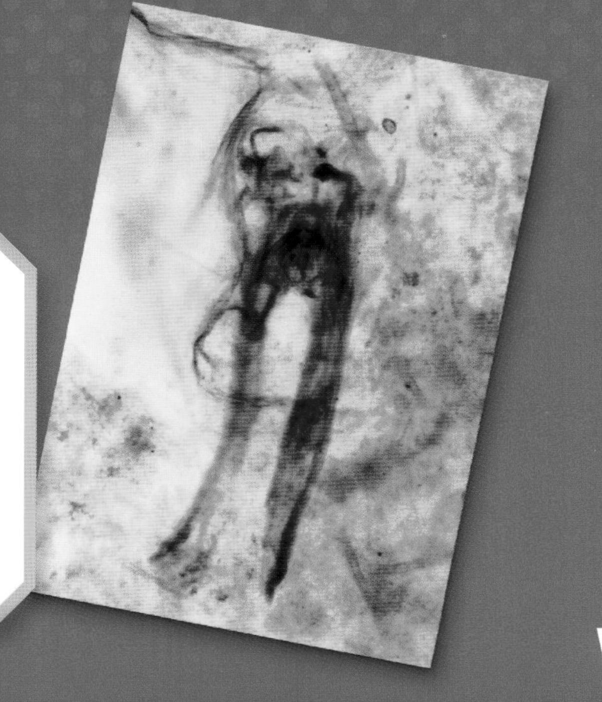

栉龙

又名龙栉龙、蜥脊龙、蜥嵴龙、蜥冠鳄、蜥冠龙

栉龙是一种鸭嘴龙，它名字的意思是“蜥蜴头冠”。但栉龙的头冠非比寻常：它指向后方，主要是由坚硬的骨头构成，并随着恐龙的年龄增长而变大。栉龙的体重约为3000千克，与一头雌性非洲象的重量差不多

世界真奇妙！

栉龙的嘴里长着数百颗颊齿和颊囊，可以帮助它研磨并咀嚼食物。

超级数据

名称：栉龙
名称的含义：蜥蜴头冠　**时期**：白垩纪
身长：约9米　**体重**：约3000千克　**饮食习惯**：食草
栖息环境：陆地　**位置**：北美洲和亚洲
动物类型：恐龙
关键种：奥氏栉龙

似鳄龙

这种大型兽脚亚目恐龙与棘龙和重爪龙都有亲缘关系。似鳄龙这个名字的意思是"鳄鱼模仿者"，因为它同鳄鱼一样，也有着狭长的吻部。这非常适合捕捉鱼类和其他海洋生物。

超级数据

名称：似鳄龙

名称的含义：鳄鱼模仿者　时期：白垩纪

身长：约10.5米

体重：约2500千克

饮食习惯：食肉

栖息环境：陆地　位置：非洲

动物类型：恐龙

关键种：特内雷似鳄龙

世界真奇妙！

虽然看起来有点像鳄鱼，但似鳄龙并不适合在水中生活。它的体重大约是鳄鱼的4倍，差不多有一辆大汽车那么重。

恐鳄

恐鳄在陆地上行动缓慢笨拙，但在水中却是一种敏捷而危险的杀手。恐鳄的咬合力是霸王龙的两倍，它主要吃海洋生物，也不放过任何胆敢闯入其领地的恐龙。像短吻鳄一样，恐鳄可以将口鼻和眼睛伸出水面来寻找食物。

锋利的尖牙，是咬住光滑猎物的理想工具

这条强壮有力、肌肉发达的尾巴非常适合游泳，可帮助恐鳄向猎物发动猛攻

脚小，并且略微带蹼，让恐鳄在河岸爬行时不会陷入泥沼。

世界真奇妙！

在抓住猎物后，恐鳄会翻滚到猎物身上，用自己的体重压倒对方。

超级数据

名称：恐鳄

名称的含义：可怕的鳄鱼　**时期**：白垩纪

身长：约12米　**体重**：约5000千克　**饮食习惯**：食肉

栖息环境：淡水　**位置**：北美洲

动物类型：史前动物

关键种：哈彻恐鳄

魔鬼蛙

又名魔鬼蟾蜍

魔鬼蛙名字的意思是“魔鬼蟾蜍”，它可能是有史以来最大的青蛙。它主要生活在非洲的马达加斯加岛，身体和一个沙滩球差不多。它长着许多锋利的牙齿，有很强的咬合力，可能以小型恐龙或其他恐龙的幼崽为食。

世界真奇妙！

魔鬼蛙的防护装甲中包括一个骨盾。

超级数据

名称：魔鬼蛙

名称的含义：魔鬼蟾蜍　**时期：**白垩纪

身长：约41厘米　**体重：**约4500克　**饮食习惯：**食肉

栖息环境：陆地　**位置：**非洲

动物类型：史前动物

关键种：盾状魔鬼蛙

鱼猎龙

鱼猎龙是棘龙家族的一员，它的化石在2010年才被发现。它身上长着两片背帆，样子看起来很不寻常。鱼猎龙名字的意思是“猎鱼能手”，尽管它的食谱中可能也包括小型恐龙。

世界真奇妙！

到目前为止，人们还没有发现鱼猎龙的头骨或四肢。科学家们只能根据对其他棘龙的了解，来猜测鱼猎龙的样貌。

超级数据

名称：鱼猎龙
名称的含义：猎鱼能手　**时期**：白垩纪
身长：约9米　**体重**：约2200千克　**饮食习惯**：食肉
栖息环境：陆地　**位置**：亚洲
动物类型：恐龙
关键种：老挝鱼猎龙

猪鳄

又名野猪鳄

猪鳄的上颌和下颌都长着巨大的獠牙。当它把嘴闭上时，这些巨齿像野猪的牙齿一样露在外面。这就是为什么它的名字的含义是“野猪鳄鱼”。

世界真奇妙！

猪鳄可能用它的獠牙敲开恐龙蛋，将其作为自己的美餐。

超级数据

名称：猪鳄

名称的含义：野猪鳄鱼　**时期：**白垩纪

身长：约6米　**体重：**约900千克　**饮食习惯：**食肉

栖息环境：陆地　**位置：**非洲

动物类型：史前动物

关键种：撒哈拉猪鳄

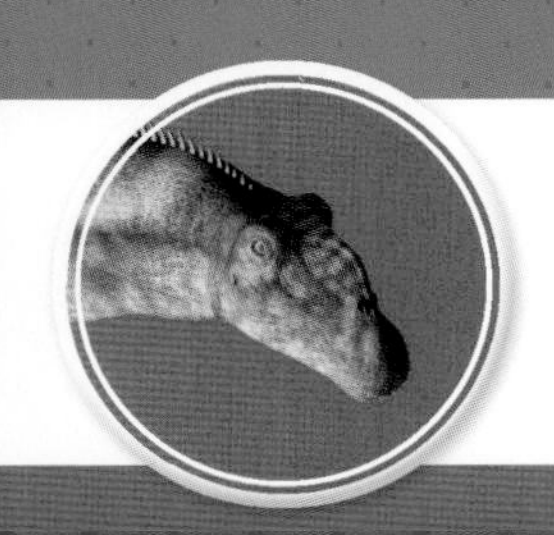

阿根廷龙

阿根廷龙很可能是有记载以来最大的陆地动物。它的体型即使在泰坦巨龙家族中也算得上庞大——几乎比非洲大象大7倍，而且比非洲大象重12倍。然而，由于身体过于庞大，它只能以每小时8千米的速度缓慢行进。

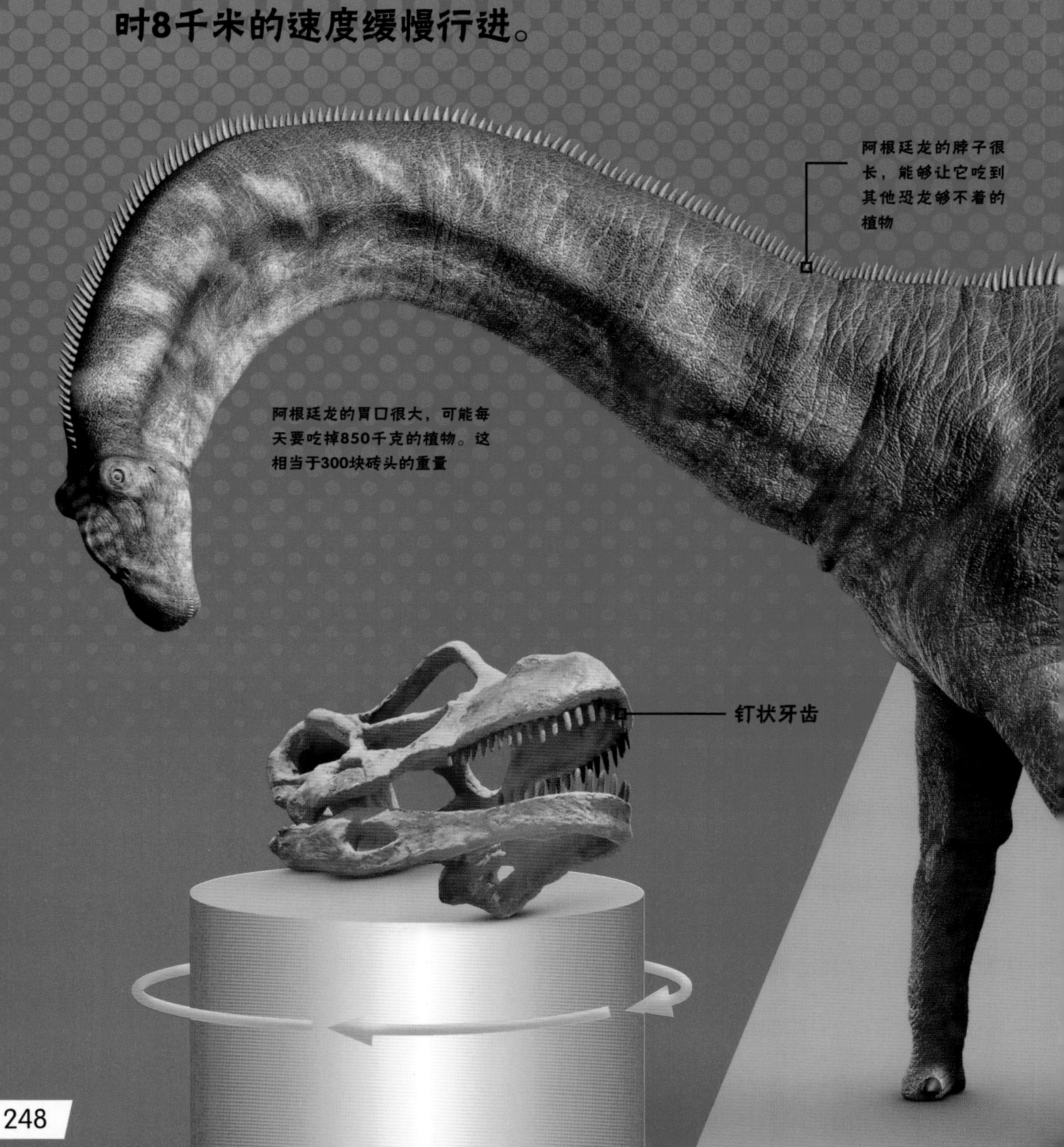

超级数据

名称：阿根廷龙

名称的含义：阿根廷蜥蜴　时期：白垩纪

身长：约35米　体重：约70,000千克　饮食习惯：食草

栖息环境：陆地　位置：南美洲

动物类型：恐龙

关键种：乌因库尔阿根廷龙

世界真奇妙！

阿根廷龙的小宝宝一出壳，就得自己照顾自己。它们面临的一个直接危险就是有可能被身材魁梧的父母一脚踩得稀烂。

棘龙

棘龙在体型上确实具有优势，它也掌握了捕食鱼类的本领。它的吻部细长，能在水中轻松移动，并且它的脚呈桨状，可以帮助它快速游动。最重要的是：它那条像桨一样的尾巴又长又厚，给游泳提供了强劲的动力。

棘龙：这个洪泛区的恶魔准备发动攻击了。

战斗吧！

棘龙在沼泽密布的洪泛区狩猎，也可以在湖泊和河流中活动。它的脚天生就适合在泥泞中行走，而它鳄鱼般的头骨更是抓鱼的理想工具。巨大的莫森氏鱼很容易引起它的注意！

莫森氏鱼

这种巨型鱼比一头大象还长。莫森氏鱼的鳞片又厚又重，就像盔甲一样——饥饿的棘龙正在周围徘徊觅食，所以这些鳞片对它来说不可或缺！莫森氏鱼的牙齿锋利，是捕食小型海洋生物的理想工具，但不是击退巨型恐龙的最佳武器。幸运的是，莫森氏鱼有鳍和强壮的尾巴，能帮它在水中快速行动。

莫森氏鱼：这种敏捷的鱼只能依靠自己的速度来生。

谁会胜出？

莫森氏鱼是游泳专家，但棘龙是有望抓住它的恐龙之一。莫森氏鱼厚重盔甲般的鳞片或许能提供足够的保护，抵御大多数掠食者，但它们挡不住棘龙锋利的爪子和致命的牙齿。一旦棘龙用牙齿咬住了莫森氏鱼，这场战斗就宣告结束了。

阿古哈角龙

超级数据

名称：阿古哈角龙
名称的含义：阿古哈地区长角的面孔
时期：白垩纪
身长：约5.2米
体重：约2000千克　饮食习惯：食草
栖息环境：陆地　位置：北美洲
动物类型：恐龙
关键种：马里斯科尔阿古哈角龙

阿古哈角龙最初被认为是一种开角龙，但事实上，它只是开角龙的近亲而已。相反，阿古哈角龙可能看起来更像五角龙：鼻角短、眉角长、颈褶大。

世界真奇妙！

如果阿古哈角龙离水太近，它就会遭到劲敌恐鳄的袭击。

巨大的颈褶，可能用于炫耀

长长的眉角，用于防御

角龙家族典型的喙

它和犀牛差不多重

阿古哈角龙用四肢走路

科斯莫角龙

科斯莫角龙头上的犄角比其他角龙多，总共有15个。它除了有一个鼻角、两个颊角和两个眉角之外，在颈褶上还有10个角。它的头骨几乎有2米长，已经和棱皮龟的长度差不多了。

世界真奇妙！

科斯莫角龙的身体和普通汽车一样长，大约只有三角龙的一半，但头上长着更多的犄角。

超级数据

名称：科斯莫角龙

名称的含义：用角装饰的面孔　**时期**：白垩纪

身长：约4.5米　**体重**：约1300千克　**饮食习惯**：食草

栖息环境：陆地　**位置**：北美洲

动物类型：恐龙

关键种：理查森科斯莫角龙

雷利诺龙

这种小型的鸟脚亚目恐龙生活在现在的澳大利亚境域。在白垩纪时期，这个地区靠近南极，所以雷利诺龙每年不得不在几乎没有阳光的情况下度过漫长的数月。

眼睛大，可以帮助雷利诺龙在昏暗的光线下看清东西

雷利诺龙的长尾巴由70多根椎骨组成，具有令人惊讶的灵活性

锋利的喙，非常适合撕裂短株植物

雷利诺龙体型小巧，尾巴灵活，这意味着它可以在森林的地面上快速移动，寻找食物或躲避捕食者

世界真奇妙！

古生物学家汤姆·里奇和帕特里夏·维克斯-里奇，以他们女儿雷利诺的名字来为这种恐龙命名。

超级数据

名称：雷利诺龙

名称的含义：雷利诺的蜥蜴　**时期：**白垩纪

身长：约1.2米　**体重：**约8千克　**饮食习惯：**食草

栖息环境：陆地　**位置：**大洋洲

动物类型：恐龙

关键种：友好雷利诺龙

马普龙

马普龙是巨兽龙的近亲，彼此的体型也差不多。它是迄今为止人们发现的最大的食肉恐龙之一，体重几乎是河马的两倍。

世界真奇妙！

马普龙可能捕食蜥脚类恐龙的幼崽。但它自己也有被成年蜥脚类恐龙践踏的危险！

超级数据

名称：马普龙

名称的含义：大地蜥蜴　**时期**：白垩纪

身长：约11米　**体重**：约3000千克　**饮食习惯**：食肉

栖息环境：陆地　**位置**：南美洲

动物类型：恐龙

关键种：玫瑰马普龙

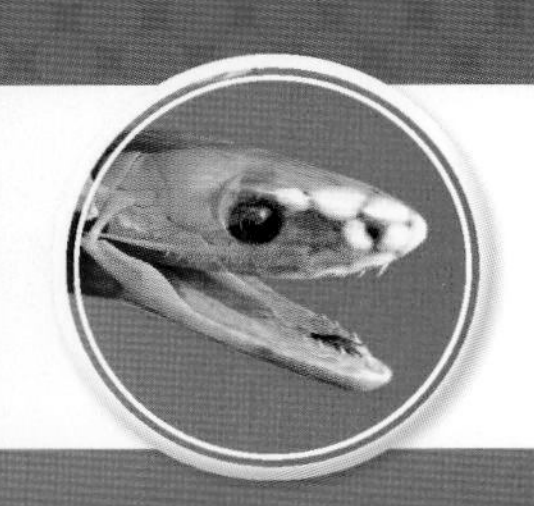

狡蛇

科学家们曾经认为史前蛇类是一种小型的穴居爬行动物，狡蛇的发现改变了他们的认知，让科学家们更多地了解了现代蛇类是如何进化的。狡蛇的身体不仅有腿，还有一根颧骨。

温顿巨龙

尽管名字叫温顿巨龙，但它实际上并不是一种泰坦恐龙。不过，它的体型还是很大——大约和8张首尾相连的床一样长。温顿巨龙比霸王龙还重。

世界真奇妙！

温顿巨龙的化石在澳大利亚昆士兰州的澳大利亚恐龙时代博物馆展出时，曾被昵称为“克兰西”。

超级数据

名称：狡蛇
名称的含义：源自神话中的蛇　时期：白垩纪
身长：约1.5米　体重：约900克
饮食习惯：食肉
栖息环境：陆地　位置：南美洲
动物类型：史前动物
关键种：里奥内格罗狡蛇

与现代蛇类不同，狡蛇的颧骨与蜥蜴相似

世界真奇妙！

狡蛇的腿太细了，对它没有任何用处。一些现代蛇类，如蟒蛇和巨蚺，在尾巴附近仍然残留着细小的腿骨。

温顿巨龙有一条长尾巴，这有助于它保持身体平衡

超级数据

名称：温顿巨龙
名称的含义：温顿的庞然大物　时期：白垩纪
身长：约15米　体重：约10,000千克
饮食习惯：食草
栖息环境：陆地　位置：大洋洲
动物类型：恐龙
关键种：沃氏温顿巨龙

温顿巨龙的后肢化石尚未被发现。但它很可能像大多数蜥脚类恐龙一样，用四肢走路

禽龙

回到1825年，禽龙是第一批被正式命名的恐龙之一。在那个时候，人们才刚刚发现恐龙的存在。科学家们花了很长的时间来拼凑化石线索。他们发现禽龙是一种食草动物，体型比今天的大象还大，体重和三只雄性犀牛加在一起差不多。

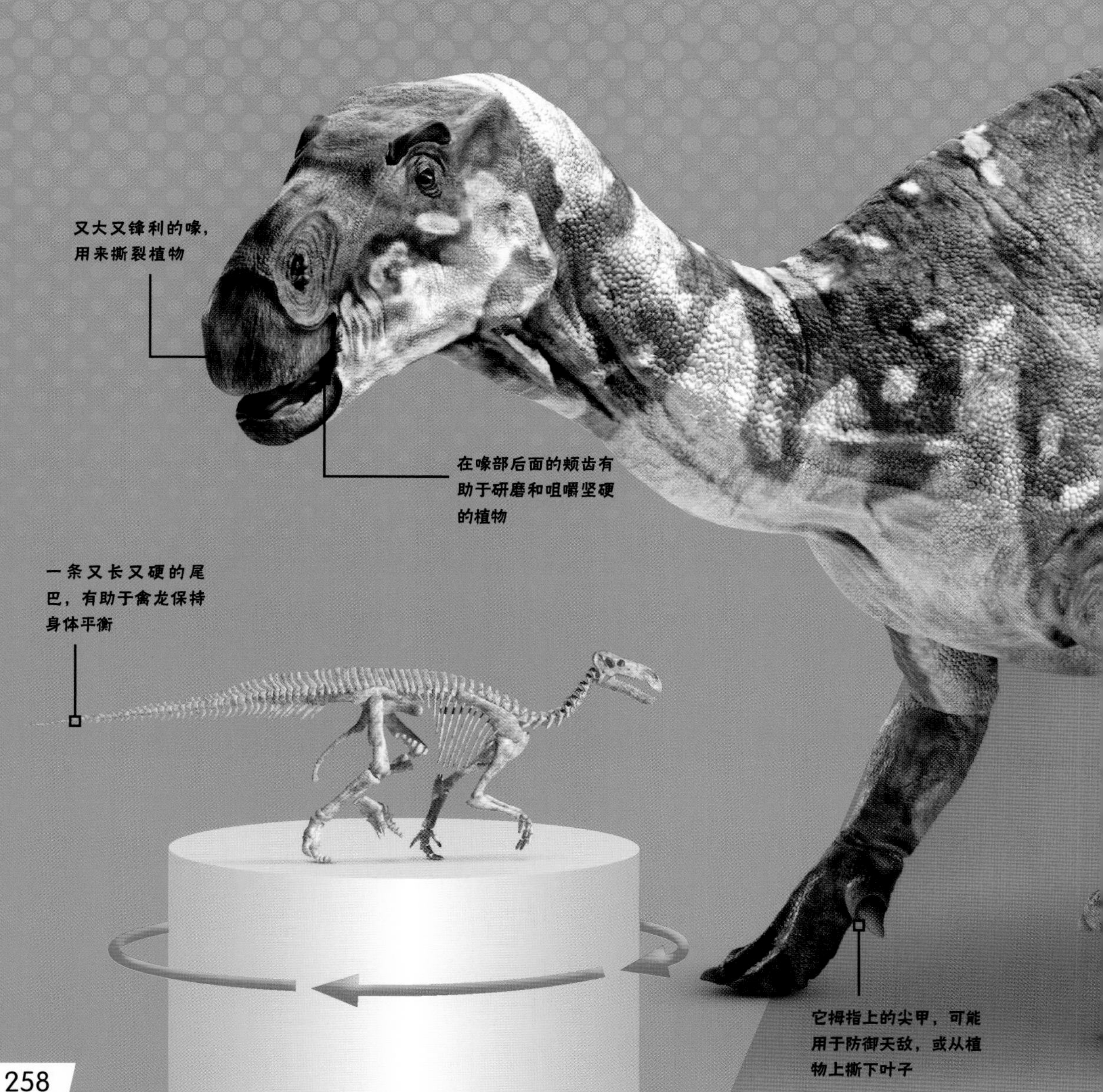

超级数据

名称：禽龙

名称的含义：鬣蜥的牙齿　时期：白垩纪

身长：约12米　体重：约7000千克

饮食习惯：食草

栖息环境：陆地　位置：欧洲

动物类型：恐龙

关键种：贝尼萨尔禽龙

世界真奇妙！

起初，专家们认为禽龙的鼻子上有一个尖刺。后来，他们才发现这根尖刺来自它的拇指。

禽龙的后肢足以支撑它的体重，所以在必要时，它也可以用后肢走路

埃德蒙顿龙是霸王龙的美餐。虽然埃德蒙顿龙跑得更快，并且常结队出行，但霸王龙可能更狡猾。因此，一旦遇到霸王龙，唯一明智的做法还是撒腿就跑！

盔甲和武器

恐龙时代发生过许多激烈的战斗。对阵双方都会使出浑身解数展开攻防。以下是恐龙进行攻击和防护的一些方式。

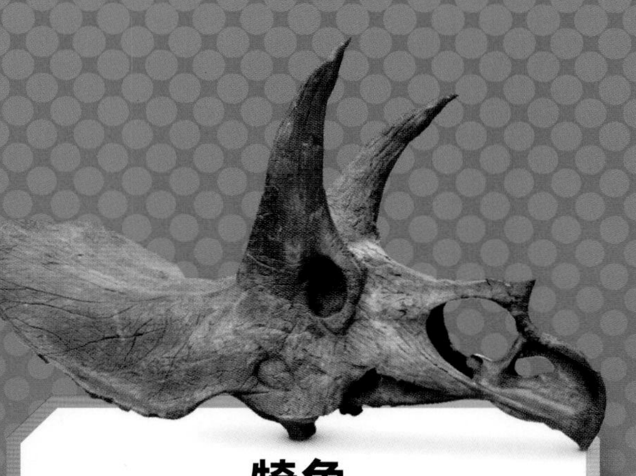

犄角

三角龙的头上长着三根犄角。两根巨大的眉角是用来争夺领地并吓跑掠食者的。鼻角则可能是用来炫耀以及吸引异性的。

坚硬的头骨

肿头龙的头骨很厚，上面还长着犄角。这些犄角很短，所以当肿头龙在战斗中用头上的犄角冲撞掠食者或其他同类时，它们不会折断。

灵活的脚趾

腔骨龙的前肢很长，在其末端分别有三根灵活的脚趾。它们非常适合用来捕捉并牢牢抓住挣扎的猎物。

鞭子

梁龙在战斗中可以把自己的尾巴像鞭子一样挥舞。它的尾巴实在太长了，以至于对许多掠食者来说这，挨上梁龙的一鞭就可能一命呜呼。

爪子

迅猛龙有锋利的爪子，可以用来捕杀猎物。爪子上的一些趾甲由于远离地面，始终能保持锋利。

身体盔甲

甲龙有厚厚的骨板和尖刺来保护自己。它的尾巴末端长成了一个锤子，只要重击一下，就足以击碎对方的骨头。

掠食者与猎物

掠食者	猎物
视力：掠食者的眼睛长在脑袋前面，可以让它集中精力追逐猎物。	**视力**：猎物的眼睛长在头部两侧，所以它们可以全方位观察是否有掠食者靠近。
大脑：食肉动物拥有更大的大脑，所以它们能想出捕捉猎物的方法。	**大脑**：猎物通常大脑较小，因为它们不需要考虑狩猎。
速度：掠食者需要速度快才能捕捉到食物，所以它们不能被重甲拖慢。	**速度**：猎物通常身体沉重、行动缓慢，依靠身上的盔甲来提供保护。

埃德蒙顿龙

埃德蒙顿龙是体型最大的鸭嘴龙之一。它用自己的喙，尽可能多地吃到植物。

世界真奇妙！

埃德蒙顿龙虽然跑得比霸王龙快，但不是每次都能逃脱对方的魔爪。

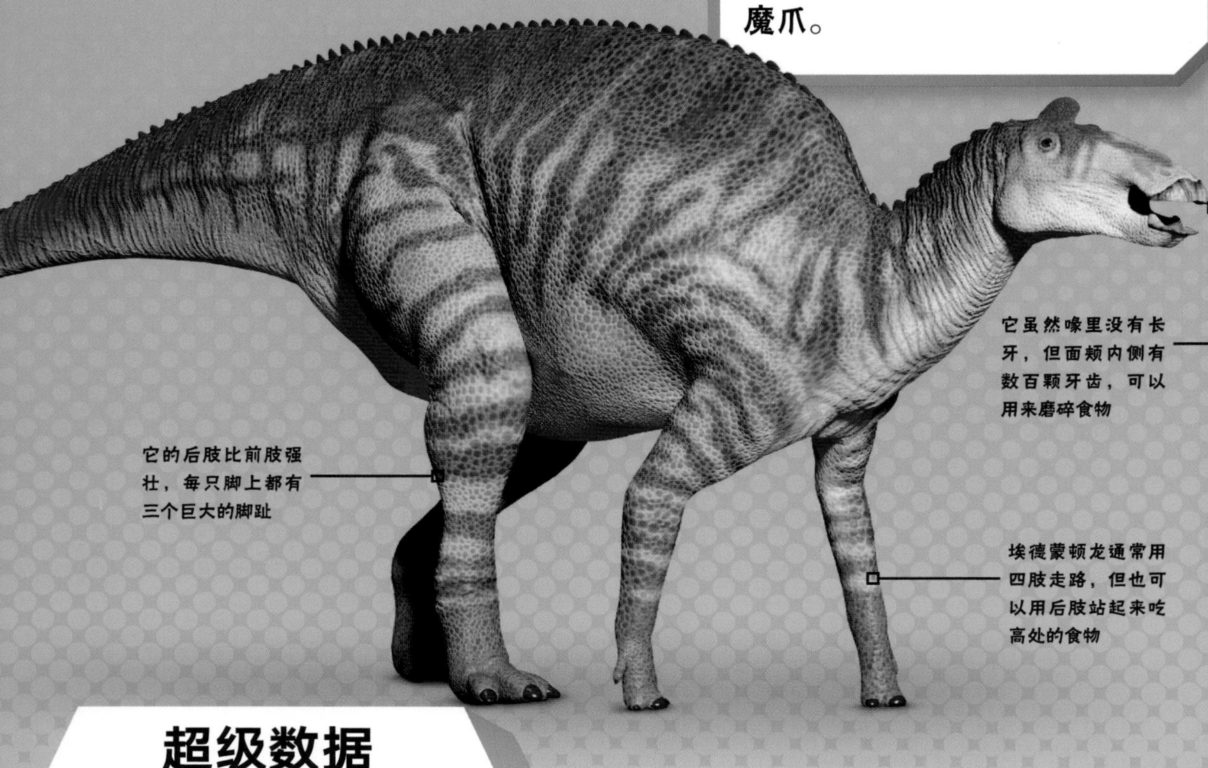

超级数据

名称：埃德蒙顿龙

名称的含义：埃德蒙顿的蜥蜴　**时期：**白垩纪

身长：约12米　**体重：**约5500千克　**饮食习惯：**食草

栖息环境：陆地　**位置：**北美洲

动物类型：恐龙

关键种：帝王埃德蒙顿龙

黄昏鸟

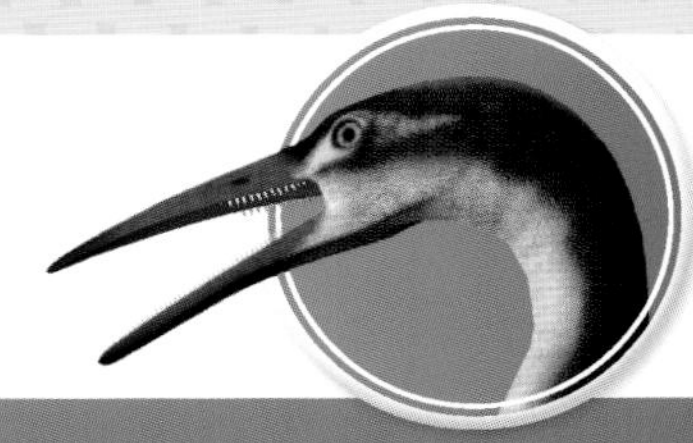

黄昏鸟是一种巨大的史前鸟类。它和企鹅很像，擅长游泳，但在陆地上站立不稳，也不会飞。陆地上的恐龙和海洋里的沧龙会捕食它。

世界真奇妙！

黄昏鸟的腿在陆地上刚好能支撑它的身体，但行走起来会显得很笨拙。

超级数据

名称：黄昏鸟
名称的含义：西方的鸟　**时期**：白垩纪
身长：约2米　**体重**：约23千克　**饮食习惯**：食肉
栖息环境：海洋/陆地　**位置**：北美洲
动物类型：恐龙
关键种：帝王黄昏鸟

昆卡猎龙

又叫驼背龙

昆卡猎龙是体型中等的兽脚亚目恐龙，身体和一辆大型汽车一样长。它有一些不寻常的身体特征，比如在臀部附近有一个背帆。

世界真奇妙！

背帆可能被用来控制体温、吸引异性或储存脂肪。

超级数据

名称： 昆卡猎龙
名称的含义： 来自昆卡的猎手　**时期：** 白垩纪
身长： 约6米　**体重：** 约980千克　**饮食习惯：** 食肉
栖息环境： 陆地　**位置：** 欧洲
动物类型： 恐龙
关键种： 驼背昆卡猎龙

牛角龙

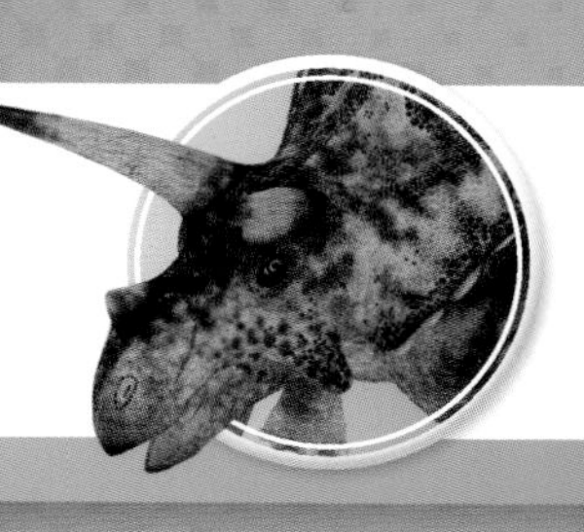

牛角龙与三角龙有亲缘关系，但它的颈褶要大得多。一些科学家认为牛角龙就是三角龙的翻版，只是体型更大一些。但大多数科学家现在都承认牛角龙是一种不同类型的恐龙。

超级数据

名称：牛角龙
名称的含义：穿孔的蜥蜴
时期：白垩纪
身长：约8米
体重：约4500千克
饮食习惯：食草
栖息环境：陆地　位置：北美洲
动物类型：恐龙
关键种：宽牛角龙

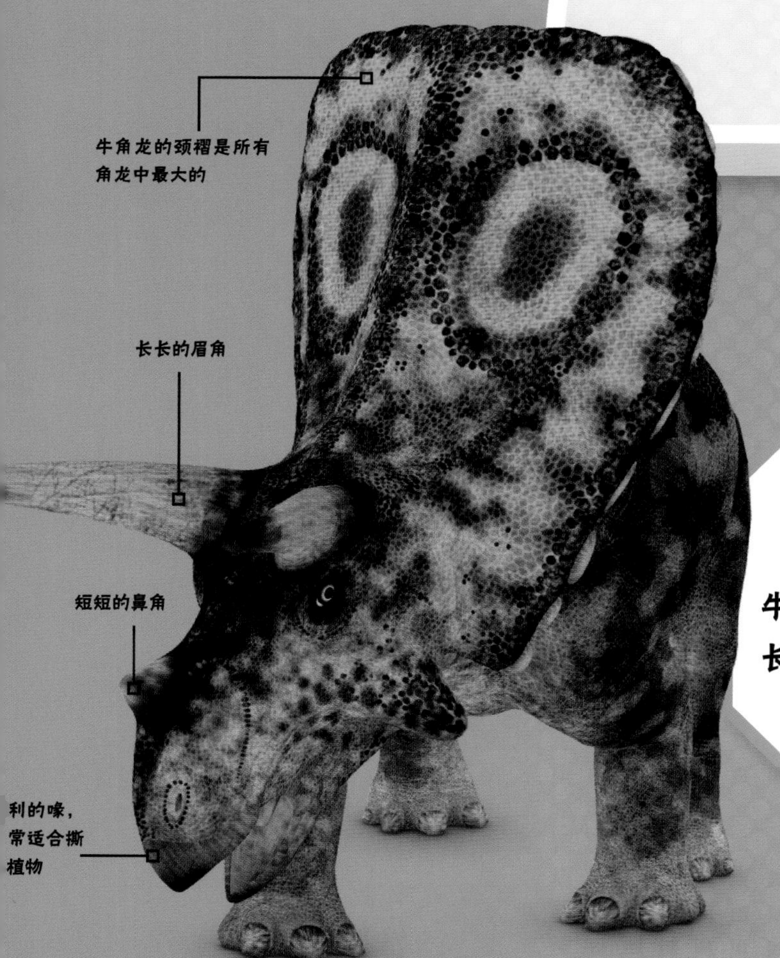

世界真奇妙！

牛角龙的头骨，包括颈褶，长约2.6米。

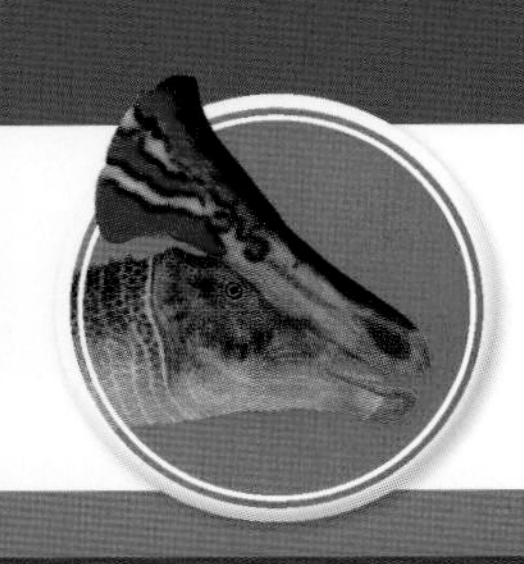

扁冠大天鹅龙

超级数据

名称：扁冠大天鹅龙
名称的含义：巨大的天鹅　时期：白垩纪
身长：约8米
体重：约3200千克　饮食习惯：食草
栖息环境：陆地　位置：亚洲
动物类型：恐龙
关键种：阿尔哈扁冠大天鹅龙

这种鸭嘴龙名字的意思是“巨大的天鹅”，只是因为它长着一个长脖子，但它身上的其余部分都不太像天鹅！扁冠大天鹅龙的头上，有一个像副栉龙一样的中空头冠。

扁冠大天鹅龙的头冠像一把扇子，向后倾斜

扁冠大天鹅龙有数百颗牙齿，可以磨碎食物。这些牙齿磨损之后，会被新长出的牙齿替换

它的脖子里有18根椎骨，可能是鸭嘴龙中最长的

扁冠大天鹅龙可以用后肢或四肢走路

世界真奇妙！

扁冠大天鹅龙的头冠中有空气通道，这可能让它的叫声听起来更加洪亮。

剑射鱼

剑射鱼的体型比大多数噬人鲨都大，并且速度也更快！它的最高时速可达60千米。它能吞下长达2米的整只猎物。在一些珍稀的剑射鱼化石中，我们甚至可以看到它们肚子里的最后一餐。

世界真奇妙！

剑射鱼可能有深蓝色的背部和浅银色的腹部，因此无论水中的猎物是在上面还是下面，都很难发现它。剑射鱼还可能会游到水面攻击海鸟，比如黄昏鸟。

剑射鱼颌部巨大，里面长满了锋利的牙齿

这条强壮的尾巴能让剑射鱼比其他海洋生物游得更快

超级数据

名称：剑射鱼

名称的含义：剑光　时期：白垩纪

身长：约6米　体重：约2800千克　饮食习惯：食肉

栖息环境：海洋　位置：北美洲

动物类型：史前动物

关键种：勇猛剑射鱼

巨盗龙

巨盗龙是迄今为止偷蛋龙家族中最大的成员。它的长度是葬火龙的3倍，重量是葬火龙的30倍，人们认为它产下的蛋有橄榄球那么大。巨盗龙身上可能长有短短的羽毛，但不会飞。巨盗龙几乎和长颈鹿一样高，并且有两辆轿车那么长。

世界真奇妙！

当古生物学家第一次发现巨盗龙化石时，都认为是一种暴龙，因为它的体型实在太大了。

超级数据

名称：巨盗龙

名称的含义：巨型盗贼　时期：白垩纪

身长：约8.5米　体重：约2200千克

饮食习惯：杂食

栖息环境：陆地　位置：亚洲

动物类型：恐龙

关键种：二连巨盗龙

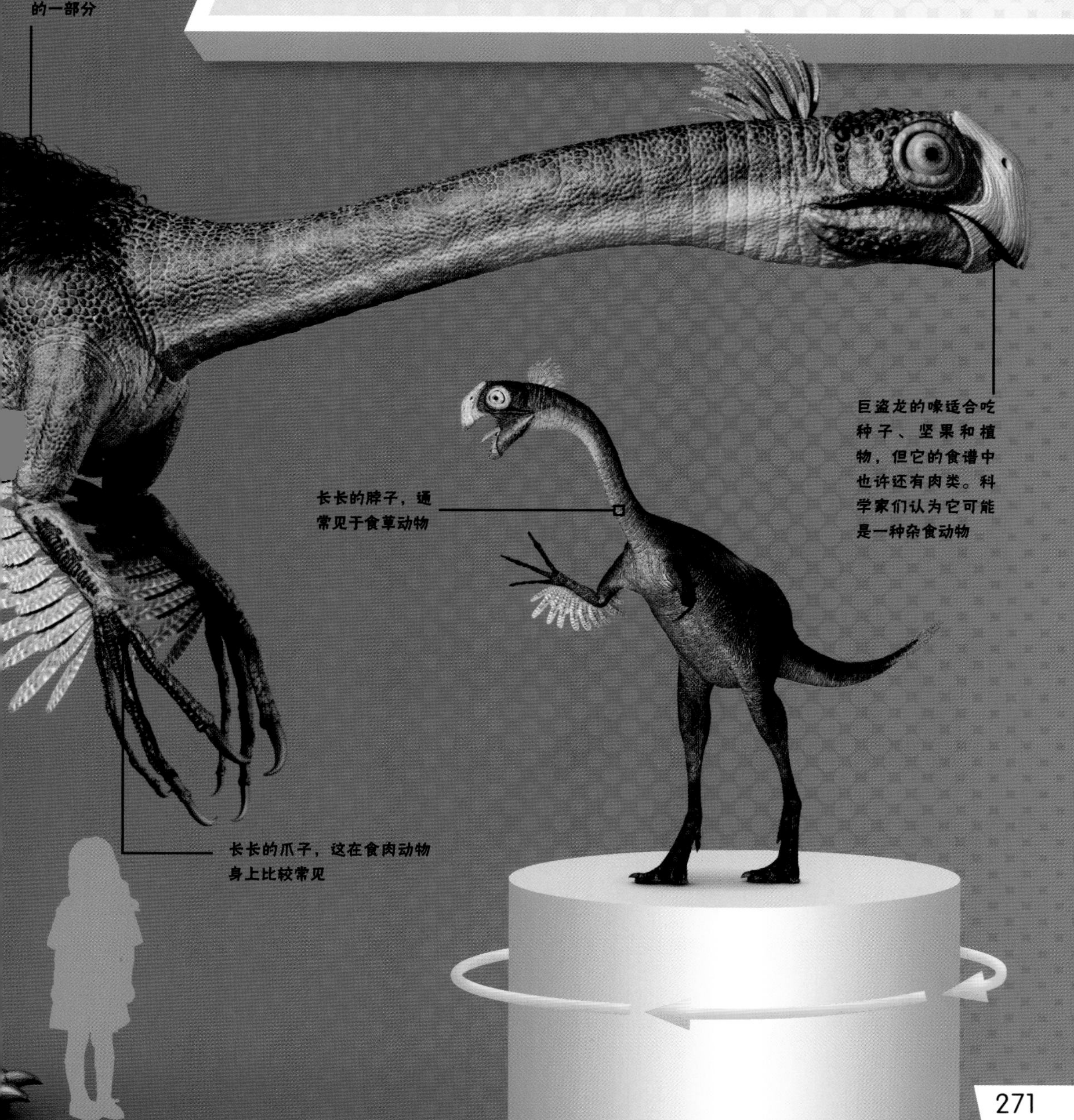

重爪龙

重爪龙看起来有点像鳄鱼，但比鳄鱼更凶残。它巨大的双颌长满一排排锋利的牙齿，每只前掌上都有一个30厘米长的、弯曲的拇指爪。重爪龙虽然擅长捕捉溜滑的鱼类，但它似乎更喜欢饮食多样，因此也会猎杀一些陆地动物。

重爪龙：这只野兽渴望捕捉恐龙，并且已经发现了它的猎物！

战斗吧！

重爪龙和禽龙都生活在白垩纪时期。第一头重爪龙的化石被发现时，里面还有类似禽龙幼崽的骨头遗骸。难道这是重爪龙在吃掉成年禽龙之前的一顿零食吗?

禽龙

禽龙的体型比一头大象还大，体重相当于五辆轿车，是一种巨大的食草动物。它虽然常用四肢走动，但有时也可以用后肢直立，便于觅食——当然，也可能是为了保护自己。禽龙具有良好的全方位视野，这能帮助它及时发现掠食者的踪迹。

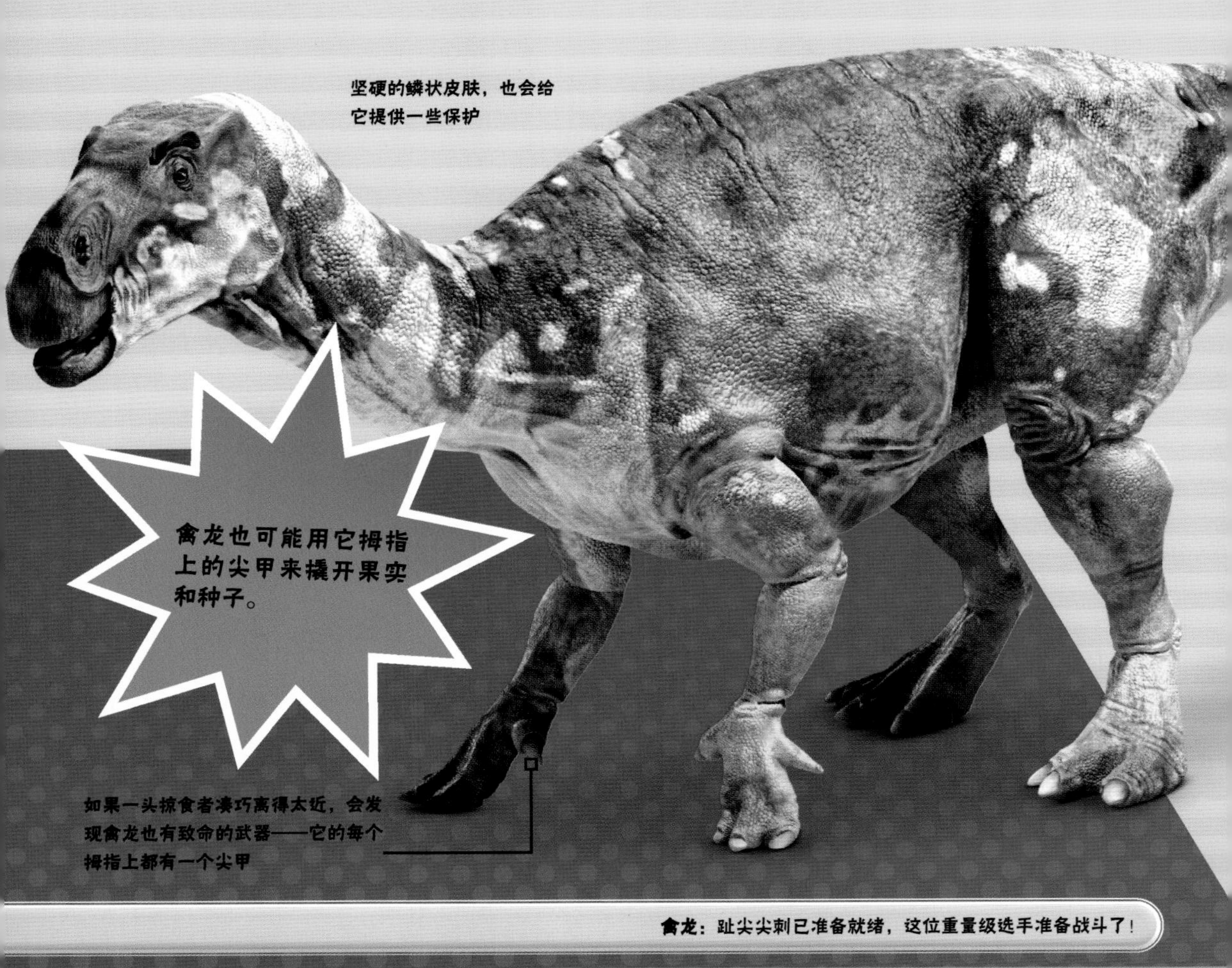

禽龙：趾尖尖刺已准备就绪，这位重量级选手准备战斗了！

谁会胜出？

这是一场艰苦的战斗。尽管重爪龙的身体比禽龙更小、更轻，但它拥有更快的速度，性格也更凶猛。然而，禽龙比它的对手重三倍，因此不可能被轻易打败。重爪龙本来可以寻找更弱小的猎物，但如果它一意孤行，继续攻击，那禽龙拇指上锋利的尖甲就会让这场冲突结束。

获胜者！

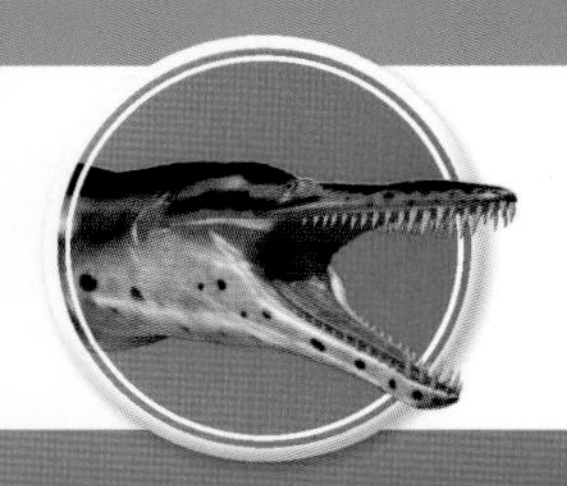

克诺龙

又名克柔龙、长头龙

克诺龙属于上龙家族，是一种海洋食肉动物，颈部短、脑袋大。克诺龙是最大的海洋爬行动物之一。比五只棱皮龟加在一起还长。它是在澳大利亚被发现的。克诺龙可能吃海龟和乌贼，但食谱中也包括它那些脖子很长的亲戚——蛇颈龙类生物。

世界真奇妙！

克诺龙是以希腊神话中的克洛诺斯而命名的，传说克洛诺斯非常凶残，他甚至吞掉了自己的孩子。

超级数据

名称：克诺龙

名称的含义：克洛诺斯蜥蜴　**时期：**白垩纪

身长：约10米　**体重：**约12,000千克　**饮食习惯：**食肉

栖息环境：海洋　**位置：**大洋洲

动物类型：史前动物

关键种：昆士兰克诺龙

阿拉善龙

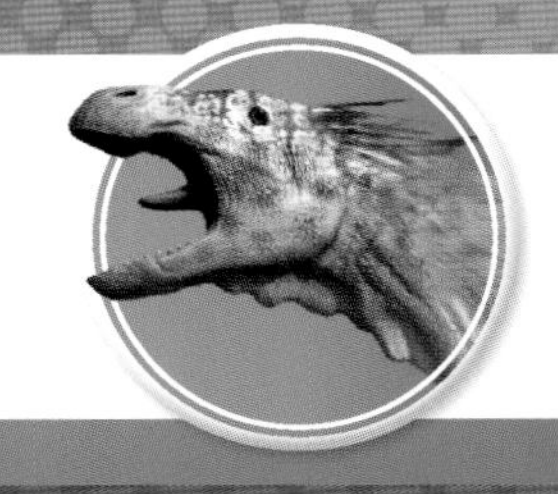

阿拉善龙头骨小、爪子长、牙齿像叶片，说明它是镰刀龙家族中的一员。这些特征属于兽脚亚目恐龙，但大多是食草动物。

超级数据

名称：阿拉善龙

名称的含义：阿拉善蜥蜴　时期：白垩纪

身长：约4米　体重：约400千克

饮食习惯：食草

栖息环境：陆地　位置：亚洲

动物类型：恐龙

关键种：额勒斯台阿拉善龙

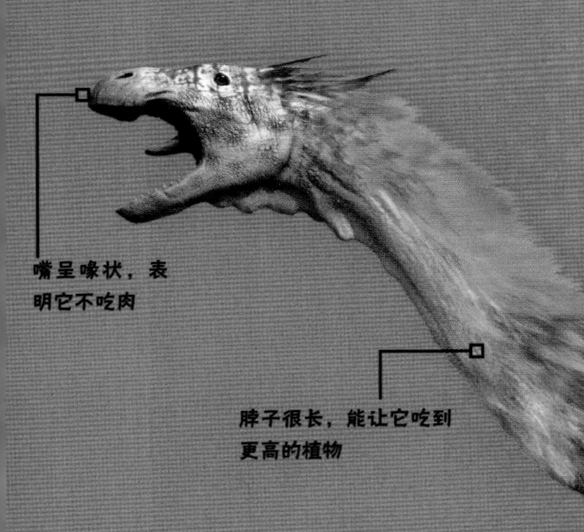

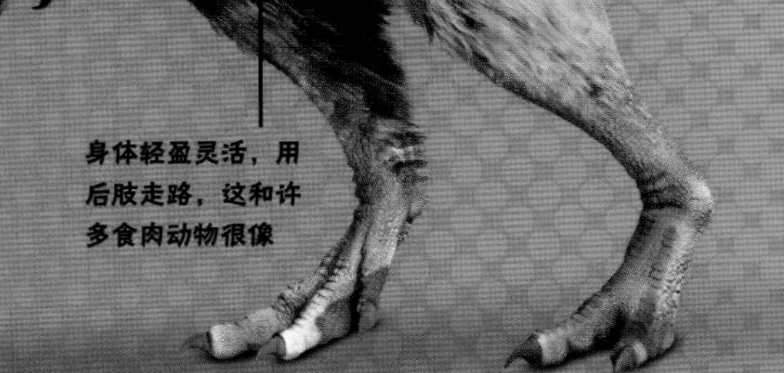

世界真奇妙！

科学家们还不确定阿拉善龙是否长有羽毛，但就像其他镰刀龙有羽毛一样，它身上很可能也有。

科阿韦拉角龙

像所有角龙一样，科阿韦拉角龙的头骨具有许多可识别的特征。它的眼睛上面有两个大角，喙部上方有一个稍短的角。它的颈褶比三角龙的颈褶更高、更窄。

沉龙

虽然身为禽龙家族的一员，但沉龙长相奇特。与其他家族成员相比，它的腿较短、脖子较长。科学家认为沉龙可能在水里待了很长时间，因此长得有点像河马。

世界真奇妙！

沉龙的骨头又大又重，这就是为什么它的名字含义是“沉重的蜥蜴”。

世界真奇妙！

人们只找到了少量的科阿韦拉角龙化石，都出现在墨西哥的同一个地方。

超级数据

名称：科阿韦拉角龙
名称的含义：科阿韦拉的有角面孔
时期：白垩纪　身长：约7米
体重：约4200千克　饮食习惯：食草
栖息环境：陆地　位置：北美洲
动物类型：恐龙
关键种：马格纳库尔纳阿韦拉角龙

超级数据

名称：沉龙
名称的含义：沉重的蜥蜴　时期：白垩纪
身长：约9米　体重：约5500千克　饮食习惯：食草
栖息环境：陆地/淡水　位置：非洲
动物类型：恐龙
关键种：沙地沉龙

特提斯鸭嘴龙

特提斯鸭嘴龙是鸭嘴龙的近亲，腿长，脖子和尾巴都短。它的身体很特别，混合了早期和晚期鸭嘴龙的一些特征，并且喙的形状也很奇特。

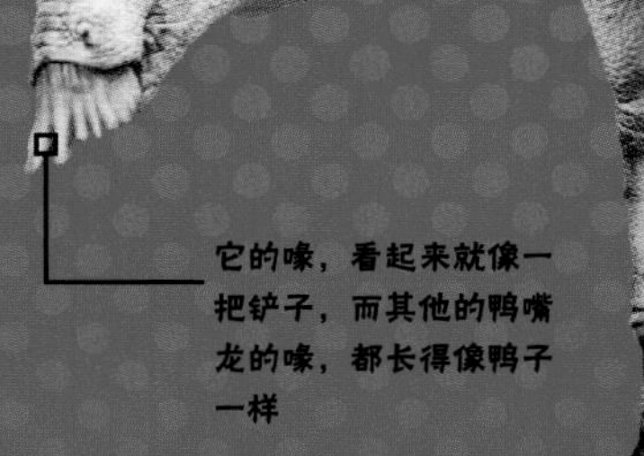

这只恐龙的化石是在意大利的一个地方发现的：在那里，人们挖出了一具基本完整的骨架。

诺弗勒恶龙

这种小型兽脚亚目恐龙长着非常特殊的门牙。这些牙齿从它的嘴里伸出来，而不是向上或向下弯曲。但是，像这样的牙齿不适合用来撕咬肉类。这告诉我们诺弗勒恶龙只能吃鱼和较小的动物。

超级数据

名称：特提斯鸭嘴龙

名称的含义：特提斯海的鸭嘴龙　时期：白垩纪

身长：约4米　体重：约350千克　饮食习惯：食草

栖息环境：陆地　位置：欧洲

动物类型：恐龙

关键种：岛屿特提斯鸭嘴龙

尾巴几乎占了它身长的一半

世界真奇妙！

可能有两种诺弗勒恶龙，一种比另一种重量更轻、速度更快。

超级数据

名称：诺弗勒恶龙

名称的含义：邪恶的蜥蜴　时期：白垩纪

身长：约2米　体重：约35千克　饮食习惯：食肉

栖息环境：陆地　位置：非洲

动物类型：恐龙

关键种：诺弗勒恶龙

包头龙

又名头骨龙、优头甲龙

笨重的包头龙就像辆坦克。它的身体上有一层厚厚的骨钉，尾巴末端的骨锤尤其令人印象深刻，能够以111千米每小时的速度砸向攻击者。

世界真奇妙！

包头龙的头骨装甲厚重，甚至连眼睑中也有骨头。

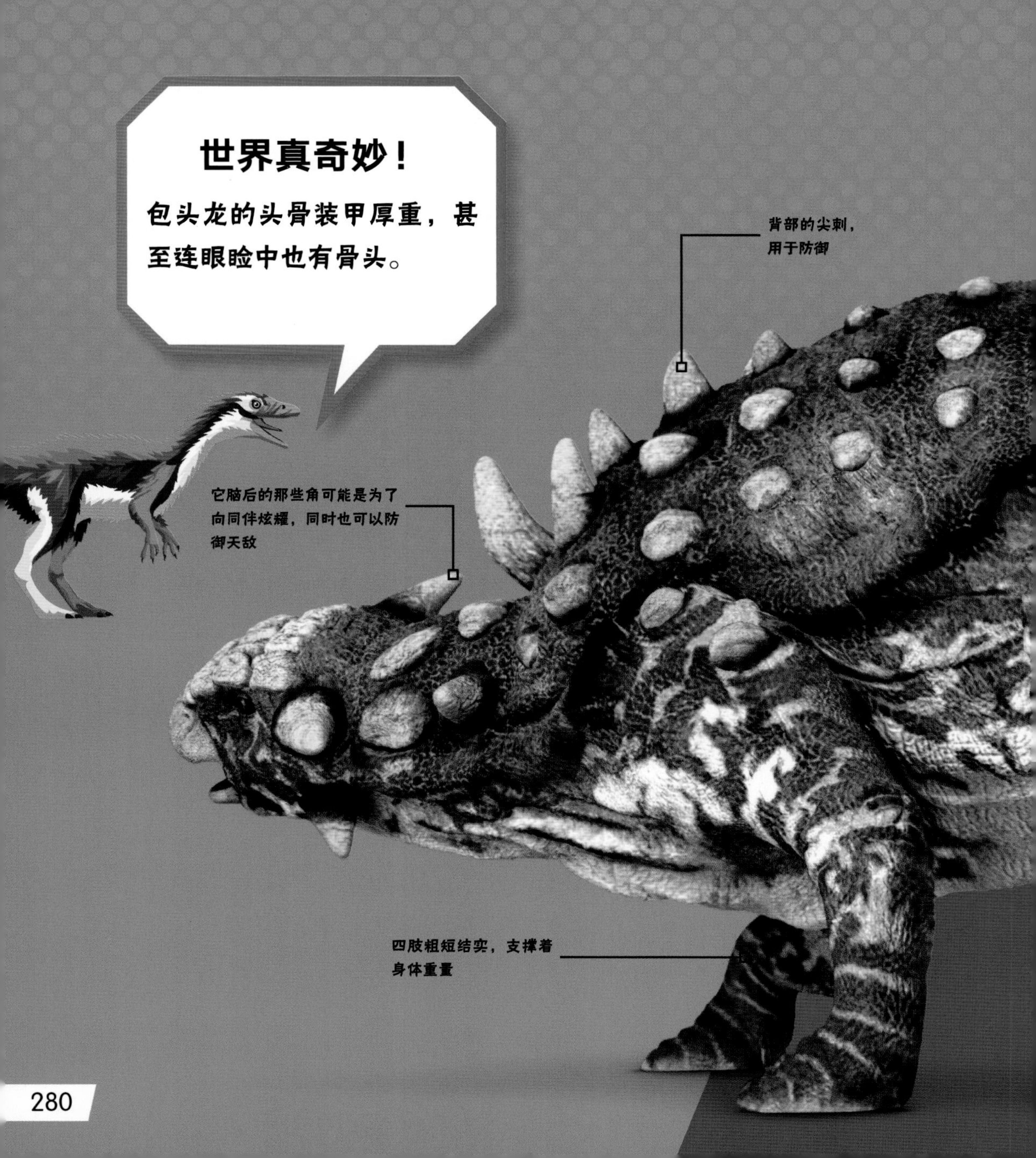

通用名字：包头龙

名称的含义：重甲包裹的头部　时期：白垩纪

身长：约6米　体重：约2000千克

饮食习惯：食草

栖息环境：陆地　位置：北美洲

动物类型：恐龙

关键种：伞裙包头龙

背部装甲，由许多小的、叫作骨架的骨质肿块组成

尾巴末端这条沉重的圆形骨锤，足以打断攻击者的腿脚

重甲包裹的头骨，覆盖着交错连接的骨板

原角龙

这只粗壮的角龙除了颈褶之外，它身上没有什么盔甲。原角龙的主要防御方式是和一大群同伴生活在一起，这样掠食者就很难对它们展开猎杀。

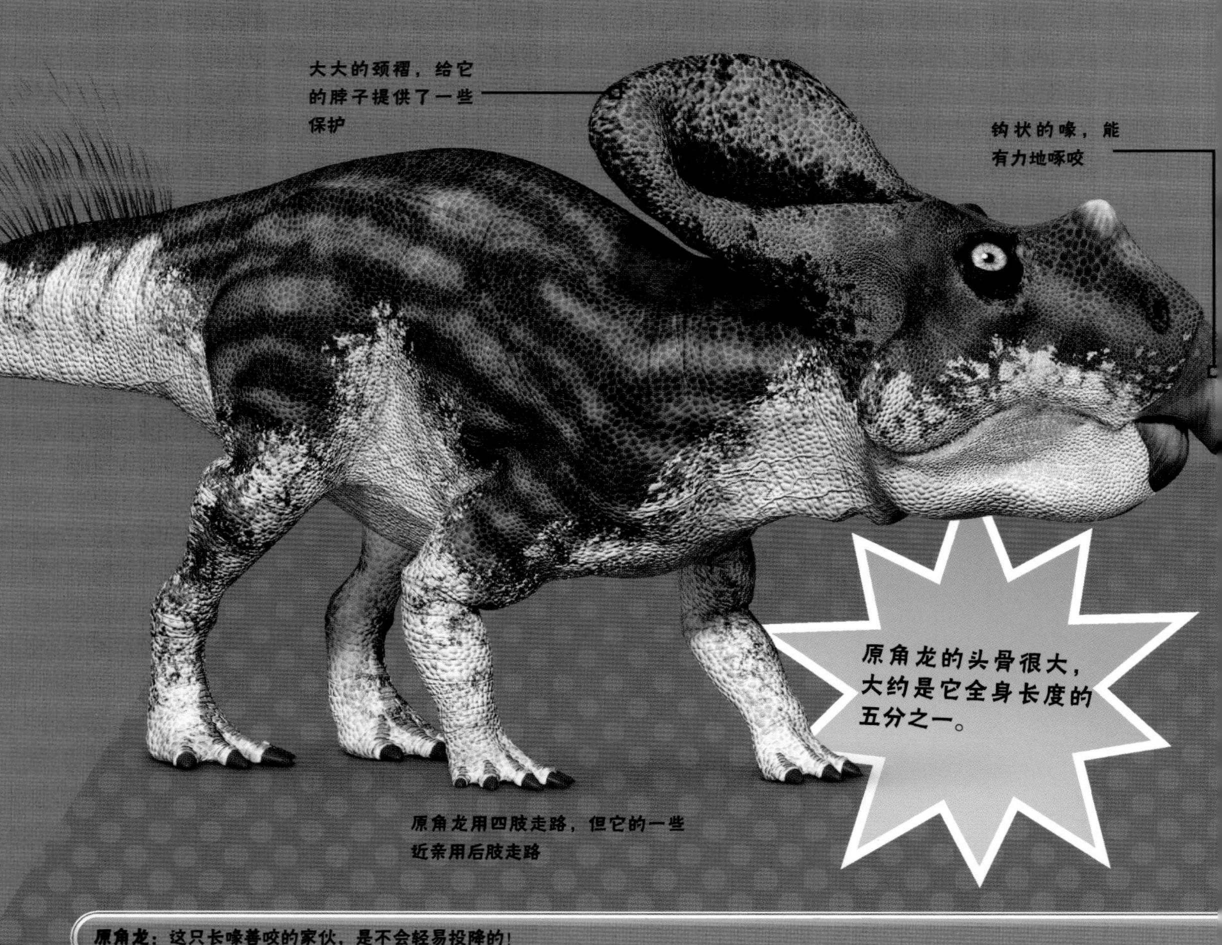

原角龙：这只长喙善咬的家伙，是不会轻易投降的！

战斗吧！

一块著名的化石显示这两只白垩纪恐龙正处于交战状态。其中，迅猛龙用爪子抓住了原角龙的喉咙，而原角龙则咬断了迅猛龙的前肢。

迅猛龙

迅猛龙是天生的猎手，拥有锋利的牙齿和超长的爪子。它擅用后肢奔跑，追赶猎物的最高速度可达每小时40千米。

迅猛龙：这只火鸡大小的“恐怖分子”，已经准备开战了！

谁会胜出？

离群落单的原角龙有受到攻击的危险。在恐龙中，迅猛龙是最有可能趁机对它发动攻击的，并且很可能赢得了这场战斗。然而，原角龙的体重是迅猛龙的十多倍，所以这种战斗的结果很难预料。迅猛龙可能在战斗中受重伤，而这可能对它今后的生存产生致命威胁。

恐龙牙齿

恐龙的牙齿可以向我们透露很多信息，比如一只恐龙在水下待了多长时间，或者一种生物是否有毒。牙齿的形状也很能说明问题。锥形牙齿适合捕鱼，锯齿状牙齿能撕裂肉类。勺状牙齿有助于从树枝上扯下叶子。牙齿比骨头腐烂得慢，这意味着许多恐龙的牙齿能够留存下来，给科学家提供了很多研究机会。

食肉动物的牙齿

像异龙这样的食肉动物有弯曲的锯齿状牙齿，非常适合撕裂肉类。而霸王龙只要用牙齿一咬，就能穿透坚硬的骨头！

食草动物的牙齿

蜥脚类恐龙，如长颈巨龙，长着勺状门牙，可以从树枝上撕下叶子。禽龙的口腔后部有叶状牙齿，用于咀嚼和研磨。

特殊的牙齿

一些翼龙会进化出特殊的牙齿来帮助捕食。比如南翼龙的下颌有数百颗又长又细的牙齿，用来过滤水中的小鱼和其他海洋生物。

备用牙齿

一些角龙和鸭嘴龙有“备用牙齿”。这些牙齿中包含了一排排等待长到下颌的新牙齿，用来取代任何失去或磨损的牙齿。

世界真奇妙！

恐龙的牙齿使用频繁，所以磨损得很快。如果一颗牙齿掉了，就会有一颗新的替补上。

嚼还是不嚼？

食肉动物通常在狩猎过程当中或狩猎结束之后迅速进食。对它们来说，切割和撕扯比咀嚼更加重要，一些肉食者甚至不惜把猎物囫囵吞下。食草动物则可以根据自己的节奏悠闲地用餐。由于植物很难消化，所以食草动物的牙齿一般宽大扁平，有助于磨碎植物。

赖氏龙

又名兰伯龙

这种鸭嘴龙能用后肢或四肢走路。它的双叉头冠使它在鸭嘴龙中独一无二——因为其他鸭嘴龙的头冠只有一个分叉。

世界真奇妙！

赖氏龙的颌部存储着数百颗牙齿。这些牙齿可以替代掉落或磨损的旧牙。

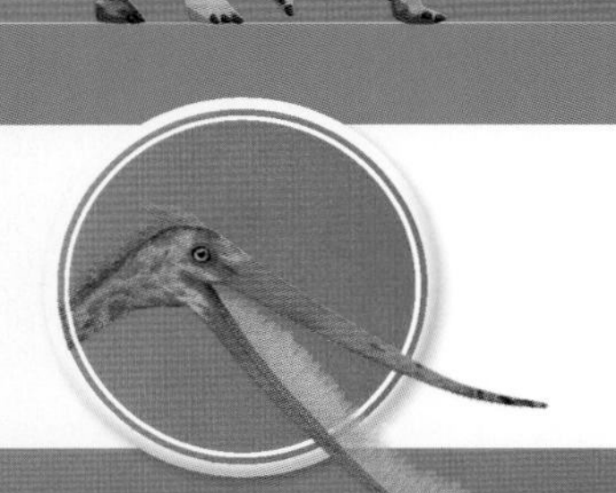

南翼龙

这种长相奇怪的翼龙是一种滤食性动物：它像鸭子一样吃东西。为了觅食，它低下头，用牙齿把小动物从水里筛出来。

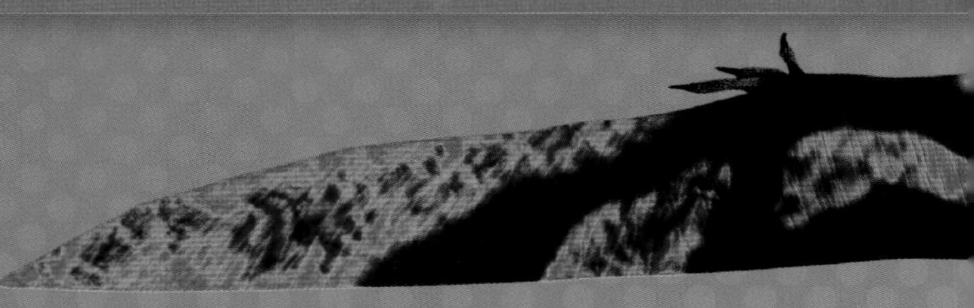

世界真奇妙！

南翼龙的蛋有点软，就像现代爬行动物的蛋那样，而不像鸟类的那么硬。

超级数据

名称：赖氏龙

名称的含义：赖博的蜥蜴　时期：白垩纪

身长：约7.5米　体重：约2800千克

饮食习惯：食草

栖息环境：陆地　位置：北美洲

动物类型：恐龙

关键种：赖氏龙

超级数据

名称：南翼龙

名称的含义：南方的翅膀　时期：白垩纪

身长：约2.5米　体重：约13千克

饮食习惯：食肉

栖息环境：天空　位置：南美洲

动物类型：史前动物

关键种：格氏南翼龙

篮尾龙

沉重而缓慢的篮尾龙是一种令人印象深刻的甲龙类恐龙。它的整个身体结构，从头到尾，都有利于防御。盔甲保护着它的背部，而它的锤状尾巴则可以用来猛击饥饿的掠食者。

世界真奇妙！

篮尾龙的名字意思是“柳篮尾巴”。这是因为它的那个尾锤状骨头，从外形上看起来就像一种编织物。

超级数据

名称：篮尾龙
名称的含义：柳篮尾巴　时期：白垩纪
身长：约5米　体重：约1300千克　饮食习惯：食草
栖息环境：陆地　位置：亚洲
动物类型：恐龙
关键种：皱棘篮尾龙

古巨龟

又名帝龟、古海龟、恐龟、拟龟或祖龟

这种巨大的海龟用它锋利的喙来捕食水母、乌贼和鱼类。但即使遇到危险，它也不能把脑袋和鳍状肢缩进壳里。这意味着它对于路过的沧龙来说，就是一顿美味的大餐——尽管体积大了一点。

世界真奇妙！

古巨龟寿命很长。一块古巨龟化石表明它可能活了100年。

超级数据

名称：古巨龟
名称的含义：帝王海龟　**时期：**白垩纪
身长：约4.6米　**体重：**约2200千克　**饮食习惯：**食肉
栖息环境：海洋　**位置：**北美洲
动物类型：史前动物
关键种：不朽古巨龟

剑角龙

又名顶角龙

山羊大小的剑角龙头上有一个由实心骨头构成的厚圆顶。它的前肢短，后肢长——后肢比前肢长3倍。它以树叶、树根和昆虫为食，属于群居动物。

世界真奇妙！

剑角龙之间发生冲突时，可能会朝着对方加速奔跑并用头撞击。

超级数据

名称： 剑角龙

名称的含义： 屋顶的角　**时期：** 白垩纪

身长： 约2.2米　**体重：** 约45千克　**饮食习惯：** 杂食

栖息环境： 陆地　**位置：** 北美洲

动物类型： 恐龙

关键种： 安定剑角龙

玛君龙

又名玛宗格龙

这种兽脚亚目恐龙头骨上的犄角可能过于短小，无法用于战斗。但玛君龙会用它锋利的牙齿来猎杀猎物。

头骨中含有空气，使其更轻

细小得几乎没有用处的前肢

长长的尾巴，用于在奔跑时保持身体平衡

世界真奇妙！

玛君龙会以同类为食。

超级数据

名称：玛君龙
名称的含义：马达加斯加的蜥蜴　**时期**：白垩纪
身长：约6米　**体重**：约1300千克　**饮食习惯**：食肉
栖息环境：陆地　**位置**：非洲
动物类型：恐龙
关键种：克雷纳蒂斯玛君龙

恐手龙

长相怪异的恐手龙有一个背帆、像鸭子一样的喙和两个巨大的前肢。前肢大约2.4米长，末端有3个20厘米长的脚趾。

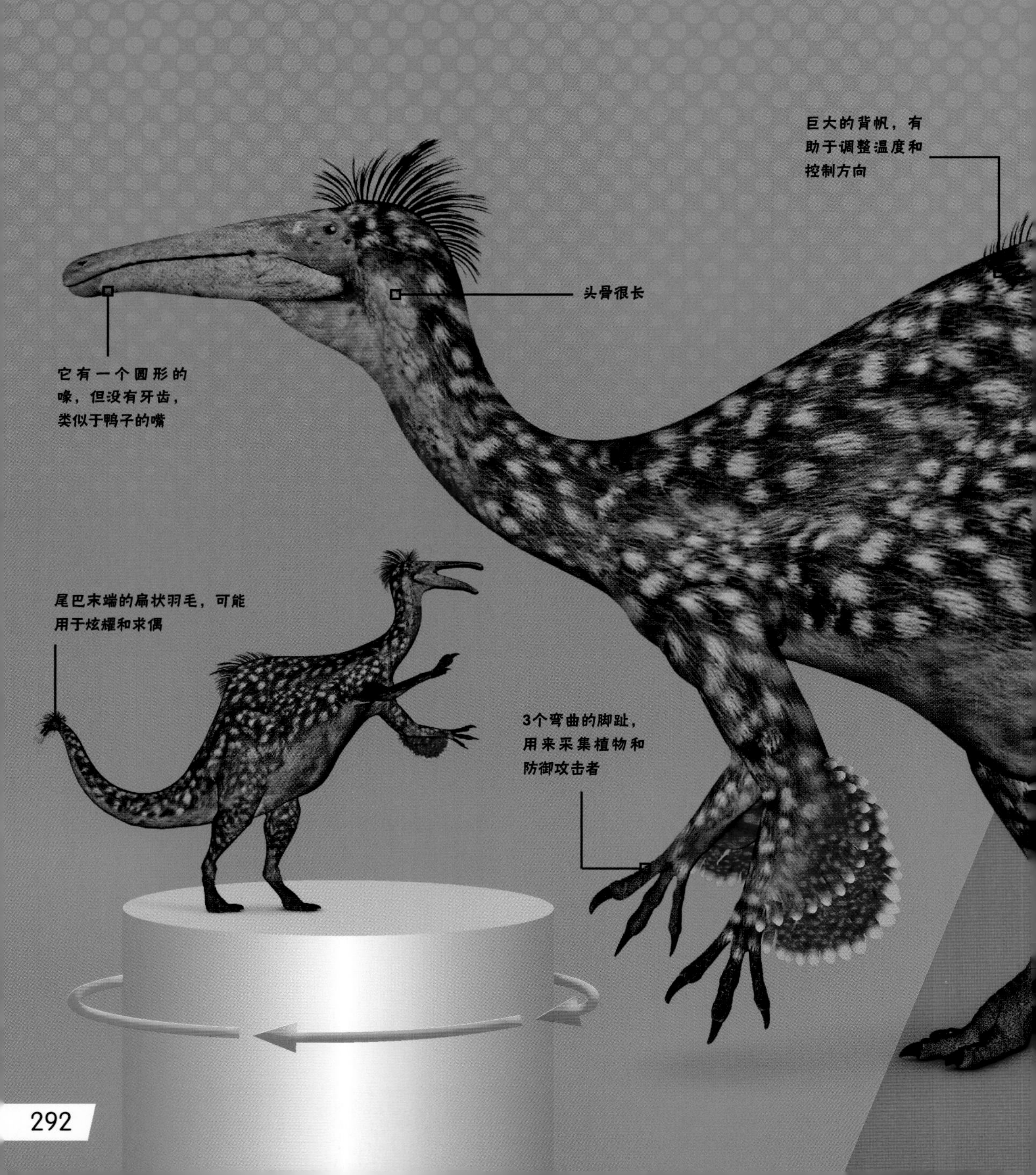

超级数据

名称：恐手龙

名称的含义：恐怖的手掌　时期：白垩纪

身长：约11米　体重：约6000千克

饮食习惯：杂食

栖息环境：陆地　位置：亚洲

动物类型：恐龙

关键种：奇异恐手龙

身体覆盖着羽毛

世界真奇妙！

50年来，我们找到的唯一的恐手龙化石是它的一对巨大的前肢。

魔鬼蛙

魔鬼蛙是一种巨大的圆形青蛙，它是一种捕食小动物的能手，食谱中甚至可能包括未成年的恐龙。就其身体比例而言，它的头骨巨大，并且嘴巴可以张得很开，这有利于魔鬼蛙吃掉相当大的猎物。化石显示，在它的头顶上可能有一些被称为“盾板”的骨质隆起。这些“盾板”可以保护它免受大型掠食者的袭击。

魔鬼蛙：长着大嘴的魔鬼青蛙。

战斗吧！

在白垩纪晚期的非洲，有一种掠食者最让人害怕，它就是——玛君龙。魔鬼蛙习惯于猎杀小动物，这种沙滩球大小的青蛙会沦为饥饿的兽脚亚目食肉动物的美味佳肴吗？

玛君龙

玛君龙是当时最凶猛的动物之一。它的背部可能有一排小刺，很可能是用来炫耀的。它细小的前肢上有带尖甲的爪子，但这两个爪子太小，在战斗中用处不大。玛君龙的主要武器是它的锯齿状牙齿，可以轻松地撕裂猎物。

玛君龙：这只长角的掠食者胃口很大！

谁会胜出？

魔鬼蛙通常坐等猎物经过，但如果玛君龙现身的话，肯定会让它受到很大的惊吓。魔鬼蛙的头部盾牌无法与尖牙利齿的玛君龙相抗衡，所以魔鬼蛙唯一的希望就是逃到安全的地方。但玛君龙强壮的后肢能让它跑得很快。只要被锋利的牙齿咬上几口，这只可怜的青蛙就将不复存在。

很多鹦鹉龙父母可能会共同照顾它们的幼崽。而成年恐龙和处于青少年时期的恐龙也会轮流照顾婴儿。一些现代鸟类，比如火烈鸟，至今仍在这样做。

巨兽龙

又名南方巨兽龙、超帝龙

作为大型食肉动物，巨兽龙处于食物链的顶端。它是地球上最大的食肉动物之一，能够捕食超大体型的猎物。

世界真奇妙！

巨兽龙的最高奔跑速度只比短跑名将尤塞恩·博尔特100米冲刺的速度稍慢一点。

超级数据

名称：巨兽龙

名称的含义：巨大的蜥蜴　**时期：**白垩纪

身长：约12.5米　**体重：**约8000千克　**饮食习惯：**食肉

栖息环境：陆地　**位置：**南美洲

动物类型：恐龙

关键种：卡洛琳巨兽龙

沧龙

这种可怕的深海生物是最后存在的大型海洋爬行动物之一。沧龙用像桨一样的鳍状肢在水里转动并控制方向，然后张开血盆大口捕捉任何它能抓到的东西。

世界真奇妙！

如果需要吞下大型猎物，沧龙的颌部可以进一步张开，就像今天的蛇一样。

超级数据

名称： 沧龙
名称的含义： 默兹河的蜥蜴　**时期：** 白垩纪
身长： 约15米　**体重：** 约13,000千克　**饮食习惯：** 食肉
栖息环境： 海洋　**位置：** 欧洲
动物类型： 史前动物
关键种： 霍夫曼沧龙

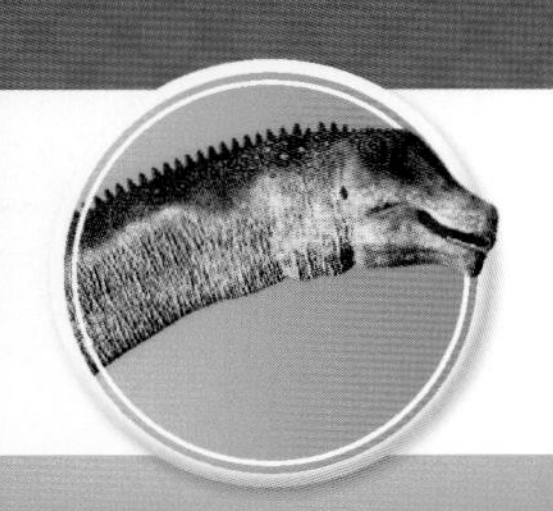

普尔塔龙

普尔塔龙虽然是一种庞大的泰坦巨龙，但我们只能从几块椎骨化石中推测相关信息。对这些椎骨化石的研究表明，它是科学界已知的体型最大的恐龙之一。最大的椎骨大约1米长，1.7米宽。

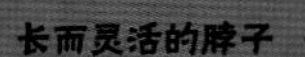

世界真奇妙！

令人难以置信的是：普尔塔龙身体不动，也可以凭着长长的脖子，吃到高处的叶子。

中华龙鸟

中华龙鸟的身体上覆盖着一层毛茸茸的羽毛，让它在古代森林中狩猎时能保持温暖。这是人们发现的第一种被证实有羽毛的恐龙，曾在科学界引起轰动。

长长的尾巴，占全身长度的一半

脚趾不但长，而且有尖甲

后肢

超级数据

名称：普尔塔龙

名称的含义：普尔塔的蜥蜴　时期：白垩纪

身长：约28米　体重：约60,000千克　饮食习惯：食草

栖息环境：陆地　位置：南美洲

动物类型：恐龙

关键种：瑞氏普尔塔龙

科学家认为普尔塔龙的身体很宽，胸腔很大。

长长的尾巴，有助于普尔塔龙保持身体平衡

强壮的四肢，能承受巨大的重量

世界真奇妙！

一只中华龙鸟的化石显示，它有棕色的羽毛和橙白色条纹的尾巴。

一层柔软的羽毛，覆盖着整个身体

超级数据

名称：中华龙鸟

名称的含义：中国蜥蜴的翅膀　时期：白垩纪

身长：约1米　体重：约500克

饮食习惯：食肉

栖息环境：陆地　位置：亚洲

动物类型：恐龙

关键种：原始中华龙鸟

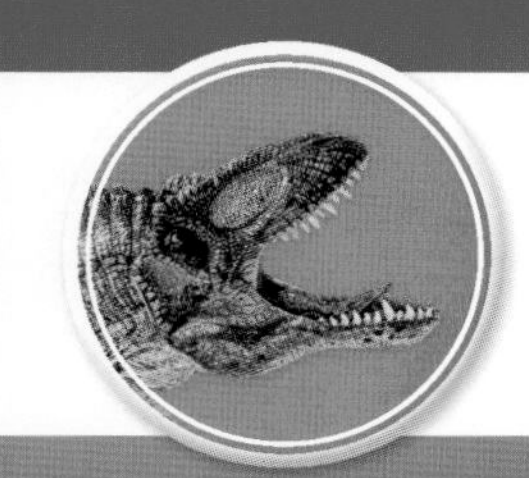

高棘龙

又名高脊龙、多脊龙或阿克罗肯龙

作为体型最大的兽脚亚目恐龙之一，高棘龙是当时主要的掠食者之一。它可以张开大嘴咬住猎物，然后用爪子撕裂并吞下。

世界真奇妙！

人们发现了一具高棘龙的骨架，但骨骼已经变成了黑色。这是由地下矿物质导致的颜色变化。

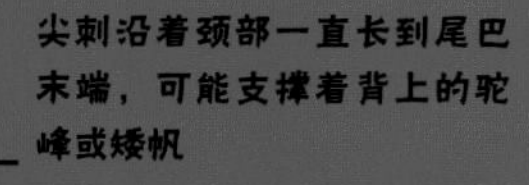

超级数据

名称：高棘龙

名称的含义：长着很高棘刺的蜥蜴　**时期：**白垩纪

身长：约11.5米　**体重：**约6200千克　**饮食习惯：**食肉

栖息环境：陆地　**位置：**北美洲

动物类型：恐龙

关键种：阿托卡高棘龙

多刺甲龙

巨大的尖刺和骨甲使多刺甲龙成为当时防御能力最强的恐龙之一。它的身体又矮又重，意味着它只能吃生长在地面的蕨类和马尾类植物。

世界真奇妙！

化石显示，多刺甲龙的骨板和尖刺上有血管。这些血管可能会在骨板生长的过程中提供血液。

超级数据

名称：多刺甲龙
名称的含义：许多荆棘　**时期：**白垩纪
身长：约5米　**体重：**约2000千克　**饮食习惯：**食草
栖息环境：陆地　**位置：**欧洲
动物类型：恐龙
关键种：福氏多刺甲龙

慈母龙

慈母龙过着群居生活。它们每年都要长途跋涉，回到以前的筑巢地点。在那里，成年慈母龙会照顾自己的幼崽，直到它们能够四处活动并寻找食物。

超级数据

名称：慈母龙

名称的含义：好妈妈蜥蜴　时期：白垩纪

身长：约9米　体重：约4000千克

饮食习惯：食草

栖息环境：陆地　位置：北美洲

动物类型：恐龙

关键种：皮布勒索姆慈母龙

扁平的喙，用于采摘植物

世界真奇妙！

慈母龙的蛋和现代的鸵鸟蛋一样大。为了保持温度，这些蛋上面会覆盖一层舒适、温暖的腐烂植物。

马普龙

马普龙是体型最大的食肉动物之一。由于后肢高大、肌肉发达，跑起来很快，而一条长长的尾巴，则有助于与它那块巨型头骨所产生的重量保持平衡。古生物学家认为马普龙有足够的智力，知道和同伴合作来捕食大型动物，比如蜥脚类恐龙。

马普龙：这头野兽不但脑袋大，胃口也很大！

战斗吧！

马普龙是有史以来最大的掠食者之一，而蝎猎龙则是中等体型的猎手。这两种恐龙可能生活在同一时代，并很可能经常为食物和领地而争斗。

蝎猎龙

尽管名字叫蝎猎龙，但它并没有蝎子那种致命的毒刺！它的主要武器是一口锋利的牙齿和一个强健结实的头骨。在发动攻击时，蝎猎龙先用自己的脑袋把对手撞晕，然后用锋利的牙齿将其拿下。

蝎猎龙：这个前肢短小的恐怖分子，会把自己的脑袋作为武器！

谁会胜出？

无论是独自行动还是群居狩猎，马普龙都是一个可怕的敌人。蝎猎龙拥有强壮的头骨和短吻，它用自己的脑袋作为武器，向攻击者发起反击。这样的反击可能对马普龙造成了一些伤害，但不足以阻止它的进攻。马普龙体型更大，更强壮，并且速度更快，更聪明，咬合力也更强！它只需要在蝎猎龙身上咬上两口，就能取得胜利。

尾羽龙

尾羽龙像鸟一样，长着羽毛，可以上下扇动翅膀，向同伴炫耀，或者吓跑来犯者。

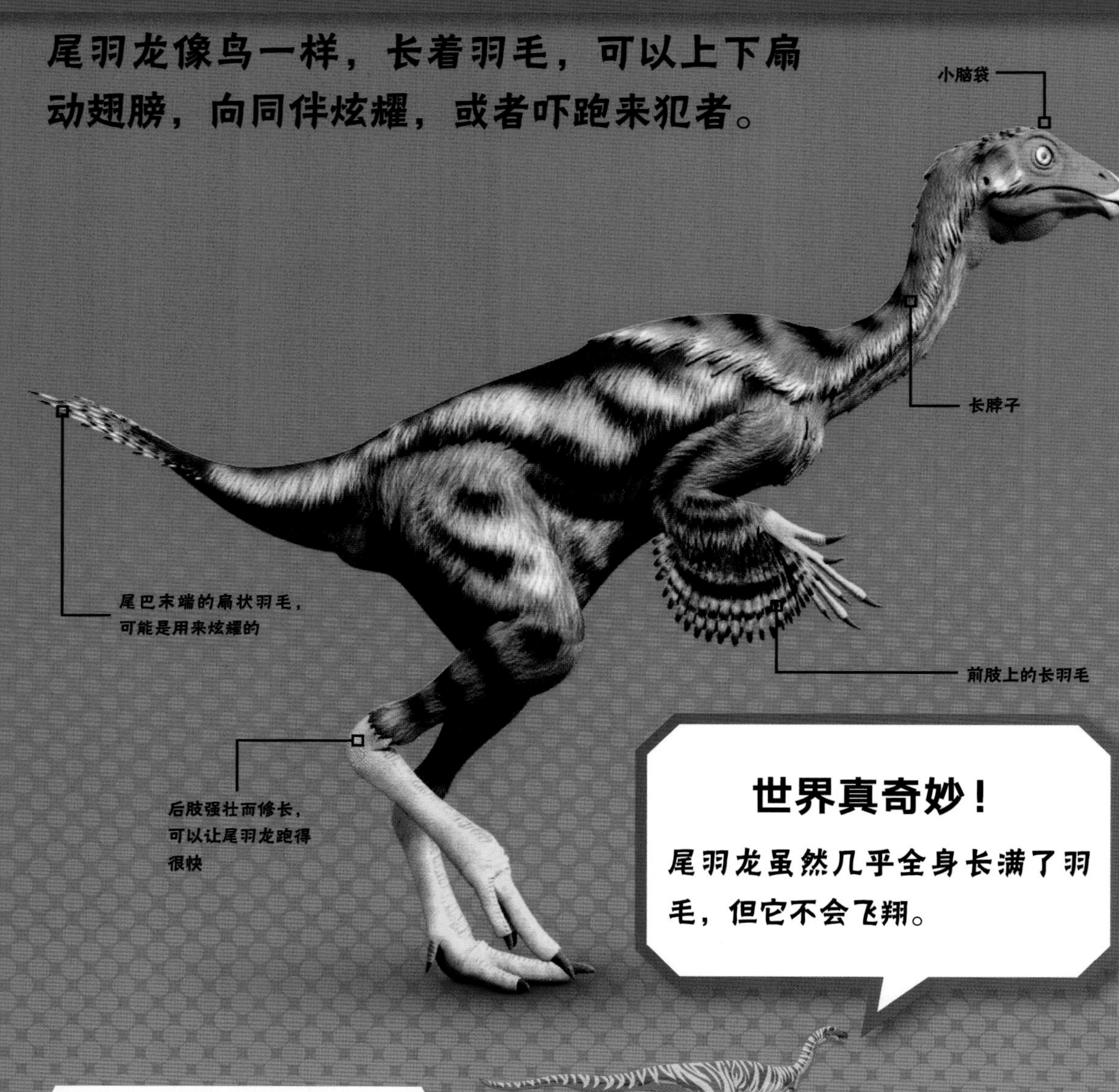

世界真奇妙！

尾羽龙虽然几乎全身长满了羽毛，但它不会飞翔。

超级数据

名称：尾羽龙

名称的含义：尾部羽毛　时期：白垩纪

身长：约1米　体重：约5千克　饮食习惯：杂食

栖息环境：陆地　位置：亚洲

动物类型：恐龙

关键种：邹氏尾羽龙

野牛龙

这种角龙长着令人难忘的头盾，它们过着群居生活。如果受到威胁，整个牛群都会仓皇逃窜。野牛龙头上长着巨大的犄角，看起来非常吓人！

世界真奇妙！

人们在骨床中同时发现了很多幼年野牛龙和成年野牛龙的标本。

超级数据

名称：野牛龙

名称的含义：水牛蜥蜴　时期：白垩纪

身长：约4.5米　体重：约1500千克　饮食习惯：食草

栖息环境：陆地　位置：北美洲

动物类型：恐龙

关键种：前弯角野牛龙

山东龙

这种鸟脚亚目恐龙体型巨大，以植物为食。它们成群结队地在开阔的平原和沼泽中漫步。群居意味着安全——由于同伴众多，饥饿的掠食者难以向它们发动攻击。

世界真奇妙！

山东龙的嘴里有1500多颗牙齿。其中多数处于备用状态，等待替换那些掉落或磨损的牙齿。

蜥结龙

这类恐龙全身长满了尖刺，此外，它的身上还有一排排坚硬的骨钉提供保护。甚至骨钉之间的区域，也被一层细细的骨质凸起覆盖着。

它的后肢比前肢长，这让它更容易吃到地面的食物

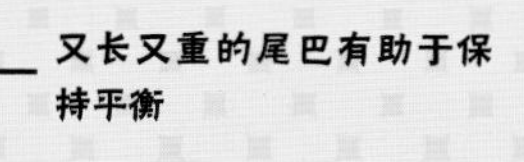

超级数据

名称：山东龙

名称的含义：山东的蜥蜴　时期：白垩纪

身长：约16米　体重：约16,500千克

饮食习惯：食草

栖息环境：陆地　位置：亚洲

动物类型：恐龙

关键种：巨型山东龙

强壮的四肢，支撑着它巨大的身体

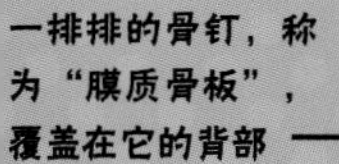

厚实的三角形头骨，上面有一个由骨板构成的“头盔”

世界真奇妙！

与大多数甲龙不同，蜥结龙的尾巴末端没有长成一个骨锤。

喙部狭长，里面长着细小的牙齿

超级数据

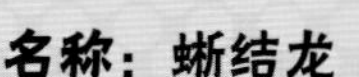

名称：蜥结龙

名称的含义：有盾的蜥蜴 时期：白垩纪

身长：约7米　体重：约2300千克

饮食习惯：食草

栖息环境：陆地　位置：北美洲

动物类型：恐龙

关键种：爱氏蜥结龙

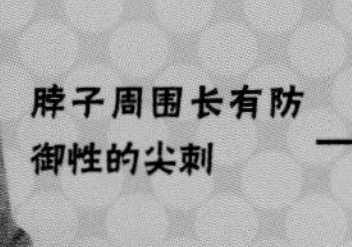

莫森氏鱼

巨大的莫森氏鱼犹如一个猎人，在海底寻找鱼类和无脊椎动物。它可能是夜行性动物：白天睡觉，晚上觅食。

世界真奇妙！

世界上现在还有两种腔棘类鱼，但它们生活在海洋深处，很少被人看到。

超级数据

名称：莫森氏鱼
名称的含义：纪念化石收藏家约瑟夫·莫森　**时期**：白垩纪
身长：约6米　**体重**：约300千克　**饮食习惯**：食肉
栖息环境：海洋　**位置**：南美洲和非洲
动物类型：史前动物
关键种：巨型莫森氏鱼

无齿翼龙

这种翼龙在空中滑翔时，会留意下面海洋里的鱼类或其他小动物。一旦看到食物的踪影，无齿翼龙就会迅速俯冲下来，甚至潜入水中捕捉猎物。

每个翅膀的边缘，都有三趾

头上有一个长长的冠饰

它长长的颌部没有牙齿，类似于鹈鹕的喙

就身体比例而言，无齿翼龙的翅膀算得上大

世界真奇妙！

雄性无齿翼龙的头上有一个长长的冠饰，可能是它用来向同伴炫耀，以及吸引雌性的。

超级数据

名称：无齿翼龙

名称的含义：没有牙齿的翅膀　时期：白垩纪

翼展：约7米　体重：约40千克　饮食习惯：食肉

栖息环境：天空　位置：北美洲

动物类型：史前动物

关键种：长头无齿翼龙

原角龙

这种小角龙个子不大但身体强壮，生活在干燥的沙漠中。原角龙的巢穴化石表明，它可能要照顾自己的幼崽，并且至少花83天的时间来孵蛋。

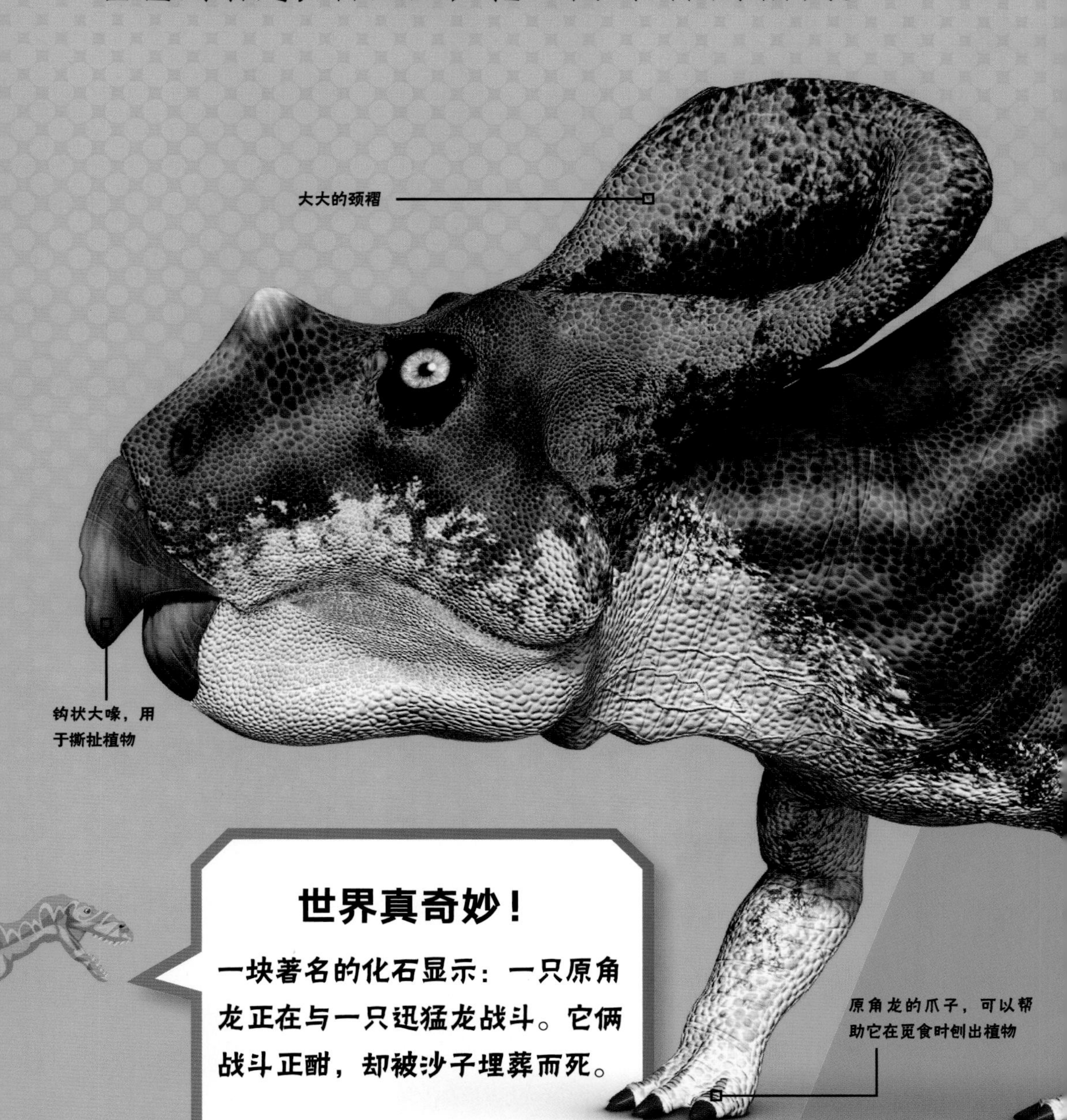

世界真奇妙！

一块著名的化石显示：一只原角龙正在与一只迅猛龙战斗。它俩战斗正酣，却被沙子埋葬而死。

超级数据

名称：原角龙

名称的含义：最先有角的面孔　**时期：**白垩纪

身长：约1.8米　**体重：**约180千克

饮食习惯：食草

栖息环境：陆地　**位置：**亚洲

动物类型：恐龙

关键种：安氏原角龙

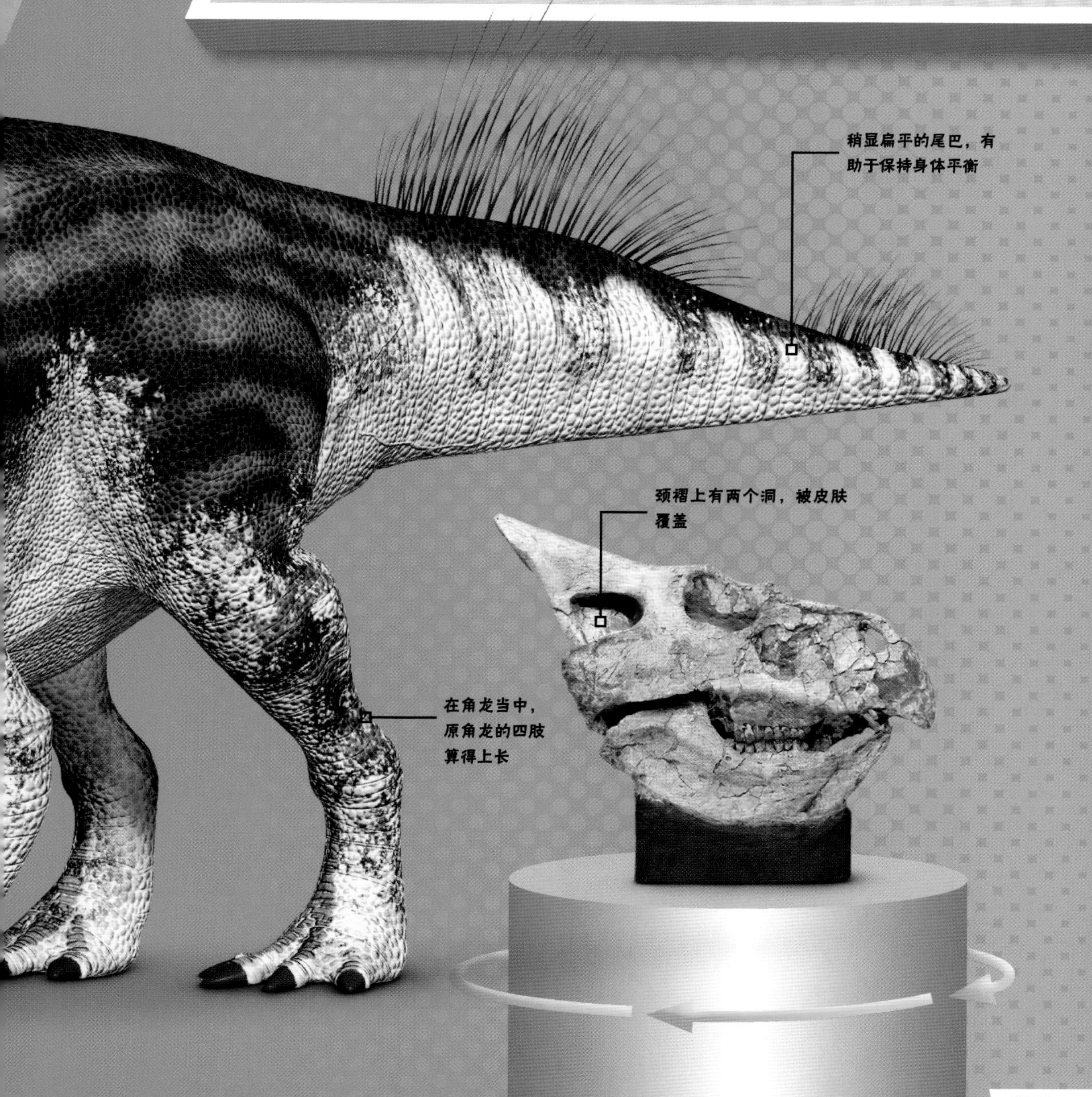

这头腱龙的处境非常危险！那只形同鸟类的攻击者——恐爪龙，虽然体型比腱龙小，但它很聪明，知道自己可以依靠合作狩猎的优势拿下更大的猎物。

恐龙宝宝

恐龙在大小、形状、速度、饮食以及几乎所有其他方面，都有不同表现！但它们有一个共同点——据我们所知，恐龙都会产下硬壳蛋。这些恐龙蛋在形状、大小和颜色方面差别很大。其中蜥脚类恐龙产下的蛋，是我们迄今为止所发现的最大的恐龙蛋。它们又大又圆，比足球还大。

恐龙蛋化石

令人惊讶的是，科学家对恐龙宝宝知之甚少，因为里面有恐龙宝宝的化石蛋非常罕见。即使发现了一个恐龙蛋化石，通常也很难分辨它到底是由哪种恐龙产下的蛋。

下蛋

蛋是由雌性恐龙产下的。大多数蛋窝都很小，但在某些蛋窝里面，一次就可发现30个左右的恐龙蛋。下这么多蛋的一个好处是，至少可以确保其中的一些蛋存活下来，因为恐龙蛋和恐龙幼崽经常被掠食者吃掉。

迄今为止，人们发现的最小的恐龙蛋只有3厘米长，比一个高尔夫球还小，并且没人知道它是哪种恐龙产下的蛋。

恐龙巢穴化石

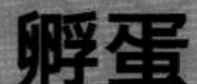

孵蛋

大多数恐龙都不会一直卧在那里孵蛋。如果恐龙父母是沉重的阿根廷龙，这可能倒是件好事！恐龙父母很可能会选一个安全的地方筑巢，它们甚至可能用植物来给自己的蛋保暖。

一些恐龙，如葬火龙，会像鸟儿一样，卧在巢穴里为自己的蛋保温，但这种情形并不常见

恐龙父母

在照顾幼崽方面，大多数恐龙父母都缺乏警觉。幸好，许多恐龙宝宝出生时就能站起来，所以它们不需要太多的照顾。不过，它们可能会受到掠食者的威胁。

成长

小恐龙孵出后长得很快。许多鸭嘴龙，比如慈母龙，宝宝在出生后的头一年，体型会增长三倍以上。

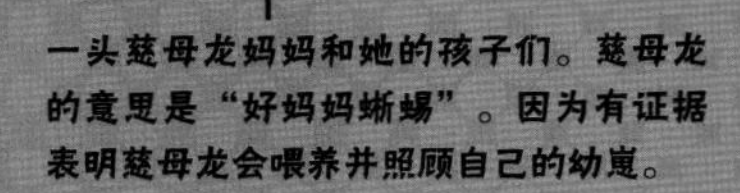

一头慈母龙妈妈和她的孩子们。慈母龙的意思是“好妈妈蜥蜴”。因为有证据表明慈母龙会喂养并照顾自己的幼崽。

奥卡龙

奥卡龙的重量相当于一辆小汽车。虽然我们对它的行为知之甚少，但它很可能捕食其他体型较小的恐龙，甚至可能吃掉其他奥卡龙！

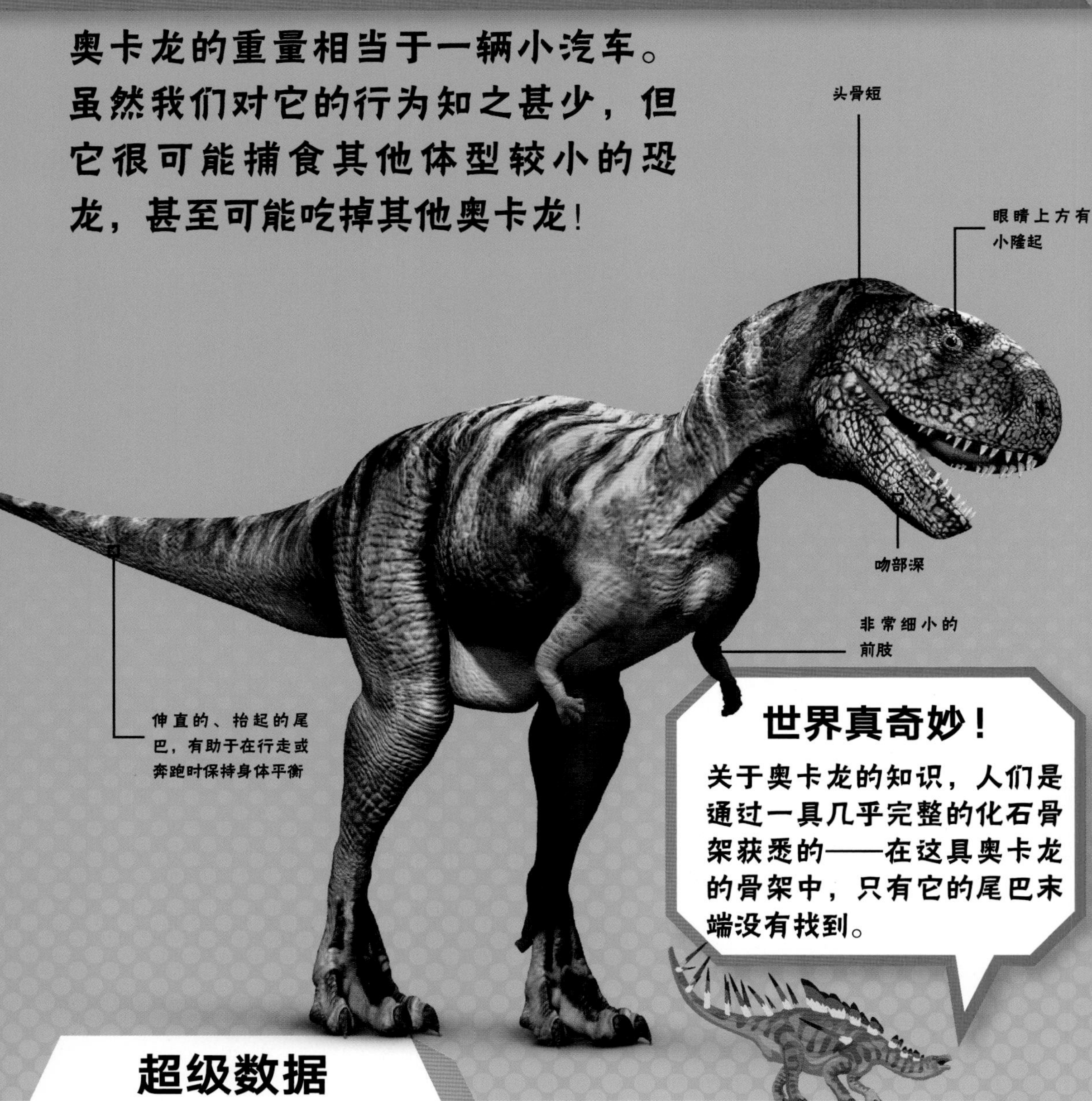

世界真奇妙！

关于奥卡龙的知识，人们是通过一具几乎完整的化石骨架获悉的——在这具奥卡龙的骨架中，只有它的尾巴末端没有找到。

超级数据

名称：奥卡龙

名称的含义：奥卡蜥蜴　时期：白垩纪

身长：约6米　体重：约1000千克　饮食习惯：食肉

栖息环境：陆地　位置：南美洲

动物类型：恐龙

关键种：加氏奥卡龙

伤齿龙

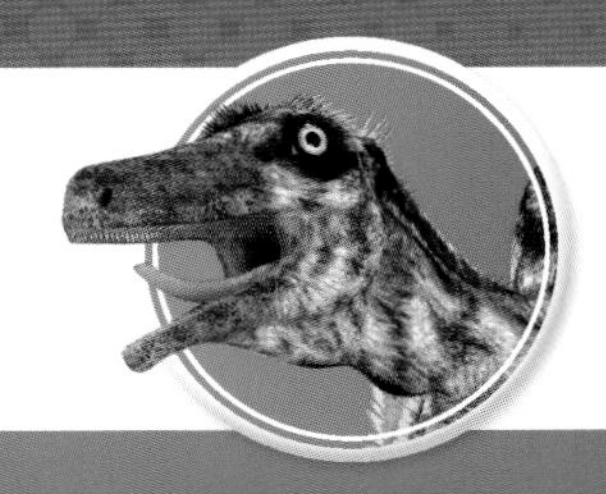

伤齿龙看起来像鸟类一样，并且在恐龙中算得上聪明。由于具有双眼视觉（因为它的两只眼睛可以同时朝前看，就像我们人类一样），它可以看到简单的三维图像。伤齿龙可能是一个机会主义猎手，这意味着它会吃掉任何能找到的食物。

世界真奇妙！

尽管就身体比例而言，伤齿龙的大脑体积很大，但它的智商却和今天的鸡差不多。

超级数据

名称：伤齿龙

名称的含义：带来伤害的牙齿　时期：白垩纪

身长：约1.8米　体重：约50千克　饮食习惯：食肉

栖息环境：陆地　位置：北美洲

动物类型：恐龙

关键种：美丽伤齿龙

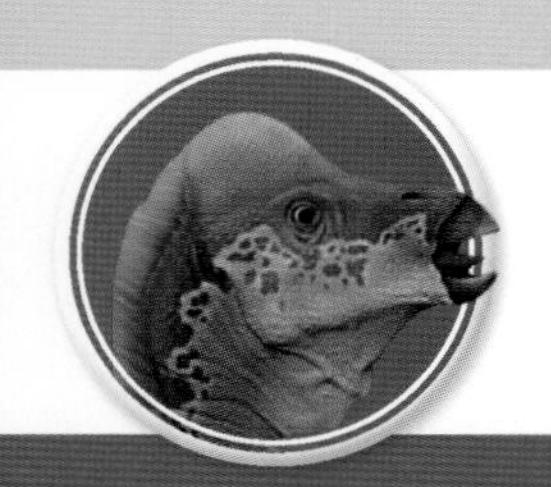

盔龙

又名冠龙、盔首龙、盔头龙、鸡冠龙

为了维持庞大身体的正常运转，盔龙必须不断地进食。盔龙用它的数百颗牙齿咀嚼植物。它以其脑袋上盔状的头冠而得名。

世界真奇妙！

盔龙的头冠里布满了管子，这可能让它能像吹小号一样吹响自己的鼻子。

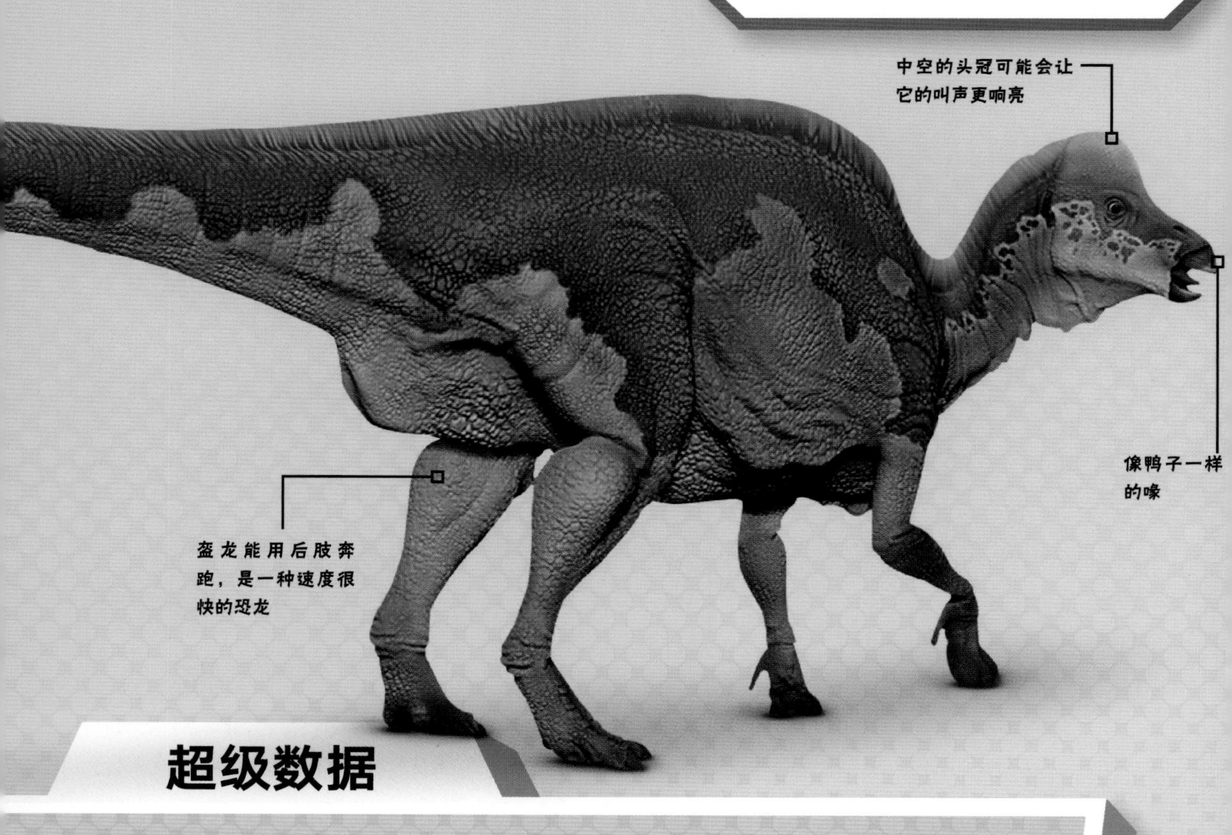

超级数据

名称：盔龙
名称的含义：头盔蜥蜴　时期：白垩纪
身长：约9米　体重：约3500千克　饮食习惯：食草
栖息环境：陆地　位置：北美洲
动物类型：恐龙
关键种：鹤鸵冠盔龙

厚鼻龙

厚鼻龙的脑袋前面没有像其他角龙那样长出犄角，而是有一个又宽又平的隆起，称为鼻突。它可能把这个鼻突作为武器，在争夺配偶或领地的战斗中，用自己的脑袋冲撞对手。

世界真奇妙！

一些厚鼻龙的化石显示，在它们的颈褶中央，长着一个长角。

超级数据

名称：厚鼻龙
名称的含义：厚鼻子蜥蜴　时期：白垩纪
身长：约7米　体重：约3200千克　饮食习惯：食草
栖息环境：陆地　位置：北美洲
动物类型：恐龙
关键种：加拿大厚鼻龙

蝎猎龙

这种可怕的兽脚亚目恐龙的咬合力并不大。除了用嘴咬住猎物之外，它还可能多多少少把自己的脑袋当成一根棍棒，在争斗中凶猛地冲向对方，将其撞碎。

世界真奇妙！

为什么它叫“蝎猎龙”？因为在发现它的地点挖出了很多蝎子。

超级数据

名称：蝎猎龙

名称的含义：蝎子猎手　时期：白垩纪

身长：约6.5米　体重：约1500千克　饮食习惯：食肉

栖息环境：陆地　位置：南美洲

动物类型：恐龙

关键种：普氏蝎猎龙

瘤龙

又名节龙、海王龙

化石表明，这种巨大的海洋爬行动物以各种各样的海洋动物为食，甚至包括其他沧龙！在它的口腔顶部有额外的几排牙齿，可能用来将食物直接送入喉咙。

超级数据

名称：瘤龙
名称的含义：有瘤的蜥蜴　时期：白垩纪
身长：约14米
体重：约9000千克
饮食习惯：食肉
栖息环境：海洋　位置：北美洲
动物类型：史前动物
关键种：普氏瘤龙

世界真奇妙！

一块化石显示，瘤龙身上有菱形的鳞片，类似于现代蛇的鳞片。

棘龙

棘龙体型巨大，是地球上有史以来最大的食肉动物。棘龙喜欢有水的环境，生活在河流和湖泊附近，一天中的大部分时间都在水里捕食鱼虾。

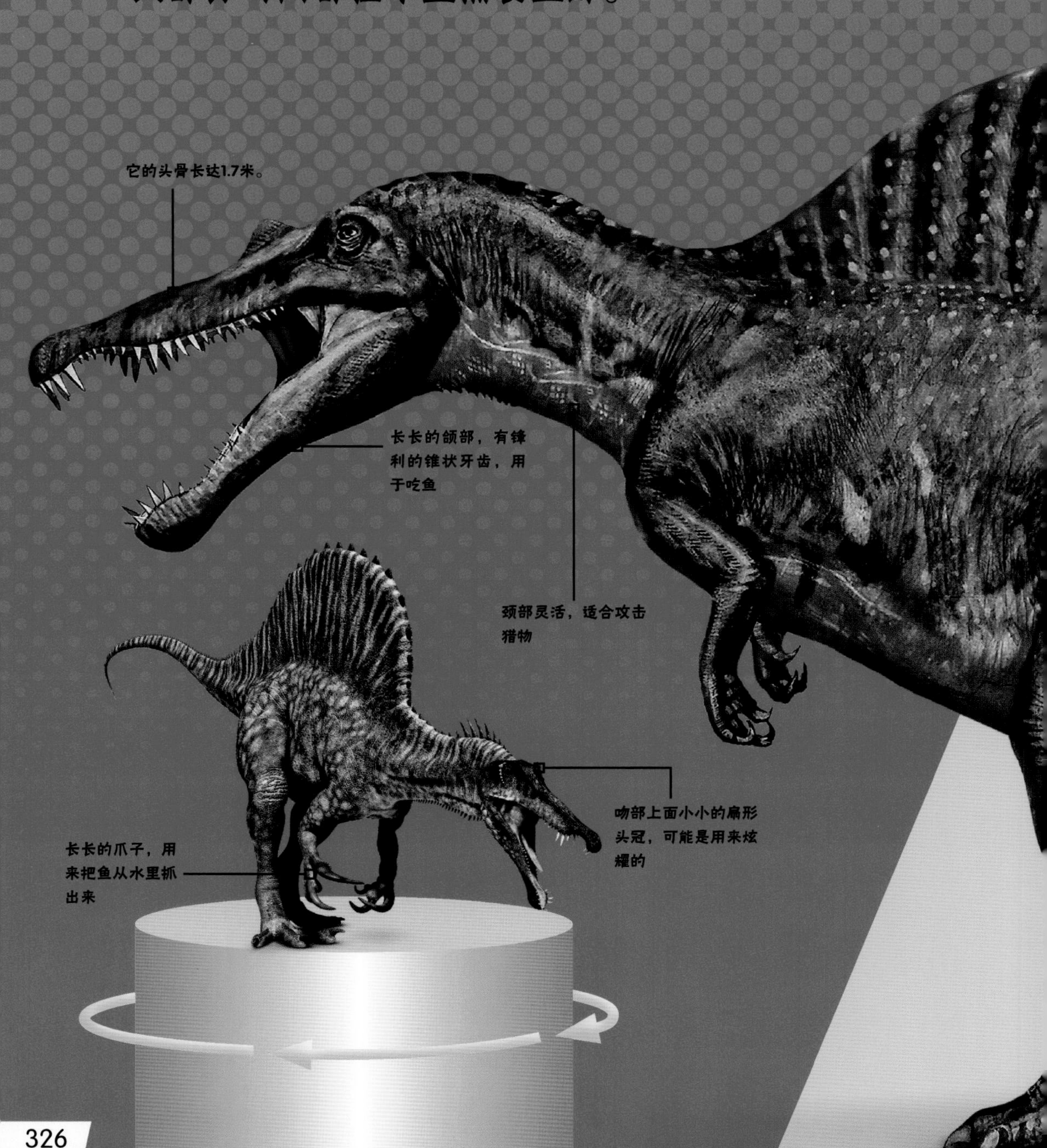

名称：棘龙

名称的含义：有棘的蜥蜴　**时期：**白垩纪

身长：约15米　**体重：**约10,000千克

饮食习惯：食肉

栖息环境：陆地　**位置：**非洲

动物类型：恐龙

关键种：埃及棘龙

世界真奇妙！

棘龙以以大型鱼类为食，比如莫森氏鱼——一条莫森氏鱼可长达6米。

古巨龟

这只巨型海龟有一个巨大的皮质外壳。这个外壳，再加上古巨龟的巨大体型，会让很多掠食者失去兴趣，因为还有其他很多更容易下手的猎物可供它们选择。古巨龟的尖喙非常适合将水母啄成易于吞咽的碎块，如果受到攻击，这个尖喙也能狠狠地朝对方啄上一口。

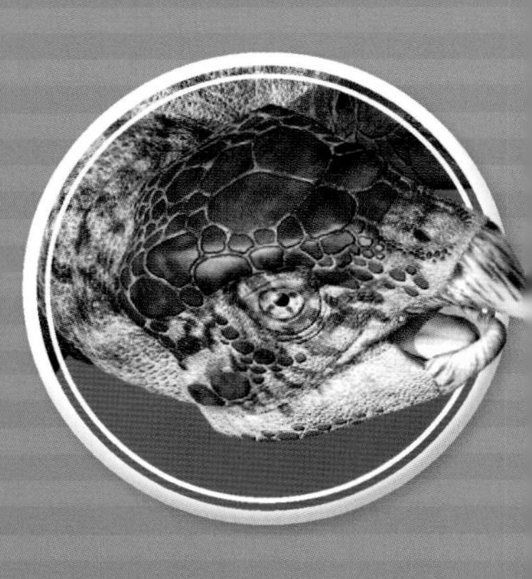

古巨龟：这只善于撕咬的巨型海龟是不会轻易言败的！

战斗吧！

白垩纪的海洋是一个危险的地方，到处都是饥饿的掠食者在寻找它们的下一餐。古巨龟是一种巨型海龟，体型比今天的任何海龟都大。瘤龙属于沧龙家族，是一种食肉的水生动物。

瘤龙

锋利的牙齿和庞大的身躯，使这种巨型沧龙成为当时体型最大、最危险的海洋掠食者。它在白垩纪的海洋中游弋时，会捕获自己遇到的任何大型动物。它甚至可能吃掉那些胆敢闯入海洋的恐龙……

瘤龙：这头深海野兽正向它的猎物步步逼近！

谁会胜出？

在与古巨龟的战斗中，瘤龙绝对是赢家。虽然这只巨型海龟有一个坚硬的外壳，但它不能把自己的脑袋和腿脚缩到壳里躲藏起来。所以，对于白垩纪海洋中体型最大的沧龙之一瘤龙来说，这简直就是一盘嚼起来嘎吱作响的美食。化石表明，瘤龙几乎会吃掉它能抓到的任何动物，包括其他海洋食肉动物，比如蛇颈龙。

雷腿龙

又名壮腿龙、雷脚龙

这种超级蜥脚类恐龙有一个不寻常的特征——它拥有巨大有力的四肢，有助于它在粗糙的地面上行走。

这些食草恐龙的脖子是有史以来最长的

髋骨比类似恐龙的髋骨要大得多

巨大、强壮的四肢

如果把五个10岁普通儿童通过“罗汉”的方式叠一起，大约就和腿龙的身体差不高了。

世界真奇妙！

雷腿龙凭借自己强壮的四肢，或许能向那些靠得太近的掠食者踢上一脚。

超级数据

名称：雷腿龙

名称的含义：雷腿　**时期：**白垩纪

身长：约14米　**体重：**约6100千克　**饮食习惯：**食草

栖息环境：陆地　**位置：**北美洲

动物类型：恐龙

关键种：麦氏雷腿龙

似鹈鹕龙

在这种恐龙的喙里，有一排排牙齿。长在喙后面的牙齿像刀片一样锋利，但喙前面的牙齿则要宽一点。它们能帮助这只食肉动物捕捉猎物。

超级数据

名称：似鹈鹕龙
名称的含义：鹈鹕模仿者
时期：白垩纪
身长：约2.5米
体重：约30千克
饮食习惯：食肉
栖息环境：陆地 位置：欧洲
动物类型：恐龙
关键种：多锯似鹈鹕龙

世界真奇妙！

一些科学家认为，似鹈鹕龙可能把鱼储存在喉咙里，这种做法很像现代的鹈鹕。

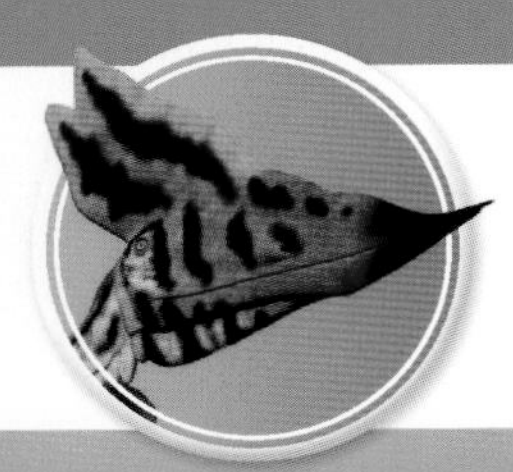

掠海翼龙

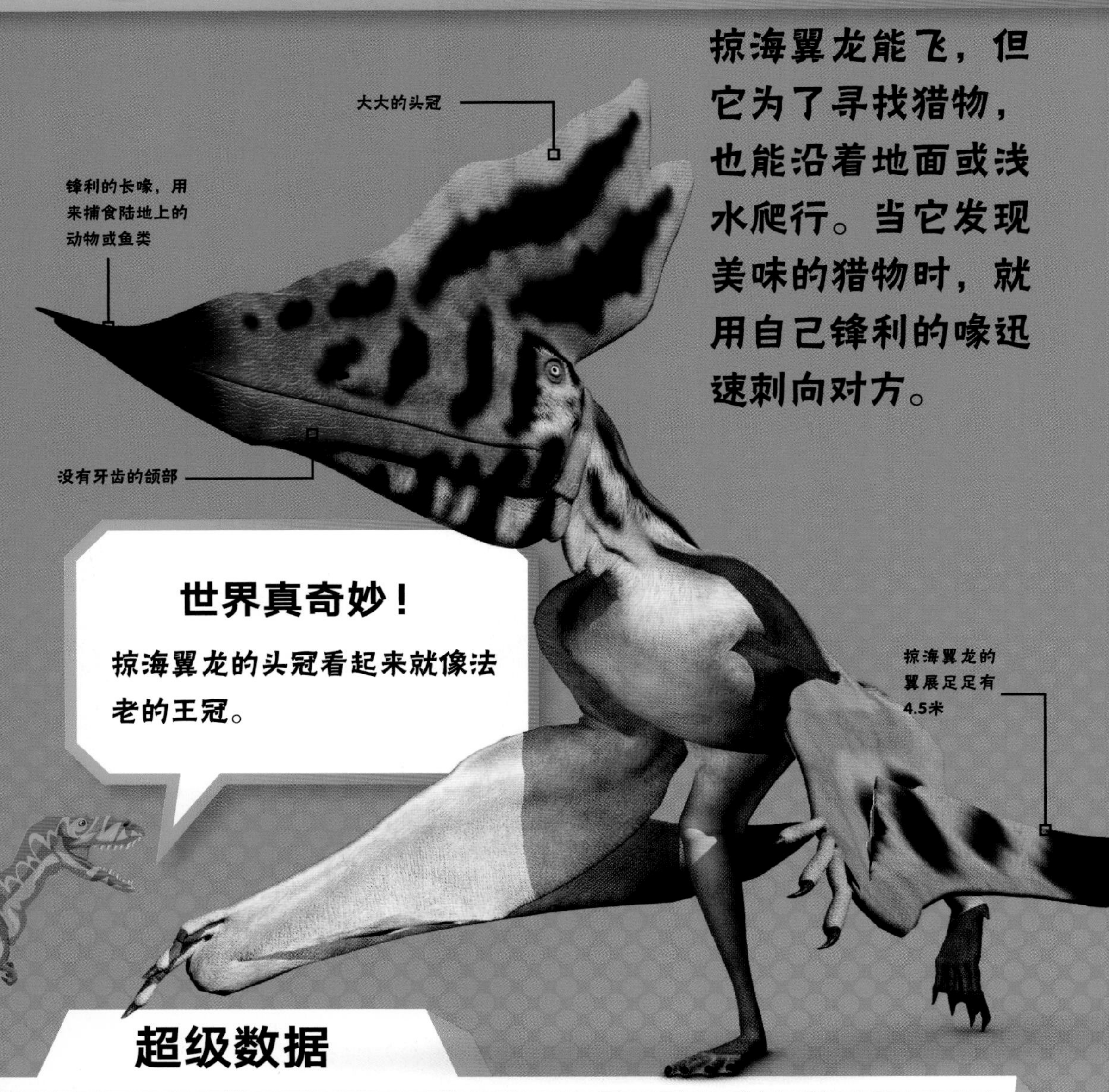

掠海翼龙能飞，但它为了寻找猎物，也能沿着地面或浅水爬行。当它发现美味的猎物时，就用自己锋利的喙迅速刺向对方。

世界真奇妙！

掠海翼龙的头冠看起来就像法老的王冠。

超级数据

名称： 掠海翼龙

名称的含义： 海洋奔跑者　**时期：** 白垩纪

翼展： 约5米　**体重：** 约18千克　**饮食习惯：** 食肉

栖息环境： 陆地/天空　**位置：** 南美洲

动物类型： 史前动物

关键种： 赛特掠海翼龙

帝龙

又名奇异帝龙

帝龙是一种行动迅速、火鸡大小的兽脚亚目恐龙，是已知最小的暴龙之一。尽管帝龙体型不大，但对生活在森林里的小动物来说，它却是一个真正的威胁。帝龙身上覆盖着一层柔软、温暖的羽毛。

锋利的牙齿

皮肤上覆盖着羽毛

前肢短，爪子有三趾，用来抓取食物

在兽脚亚目恐龙中，它的后肢很短

世界真奇妙！

帝龙是最早发现的、身上明显长着羽毛的恐龙之一。

超级数据

名称：帝龙
名称的含义：帝王龙　时期：白垩纪
身长：约2米　体重：约25千克　饮食习惯：食肉
栖息环境：陆地　位置：亚洲
动物类型：恐龙
关键种：奇异帝龙

匈牙利龙

匈牙利龙身披重甲，背部和身体两侧都覆盖着一种叫作“膜质骨板”的坚硬骨板。它生活在植物茂密的洪泛区，每天都在啃食低矮植物。

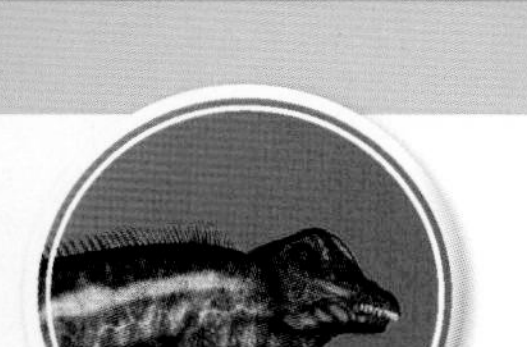

波塞东龙

又名海神龙、蜥海神龙

这种蜥脚类恐龙的脖子很长，它比大多数其他恐龙都要高——足足有七层楼那么高。这个长得不可思议的脖子，让它能够吃到其他食草动物都无法触及的树叶。

鳞状皮肤

世界真奇妙！

多年以来，人们发掘出来的波塞东龙化石只有四块巨大的颈椎骨。

世界真奇妙！

人们在很近的地方发现了四块匈牙利龙化石，所以它们可能过着群居生活。

超级数据

名称：匈牙利龙
名称的含义：匈牙利蜥蜴　时期：白垩纪
身长：约4.5米　体重：约650千克
饮食习惯：食草
栖息环境：陆地　位置：欧洲
动物类型：恐龙
关键种：托氏匈牙利龙

成年波塞东龙可能不会受到其他动物的攻击，因为它的身体比最大的掠食者还要长两倍多

波塞东龙超长的脖子比它的亲戚腕龙还要长三分之一

与身体相比，它的头很小

超级数据

名称：波塞东龙
名称的含义：掌管地震的蜥蜴之神　时期：白垩纪
身长：约32米　体重：约60,000千克
饮食习惯：食草
栖息环境：陆地　位置：北美洲
动物类型：恐龙
关键种：土狼波塞东龙

又宽又圆的脚

波塞东龙的身高可以达到18米，大概是把13个10岁的普通儿童通过“叠罗汉”的方式叠在一起的高度。

肿头龙

头骨很厚的肿头龙可能在战斗中会把脑袋当成武器。在争夺领地的时候，它会用自己厚实的头骨撞向来者。肿头龙的化石非常罕见，迄今为止人们还没有发现它完整的骨骼。

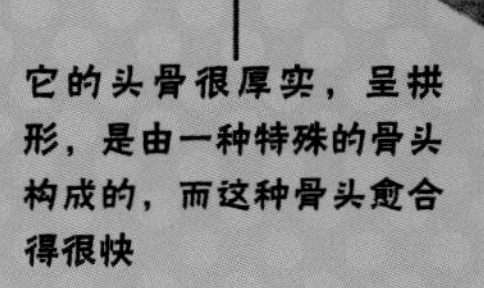

坚硬的喙，用来啄取水果、种子和植物

超级数据

名称：肿头龙

名称的含义：头厚的蜥蜴　时期：白垩纪

身长：约5米　体重：约500千克　饮食习惯：杂食

栖息环境：陆地　位置：北美洲

动物类型：恐龙

关键种：怀俄明肿头龙

僵硬的尾巴，有助于保持身体平衡
世界真奇妙！
人们在一块肿头龙的头骨化石上发现了23处伤痕。
后肢强壮有力
每只脚上都有四个脚趾
头骨厚25厘米，撞击时可以对里面的大脑起到缓冲作用

伤齿龙夫妇可能不得不保护它们的领地，也可能会保护生活在那里的猎物，以免它们受其他饥饿的同伴的攻击。许多现代鸟类也有领地意识，并会为捍卫自己的地盘而展开战斗。

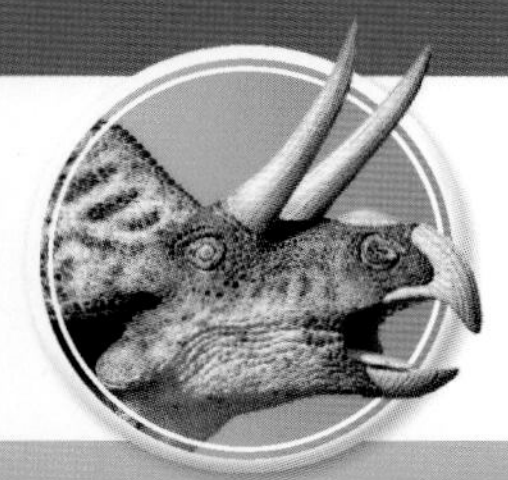

祖尼角龙

祖尼角龙出现的时间比它著名的亲戚三角龙至少早了2500万年。但它比后来的角龙家族成员的体型要小得多，大约和一头奶牛差不多。

世界真奇妙！

第一块祖尼角龙化石是在美国新墨西哥州被一个8岁的孩子发现的。

超级数据

名称：祖尼角龙
名称的含义：来自祖尼部落的有角面孔　**时期**：白垩纪
身长：约3米　**体重**：约200千克　**饮食习惯**：食草
栖息环境：陆地　**位置**：北美洲
动物类型：恐龙
关键种：克里斯托弗祖尼角龙

萨尔塔龙

萨尔塔龙的身体有的地方包裹着一层厚厚的骨板，以保护它免受饥饿的食肉动物的袭击。它的身体很高大，但如果用后肢直立，还能吃到更高处的树叶。

世界真奇妙！

萨尔塔龙的前肢上没有脚趾——那里只剩下光秃秃的一片。

超级数据

名称：萨尔塔龙

名称的含义：来自萨尔塔省的蜥蜴　**时期**：白垩纪

身长：约13米　**体重**：约6700千克　**饮食习惯**：食草

栖息环境：陆地　**位置**：南美洲

动物类型：恐龙

关键种：盾徽萨尔塔龙

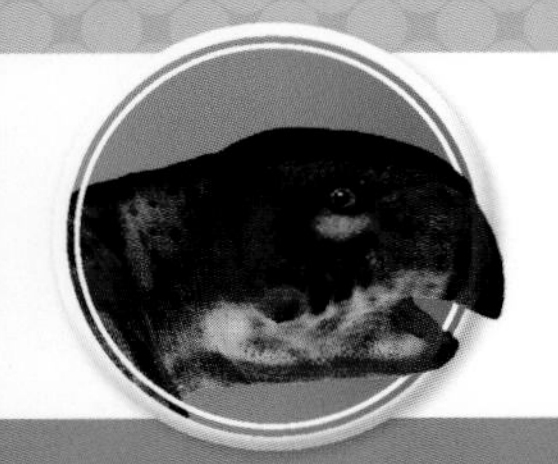

鹦鹉龙

鹦鹉龙的大脑体积大，可能会照顾自己的孩子。人们找到一块化石，上面显示一头成年鹦鹉龙有20多只幼崽。它是食草动物，会用锋利的喙来撕扯植物。

世界真奇妙！

一块化石提供了惊人的发现：鹦鹉龙的身体上部呈深红褐色，但它身体下部的颜色较浅。

镰刀龙

这种兽脚亚目恐龙用后肢站立，然后用巨大的爪子把树枝钩到嘴里，从而吃到树顶的叶子。当然，它的这些爪子也可以用来攻击靠得太近的掠食者。

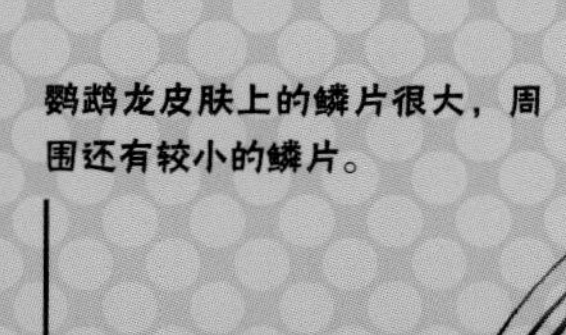

尾巴上有坚硬的刺毛

后肢较长，有厚实的脚趾

超级数据

名称：鹦鹉龙

名称的含义：鹦鹉蜥蜴 时期：白垩纪

身长：约2米 体重：约35千克

饮食习惯：食草

栖息环境：陆地 位置：亚洲

动物类型：恐龙

关键种：蒙古鹦鹉龙

镰刀龙的身体上很可能长着羽毛

世界真奇妙！

镰刀龙具有已知动物中最长的爪子。

超级数据

名称：镰刀龙

名称的含义：镰刀蜥蜴 时期：白垩纪

身长：约10米

体重：约4500千克 饮食习惯：食草

栖息环境：陆地 位置：亚洲

动物类型：恐龙

关键种：龟型镰刀龙

强壮的后肢

浙江翼龙

这种会飞的食鱼恐龙是一种翼龙，而不是恐龙。翼龙是最早能飞上天空的脊椎动物之一，比鸟类早得多。它生活在现在的中国。

世界真奇妙！

浙江翼龙的捕猎方式可能和现代的鹳一样——站在浅水中，用喙刺穿猎物。

超级数据

名称：浙江翼龙

名称的含义：浙江的翅膀 **时期：**白垩纪

翼展：约3.5米 **体重：**约8千克 **饮食习惯：**食肉

栖息环境：陆地/天空 **位置：**亚洲

动物类型：史前动物

关键种：临海浙江翼龙

犹他盗龙

又名犹他龙

这种巨大的、有羽毛的驰龙可能会齐心协力地围捕大型猎物。

世界真奇妙！

犹他盗龙有灵活的脚趾关节，这让它在奔跑时可以收起后肢上的大爪子。

超级数据

名称：犹他盗龙

名称的含义：犹他州的食肉动物　**时期：**白垩纪

身长：约7米　**体重：**约500千克　**饮食习惯：**食肉

栖息环境：陆地　**位置：**北美洲

动物类型：恐龙

关键种：奥斯特罗姆氏犹他盗龙

迅猛龙

迅猛龙体型小巧、长有羽毛，但它们性格凶猛，可能成群狩猎。迅猛龙是行动迅速的掠食者，前后肢上都有超级锋利的爪子。它不会飞，但会用爪子抓住动物。

世界真奇妙！

迅猛龙后肢上有长而弯曲的爪子，可能用于砍割食物以及进行战斗。

名称：迅猛龙

名称的含义：迅速的盗贼　**时期：**白垩纪

身长：约2米　**体重：**约15千克

饮食习惯：食肉

栖息环境：陆地　**位置：**亚洲

动物类型：恐龙

关键种：蒙古迅猛龙

风神翼龙

风神翼龙不仅体型庞大，飞行迅速，而且还能在陆地上捕猎。风神翼龙由于没有牙齿，它会把猎物囫囵吐下，这并不太难，因为它的喙有一架梯子那么长！风神翼龙可以捕食相当大的动物，甚至可能猎杀没有长大的霸王龙。

风神翼龙：这头天空巨兽在陆地上也极其危险！

战斗吧！

风神翼龙在北美上空翱翔，寻找食物。对于这种翼龙来说，年轻的牛角龙看起来像是诱人的猎物，但这种陆地恐龙具有击退掠食者的能力。

牛角龙

牛角龙是一种大型的披甲角龙，有令人印象深刻的颈褶和长角。它拥有所有已知陆地动物中最大的头骨。牛角龙用它的颈褶向同类炫耀，锋利粗壮的犄角则是用来对付大多数掠食者的。

牛角龙：这头身披重甲的野兽可以把脑袋当成防御武器！

谁会胜出？

风神翼龙会在牛角龙的上方展开攻击。它有长长的喙，这意味着它不需要和对方靠得太近。然而，如果魁梧的牛角龙真的击中了这头翼龙柔软的腹部，也会给它造成严重的伤害。尽管风神翼龙体型庞大，但缺少牙齿，这才是问题的关键。牛角龙巨大的头骨加上犄角和颈褶，不适合风神翼龙一口吞下，这就使得这头天空怪兽的心愿不可能实现。

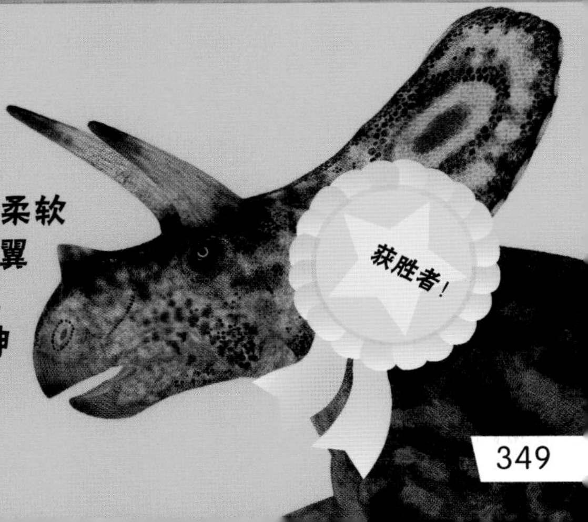

恐龙的灭绝

大约6600万年前，一颗有珠穆朗玛峰大小的小行星撞向了墨西哥。这场撞击产生的冲击如此巨大，以至于引起了巨大的潮汐，在世界各地引发了山林野火，并将炽热的灰烬抛入了地球的大气层。这次灾难导致了所有不会飞的恐龙和许多其他物种走向灭绝。

气候变化

这颗小行星永久地改变了地球的气候。撞击释放的尘埃和气体挡住了太阳，降低了地球的温度。这意味着许多植物和动物无法继续生存。

世界真奇妙！

小行星的撞击留下了一个大洞，被称为陨石坑。它的直径为160千米，仍然位于墨西哥尤卡坦半岛的下方，被称为“希克苏鲁伯陨石坑”。

新生命秩序

那些能够在不断变化的环境中找到栖身之所并生存下来的生物，得以繁衍生息。其中包括许多哺乳动物、鸟类、昆虫和爬行动物，如海龟。

伪齿鸟的颌部有尖牙状结构，生活在新近纪

这头长颈蛇颈龙是在侏罗纪的海洋中发现的

在地球气候变化中无法生存的不仅仅是恐龙。令人难以置信的是，75%的物种都灭绝了，包括翼龙、沧龙、蛇颈龙和菊石。

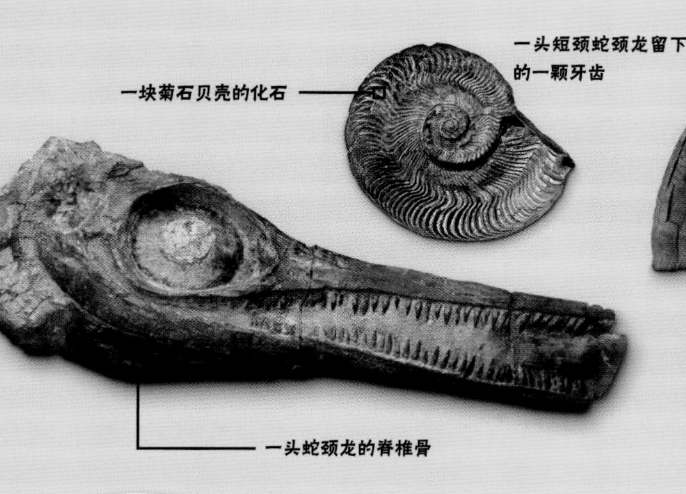

一块菊石贝壳的化石

一头蛇颈龙的脊椎骨

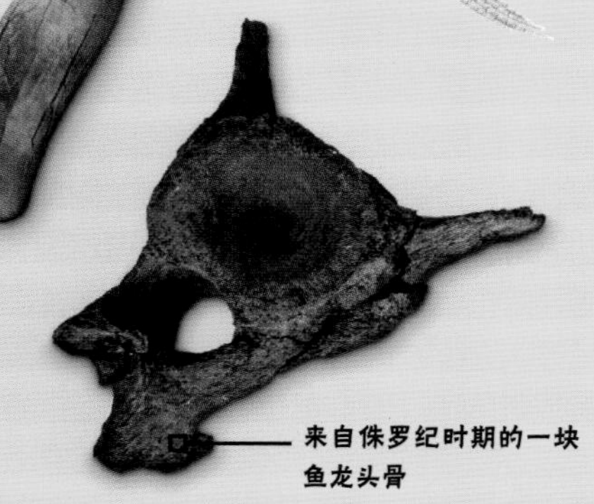

一头短颈蛇颈龙留下的一颗牙齿

来自侏罗纪时期的一块鱼龙头骨

恐龙灭绝

尽管许多恐龙被小行星直接杀死，但这次撞击对地球气候的影响才是它们灭绝的根本原因。由于可供食用的植物减少，大型食草动物首先死亡。这使得食肉动物没有食物可吃，所以它们也跟着灭亡。

新生代

大约6600万年前，一颗小行星撞上了地球。它导致天气发生剧烈变化、野火四处蔓延以及食物供应大幅减少。这意味着白垩纪时代的结束，而我们所知道的恐龙也因此而灭绝。随着新生代的到来，其他生物也开始蓬勃发展，比如早期的哺乳动物、昆虫和爬行动物。然而，有一组恐龙也幸存了下来，那就是——鸟类。

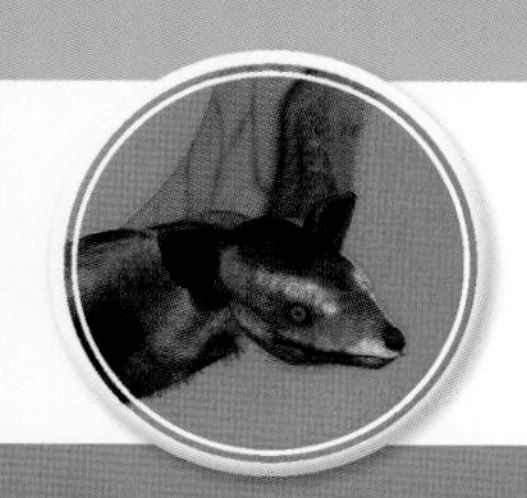

伊神蝠

5000多万年前，伊神蝠在黑暗中滑翔，用它敏感的耳朵探测林地里的昆虫。它与今天的蝙蝠一样，长着一对大翅膀，拥有飞行和狩猎本能。

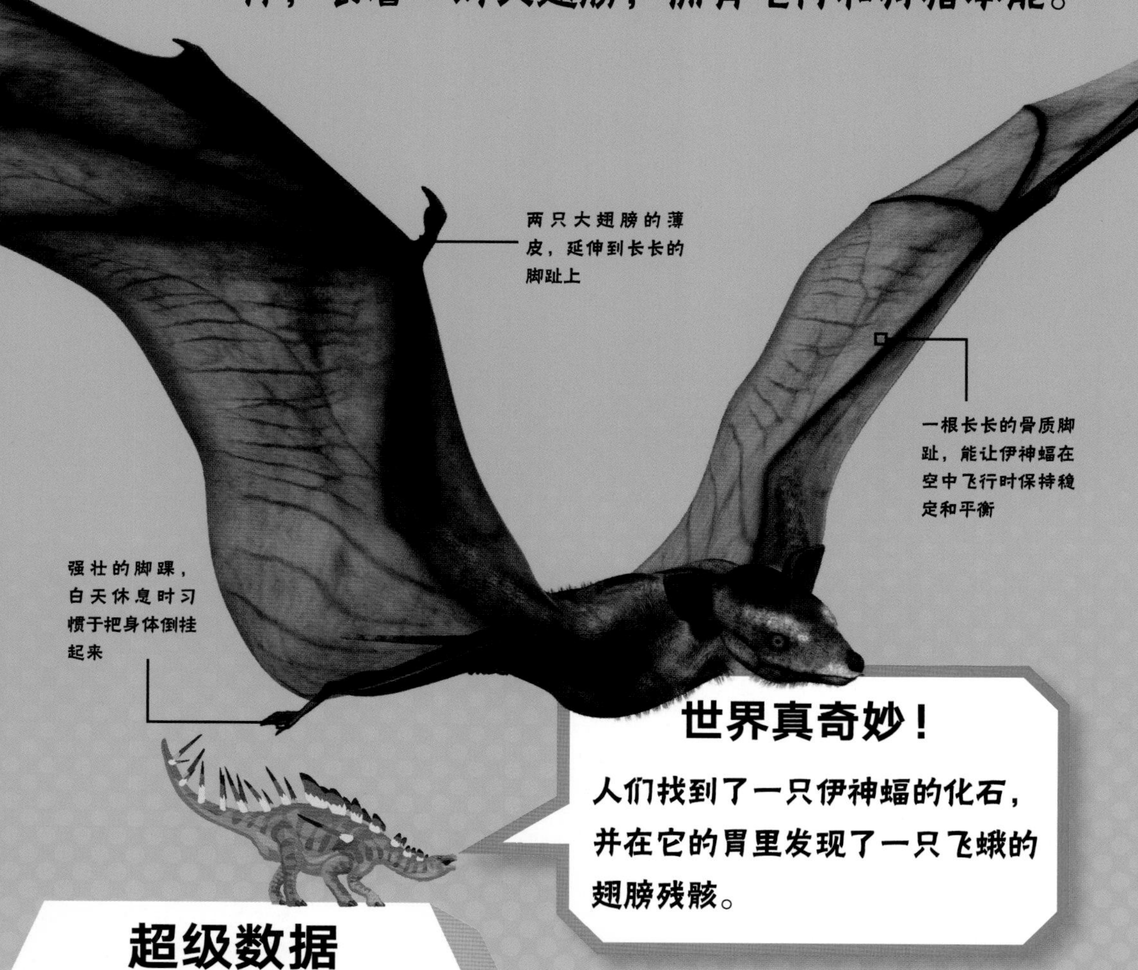

世界真奇妙！

人们找到了一只伊神蝠的化石，并在它的胃里发现了一只飞蛾的翅膀残骸。

超级数据

名称： 伊神蝠

名称的含义： 夜航者伊卡洛斯　**时期：** 古近纪

身长： 约37厘米　**体重：** 约20克　**饮食习惯：** 食肉

栖息环境： 陆地/天空　**位置：** 北美洲、欧洲和亚洲

动物类型： 史前动物

关键种： 食指伊神蝠

恐狼

又名惧狼、怖狼

许多冰河时代的生物都生活在对这种嗜血的史前食肉动物的恐惧之中。恐狼比现代狼更大、更重，它能嗅出猎物的味道，并成群结队地长距离奔袭。

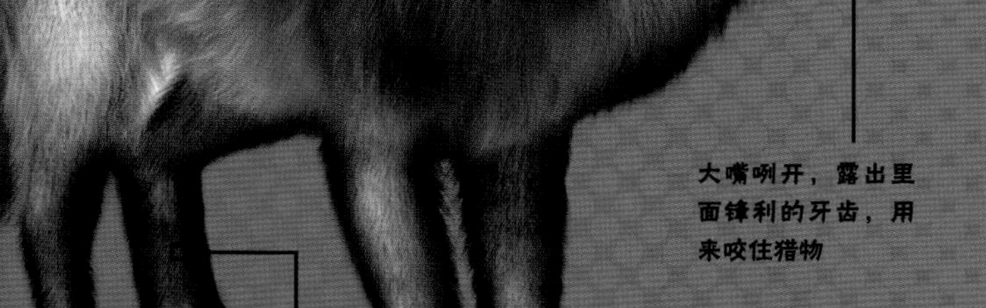

世界真奇妙！

恐狼曾与剑齿类猫科动物战斗，这是在早期的猫狗之间发生的最激烈的冲突。

超级数据

名称：恐狼

名称的含义：令人恐怖的狼　时期：新近纪

身长：约1.8米　体重：约75千克　饮食习惯：食肉

栖息环境：陆地　位置：北美洲

动物类型：史前动物

关键种：迪鲁斯恐狼

始祖象

始祖象看起来很奇怪，就像河马和猪的杂交后代，但它生活在沼泽、水塘和河流之中。它有厚厚的嘴唇和长长的牙齿，非常适合捕食水生植物。

世界真奇妙！

始祖象是现代大象的远亲。

超级数据

名称：始祖象
名称的含义：来自摩尔里斯湖的野兽　时期：古近纪
身长：约2.3米　体重：约235千克　饮食习惯：食草
栖息环境：陆地/淡水　位置：非洲
动物类型：史前动物
关键种：莱氏始祖象

剑棱象

剑棱象很独特，因为它有四根巨大的象牙。剑棱象在森林中穿梭，利用它高大的体型和长长的鼻子去吃最高处的树叶。

超级数据

名称： 剑棱象
名称的含义： 屋顶下的四根象牙
时期： 新近纪
身长： 约7米
体重： 约10,000千克
饮食习惯： 食草
栖息环境： 陆地　**位置：** 非洲、欧洲和亚洲
动物类型： 史前动物
关键种： 沙漠剑棱象

柔软的鼻子，用来采摘植物和喝水

两对长牙，分别从它的上颌和下颌伸出

世界真奇妙！

人们已经发现了可能由至少14头剑棱象留下的脚印，这些脚印可以追溯到大约700万年前。

长颈古犀

又名长颈犀形兽、长颈副巨犀

这种史前犀牛不像现代犀牛那样长着犄角。长颈古犀可能是有史以来体型最大的陆地哺乳动物，它比两个人还高，体重相当于五头大象。它长有又大又钝的牙齿，利于它从树上摘取叶子。

超级数据

名称：长颈古犀

名称的含义：几乎无角的野兽　时期：古近纪

身长：约8米　体重：约20,000千克　饮食习惯：食草

栖息环境：陆地　位置：亚洲

动物类型：史前动物

关键种：布格蒂长颈古犀

前弯角古羚羊

头上那些独特的犄角使这种古老的羚羊类动物有别于其他史前食草动物。两只弯曲的犄角盘在前弯角古羚羊的头上，而另两只较小的犄角则从它的鼻子上面向上翘起。

世界真奇妙！

前弯角古羚羊用它这些特别的犄角来与同伴搏斗，争夺配偶，或是吓跑掠食者。

超级数据

名称：前弯角古羚羊
名称的含义：向前弯曲的角　**时期：**新近纪
身长：约1.6米　**体重：**约100千克　**饮食习惯：**食草
栖息环境：陆地　**位置：**北美洲
动物类型：史前动物
关键种：情侣前弯角古羚羊

剑齿虎

剑齿虎让其他史前生物感到恐惧。这种剑齿类猫科动物，长着匕首般的犬齿，让人一眼就能认出来。它是一名熟练的猎手，在草原和森林中追捕鹿、貘和马。它躲在灌木丛后面，然后突然发起攻击，对着猎物的喉咙就咬，可一口致命。

两颗锋利的犬齿，是剑齿虎刺杀和切割猎物的终极武器

爪子强壮有力，能将挣扎的猎物牢牢按在地上

世界真奇妙！

剑齿虎张开的嘴几乎是现代老虎的两倍宽。这让猎物没有机会逃脱它的血盆大口。

超级数据

名称：剑齿虎

名称的含义：剑一样的牙齿　时期：第四纪

身长：约2米　体重：约430千克

饮食习惯：食肉

栖息环境：陆地　位置：北美洲和南美洲

动物类型：史前动物

关键种：毁灭剑齿虎

强壮的颈部肌肉，使剑齿虎在攻击猎物时能占据上风

我们在书中看到的剑齿虎身上通常都带有斑点，但它真实的毛皮可能没有任何装饰或只有条纹

它的犬齿长达28厘米

剑齿虎

凶猛的剑齿类猫科动物中没有比它更致命的了。这种猛兽有一对巨大的犬齿，用来刺穿猎物，给对方造成毁灭性的打击。由于身体肌肉发达、四肢强壮有力、爪子尖锐锋利，剑齿虎在打斗中占尽优势。饥饿时便在森林中游荡，当发现了猎物的踪迹后，快速发起攻势。

剑齿虎：这种长着剑齿的掠食者，没有给猎物留下任何逃脱的机会。

战斗吧！

剑齿虎速度很快，超级狡猾，而且长着可怕的利齿。猛犸象以巨大的体型以及恐怖的象牙作为武器。如果它们相遇，可能会发生一场血战。

猛犸象

当心猛犸象那两只巨大的象牙！这种巨型武器会对掠食者造成严重的伤害，能撞进敌人的身体并折断它们的骨头。猛犸象是一种食草动物，不会捕猎，但它巨大的体型向掠食者发出了警告。

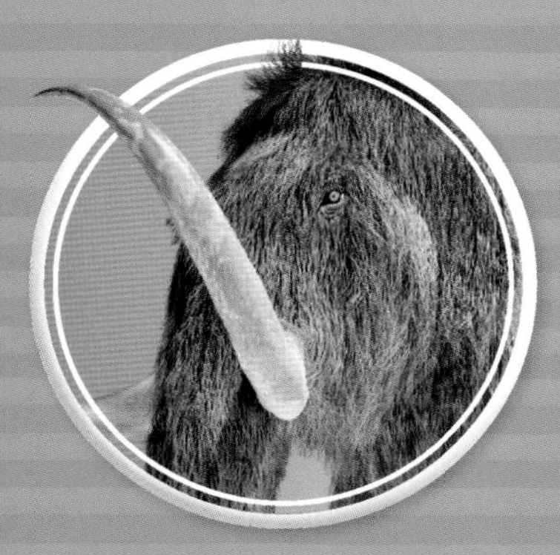

科学家们认为，它的象牙可能是弯曲的，可以将雪从草地上推开

猛犸象依靠它庞大的身躯、巨大的四肢、蓬松的毛皮和可怕的象牙来保护自己

一根猛犸象的象牙打破了纪录——长达4米

猛犸象：长着象牙的猛犸象可以与对方一搏！

谁会胜出？

在一对一的战斗中，猛犸象可以很轻松地凭借自己的力量和致命长牙把剑齿虎赶走。但是，如果剑齿虎是和几个朋友一起来的，并且成群攻击，那么猛犸象的处境可就危险了。由于有那么多的敌人撕咬它的身体，这头食草动物没有获胜的机会。在像猛犸象这样的大餐面前，剑齿虎极有可能赢得这场战斗。

获胜者！

哺乳动物

当恐龙在地球上游荡的时候，一些像老鼠一样的小型哺乳动物也在四处乱窜。一旦那些“可怕的蜥蜴”灭绝了，就该轮到哺乳动物们登场亮相了。在接下来的6600万年里，由于没有凶猛的恐龙和海洋爬行动物来捕食它们，哺乳动物进化成了体型更大的生物。于是，无论是在陆地上，还是在海洋里，它们都演变成了可怕的生物。

大带齿兽

大带齿兽是最早的哺乳动物之一，它长得像老鼠，从三叠纪晚期到侏罗纪早期，这种动物就在地下挖洞，希望能逃脱恐龙的捕食。

爬兽

这种和狼獾差不多大的哺乳动物并不会总是躲避恐龙。一头爬兽的化石显示，它的胃里有一只鹦鹉龙幼崽，这表明它会以小恐龙为食。

猛犸象

食草的猛犸象生活在冰河时代。这种动物也被称为长毛象，因为它有一身长而蓬松的毛皮。

龙王鲸

生活在海洋中的龙王鲸是一种长达18米的鲸鱼，拥有锋利的牙齿和巨大的咬合力。它的身体长而灵活，但后鳍很小。

大地懒

这种食草动物和大象一样大，被称为巨型地懒。大地獭把自己的尾巴当作额外的一条腿，这样它就可以吃到高处的叶子了。

为什么哺乳动物能存活下来？

几乎所有的恐龙都在小行星撞击地球后灭绝了，因为撞击产生的尘埃挡住了阳光。但一些体型较小的生物，比如穴居的哺乳动物，能够在地下找到食物，并发现更好的生存条件。

长颈古犀

长颈古犀是有史以来最大的陆地哺乳动物。这种食草动物可以触及比长颈鹿还高的地方，以树冠的叶子为食。

剑齿虎

剑齿虎是最大的剑齿类猫科动物，早在250万年前就开始恐吓其他动物。它巨大的牙齿具有极大的杀伤力。

龙王鲸

又名械齿鲸

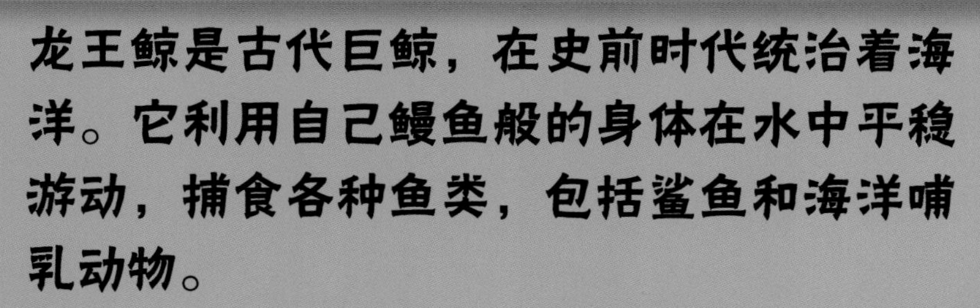

龙王鲸是古代巨鲸，在史前时代统治着海洋。它利用自己鳗鱼般的身体在水中平稳游动，捕食各种鱼类，包括鲨鱼和海洋哺乳动物。

头骨长达1.5米

颌部很大，里面长满锯齿状牙齿，可以抓住大型猎物

长而光滑的身体，使龙王鲸成为出色的游泳者

龙王鲸身体前面的鳍状肢有肘关节，就像今天的海豹一样

世界真奇妙！

龙王鲸是第一种能够生活在海洋中的鲸鱼，它的后肢太弱，无法在陆地上行走。

超级数据

名称： 龙王鲸

名称的含义： 帝王蜥蜴　**时期：** 古近纪

身长： 约18米　**体重：** 约18,000千克　**饮食习惯：** 食肉

栖息环境： 海洋　**位置：** 全世界

动物类型： 史前动物

关键种： 西陶德龙王鲸

巨齿鲨

史前时期的终极海洋“猎手”是体型庞大的巨齿鲨。作为最大、最重的一种鲨鱼，它有超强的感官，适合在最深、最暗的水域猎杀海洋生物。

世界真奇妙！

巨齿鲨的身体是噬人鲨的三倍长。

超级数据

名称：巨齿鲨

名称的含义：大牙齿　**时期**：新近纪

身长：约18米　**体重**：约50,000千克　**饮食习惯**：食肉

栖息环境：海洋　**位置**：全世界

动物类型：史前动物

关键种：奥托斯巨齿鲨

达尔文猴

达尔文猴在史前森林中穿梭，寻找可食用的水果和树叶。这种古老的灵长类动物看起来有点像现代的狐猴，但令人惊讶的是，它是人类的远亲。

世界真奇妙！

达尔文猴的命名是为了庆祝博物学家查尔斯·达尔文诞生200周年。

超级数据

名称：达尔文猴
名称的含义：纪念查尔斯·达尔文　**时期：**古近纪
身长：约58厘米　**体重：**约900克　**饮食习惯：**食草
栖息环境：陆地　**位置：**欧洲
动物类型：史前动物
关键种：麦塞尔达尔文猴

犹因他兽

又名尤因它兽

犹因他兽是一种强大的哺乳动物，在草原和沼泽上吃草。虽然它有锋利的犬齿来对抗攻击，但它的体型本身就足以吓跑大多数强敌。

世界真奇妙！

雄性犹因他兽头骨上的六只坚硬犄角，可能被当作武器，用来和同伴对抗。

超级数据

名称：犹因他兽
名称的含义：犹因他山脉的野兽　**时期：**古近纪
身长：约4米　**体重：**约2000千克　**饮食习惯：**食草
栖息环境：陆地　**位置：**北美洲和亚洲
动物类型：史前动物
关键种：剑形犹因他兽

完齿兽

又名全齿兽、巨豨或完齿猪

完齿兽是史前平原上的一种可怕动物。这种哺乳动物长得像野猪，既啃食植物，也猎杀动物。它体型庞大，生性凶猛，总是准备战斗，而且通常会赢。

巨大的脑袋，两颊上都覆盖着凸起的瘤块

它的吻部如果张开，会露出不同类型的危险牙齿

世界真奇妙！

完齿兽被称为“来自地狱的猪”，因为它非常好斗。

超级数据

名称： 完齿兽

名称的含义： 完整的牙齿　**时期：** 古近纪

身长： 约2.3米　**体重：** 约550千克　**饮食习惯：** 杂食

栖息环境： 陆地　**位置：** 欧洲和亚洲

动物类型： 史前动物

关键种： 巨型完齿兽

恐鹤

又名骇鸟、恐怖鸟

恐鹤属于史前食肉动物，是一种不会飞的鸟。然而，它比草原上的任何猎物都跑得快。恐鹤巨大的爪子和锋利的喙是它的完美工具，可以用来捕捉和吞咽猎物，比如小型哺乳动物。

世界真奇妙！

恐鹤被称为“恐怖鸟”，因为它拥有很大的喙、可怕的爪子以及超强的胃口。

超级数据

名称：恐鹤

名称的含义：长皱纹的家伙　时期：新近纪

身长：约2.5米　体重：约130千克　饮食习惯：食肉

栖息环境：陆地　位置：南美洲

动物类型：史前动物

关键种：长腿恐鹤

猛犸象

又名长毛猛犸象

猛犸象，又称长毛猛犸象，在40万至4万年前的冰河时代一直存在。它拥有庞大的躯体、巨大的象牙和强壮的象鼻，看起来有点像现代的亚洲大象，但这种野兽身体更重、毛发更多！

超级数据

名称：猛犸象

名称的含义：大地之角　时期：第四纪

身长：约4米　体重：约6000千克

饮食习惯：食草

栖息环境：陆地　位置：亚洲、欧洲和北美洲

动物类型：史前动物

关键种：真猛犸象

弯曲的象牙长达4米

世界真奇妙！

大约在公元前2500年，也就是古埃及建造吉萨金字塔的时候，猛犸象还在地球上游荡。

肩高达到3.4米

灵活的象鼻，用来喂食

保存在冰块中的神奇化石，为人们提供了比任何其他史前哺乳动物都更多的参考信息

恐狼是新生代众多掠食者之一。这种像狼的生物既会在开阔的平原上四处搜寻食物，也会成群结队地合作狩猎，以杀死最大的哺乳动物，其中可能包括年轻的猛犸象。

巨齿鲨

巨齿鲨是有史以来最大的鲨鱼。它还拥有所有动物中最强的咬合力，大约是霸王龙的3倍。它用一排排锋利的牙齿捕食猎物，而这些牙齿在变钝之前，就会被长出的新牙替换掉。就像它的现代亲戚大白鲨一样，巨齿鲨能够感知周围的猎物并对其进行跟踪——即使在黑暗中，它的攻击也非常精准。

巨齿鲨：这头巨型鲨鱼会朝毫无戒备的猎物发动猛攻！

战斗吧！

在中新世时期，秘鲁海岸的水域被两种巨大的生物统治着，即巨齿鲨和利维坦鲸。因此可以肯定，这两头巨大的海洋杀手肯定会当面发生冲突。

利维坦鲸

利维坦鲸作为一种顶级掠食者统治着海洋。它会用巨大的牙齿杀死大型猎物，包括其他鲸鱼。科学家们认为，利维坦鲸可能掌握了追踪和狩猎的本领：它可能会先锁定一个目标进行追逐，使其疲惫不堪，然后再进行杀戮，类似于现代虎鲸的捕猎方式。无论它采取哪种捕猎方式，利维坦鲸都是可怕的。

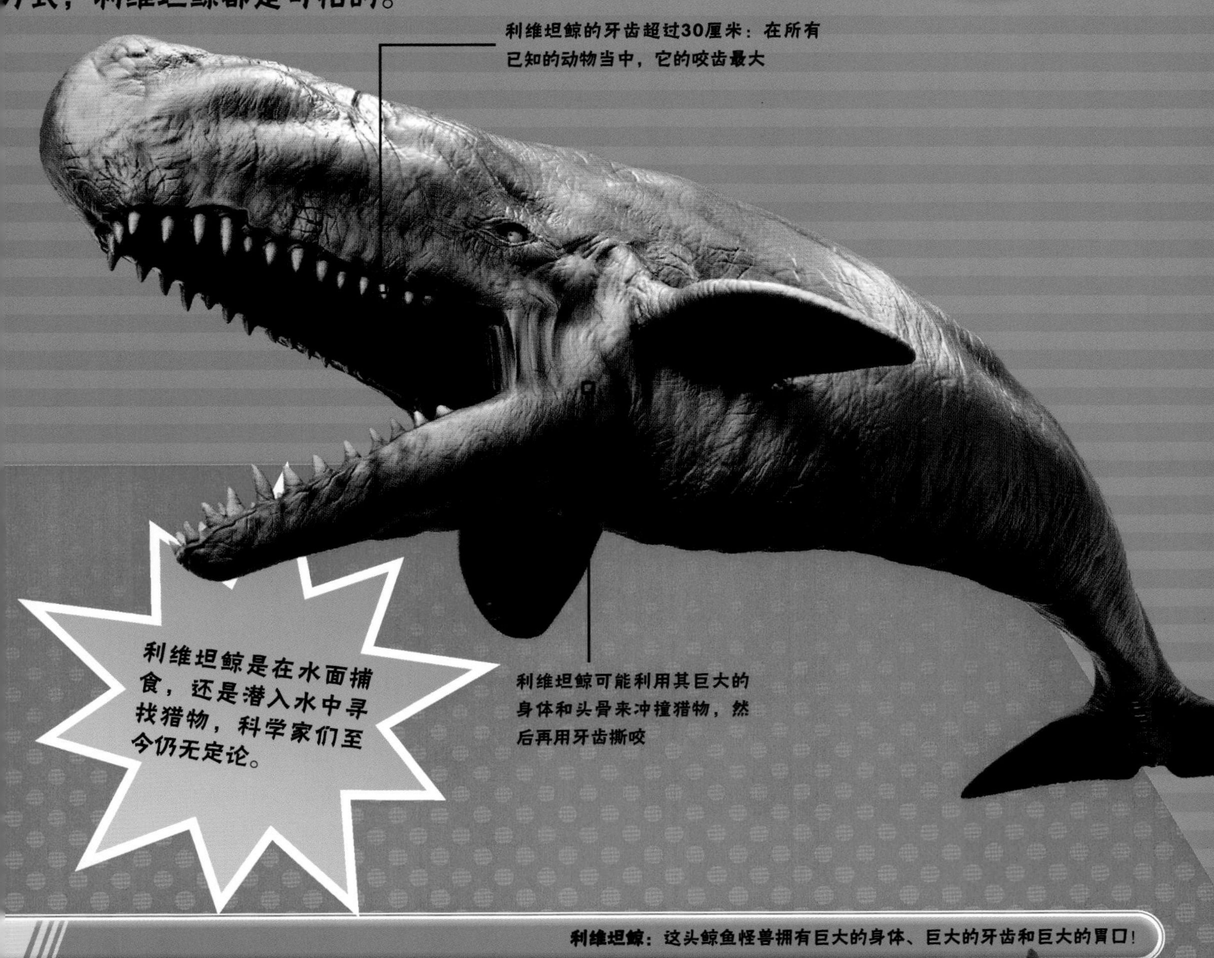

利维坦鲸：这头鲸鱼怪兽拥有巨大的身体、巨大的牙齿和巨大的胃口！

谁会胜出？

利维坦鲸的牙齿更大，并且作为哺乳动物，它的大脑容量也更大。但巨齿鲨的咬合力更强，再加上鲨鱼4.2亿年的进化历史，它已经变成了一个出色的海洋杀手。如果巨齿鲨发起突然袭击，它可以撕下利维坦鲸的一条鳍，从而赢得这场激烈的对决。

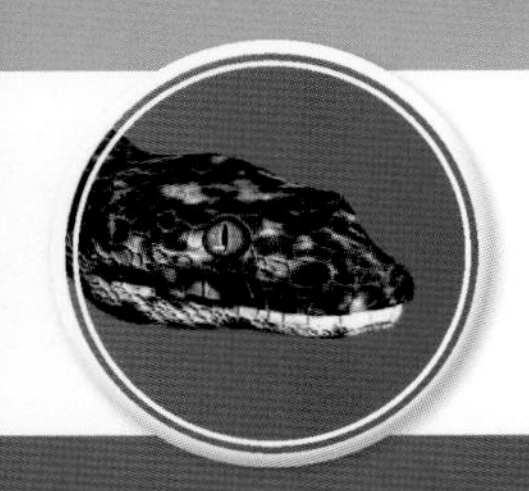

泰坦巨蟒

这条超级大蛇是有史以来最大、最长、最重的蛇。泰坦巨蟒是当今蟒蛇的远亲，但长度是后者的3倍，重量更是后者的20倍。

世界真奇妙！

人们发现的第一批泰坦巨蟒的骨骼实在太大了，以致科学家们最初误以为它们是鳄鱼的骨头。

超级数据

名称： 泰坦巨蟒
名称的含义： 巨大的蟒蛇　**时期：** 古近纪
身长： 约14米　**体重：** 约1150千克　**饮食习惯：** 食肉
栖息环境： 陆地　**位置：** 南美洲
动物类型： 史前动物
关键种： 塞雷洪泰坦巨蟒

熊齿兽

又名巨型短面熊、噬牛熊、育空短面熊

在冰河时期，熊齿兽是陆地上最大、最强壮的掠食者之一。这种大熊捕食猎物，或者以其他掠食者的残羹剩饭为食。

世界真奇妙！

我们知道熊齿兽可以在短时间内快速奔跑，但古生物学家尚不能确定它的最高速度是多少。

超级数据

名称：熊齿兽

名称的含义：熊的牙齿　**时期：**第四纪

身长：约3.4米　**体重：**约900千克　**饮食习惯：**杂食

栖息环境：陆地　**位置：**北美洲

动物类型：史前动物

关键种：巨型熊齿兽

雕齿兽

这只古老的批甲犰狳和一辆小型轿车一样大。当雕齿兽在沼泽和森林里吃枝繁叶茂的植物时，其巨大的圆顶外壳能给它提供保护作用。

世界真奇妙！

雄性雕齿兽用骨状的尾巴作为武器，互相争夺领地。

超级数据

名称： 雕齿兽

名称的含义： 雕刻的牙齿　**时期：** 第四纪

身长： 约3.5米　**体重：** 约2000千克　**饮食习惯：** 食草

栖息环境： 陆地　**位置：** 北美洲和南美洲

动物类型： 史前动物

关键种： 棒尾雕齿兽

乳齿象

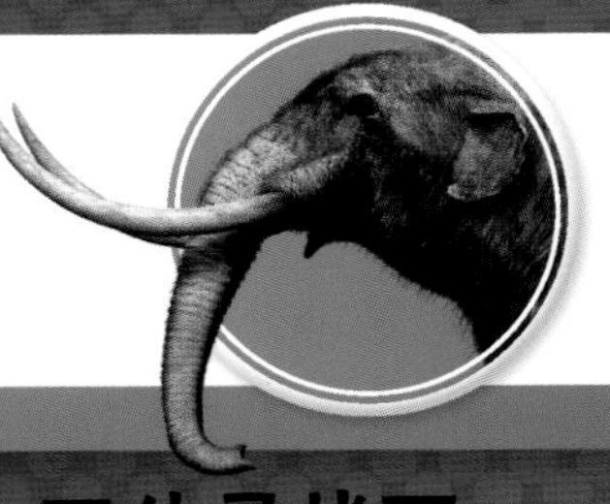

雄伟的乳齿象在冰河时代迈着沉重的步伐，四处寻找可以咀嚼的植物。它们和现代大象一样高大，经常被误认为是猛犸象。但是，乳齿象比猛犸象体型小，脑袋也比猛犸象扁。

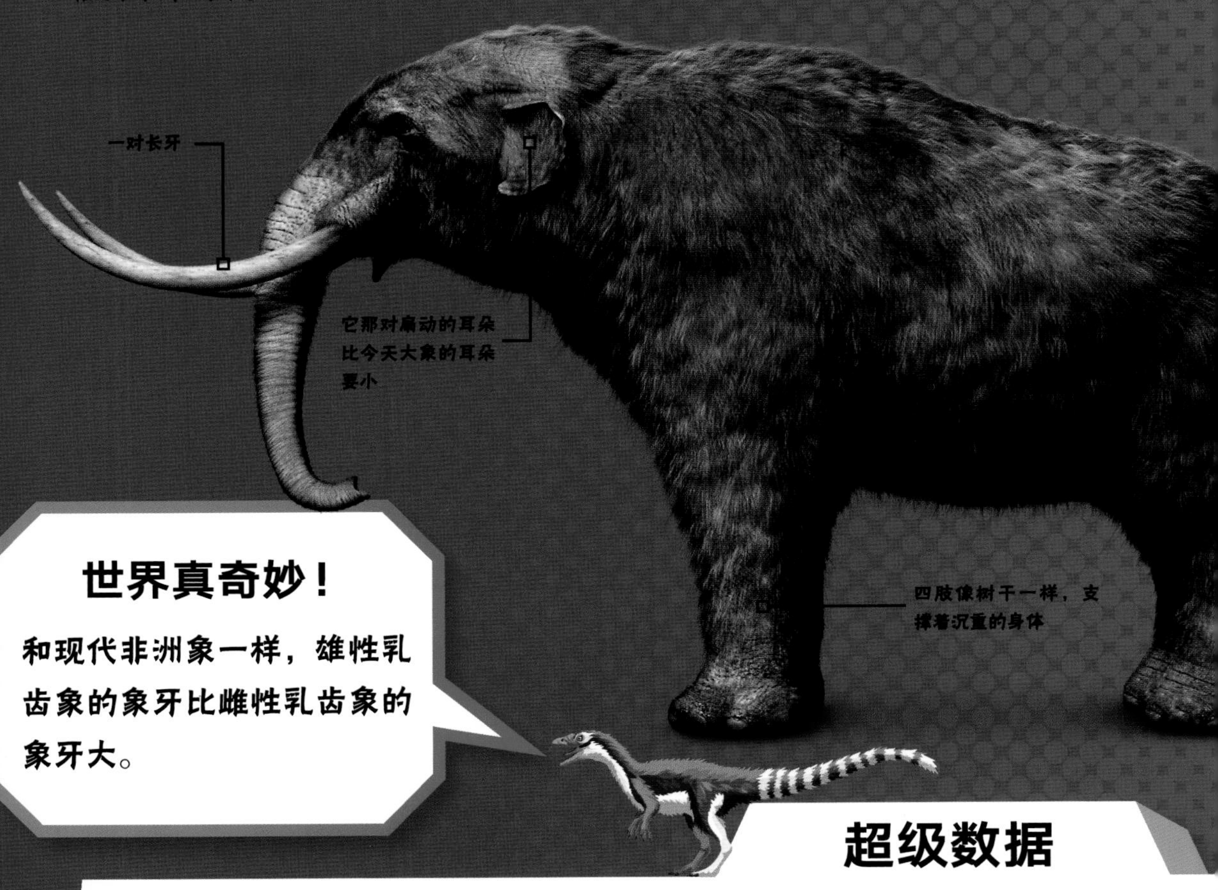

世界真奇妙！

和现代非洲象一样，雄性乳齿象的象牙比雌性乳齿象的象牙大。

超级数据

名称：乳齿象
名称的含义：像乳头的牙齿　**时期**：新近纪
身长：约4米　**体重**：约8000千克　**饮食习惯**：食草
栖息环境：陆地　**位置**：全世界
动物类型：史前动物
关键种：美国雕齿兽

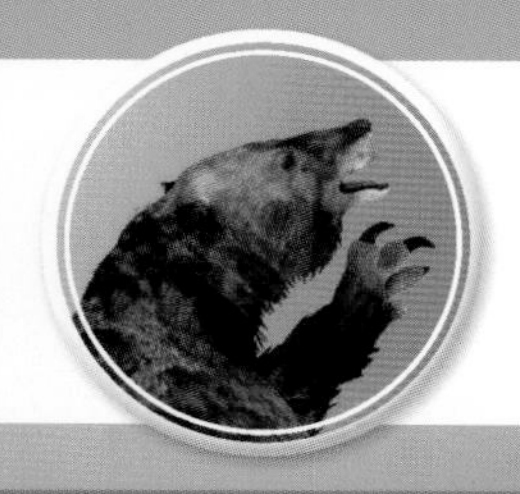

大地懒

又叫大獭兽、美洲大地獭

大地懒的名字中有一个“大”字，这真是名副其实：因为这种巨型树懒的体型和大象一样大，胃口也和大象一样大。虽然大地懒太重了，不能爬树，但它可以靠后肢立起，从而吃到史前雨林中长在高处的树叶。

它长长的爪子，可以撕掉叶子，然后用锋利的牙齿，将它们嚼烂吞咽

大地懒用后肢站立时，强壮的尾巴可以起支撑作用

世界真奇妙！

19世纪，英国生物学家查尔斯·达尔文在南美洲发现了巨型树懒的化石。

超级数据

名称：大地懒

名称的含义：巨大的野兽　**时期**：新近纪

身长：约6米　**体重**：约6000千克　**饮食习惯**：食草

栖息环境：陆地　**位置**：南美洲

动物类型：史前动物

关键种：美国大地懒

利维坦鲸

巨型杀手利维坦鲸是一种古老的抹香鲸，统治着史前海洋。它那凶猛的咬合力和锋利的牙齿可以杀死任何猎物。它甚至可能与巨大的竞争对手巨齿鲨生活在一起。

世界真奇妙！

麦氏利维坦鲸是以赫尔曼·麦尔维尔的名字命名的。他写了一本关于抹香鲸的著名书籍，叫作《白鲸》。

超级数据

名称：利维坦鲸
名称的含义：可怕的鲸鱼　时期：新近纪
身长：约16米　体重：约45,000千克
饮食习惯：食肉
栖息环境：海洋　位置：南美洲
动物类型：史前动物
关键种：麦氏利维坦鲸

普尔加托里猴

世界上最古老的灵长类动物就是史前的普尔加托里猴。这种小生物只有老鼠那么大。它脚步轻快，大部分时间都在史前的树木上蹿来蹿去，寻找可以吃的种子、坚果、水果和昆虫。

它的牙齿形状与现代的灵长类动物相似。这表明它会吃很多不同的食物

世界真奇妙！

化石显示，普尔加托里猴可能在6,600万年前小行星撞击地球时就存在了。

超级数据

名称：普尔加托里猴

名称的含义：纪念美国蒙大拿州的普尔加托里山

时期：可能从白垩纪到古近纪

身长：约15厘米　体重：约100克　饮食习惯：杂食

栖息环境：陆地　位置：北美洲

动物类型：史前动物

关键种：珠蚌普尔加托里猴

板齿犀

板齿犀有时也被称为“西伯利亚独角兽”，它是一种史前犀牛，体重是现代犀牛的两倍。

世界真奇妙！

板齿犀的化石表明，在距今39,000年前，它就与我们人类生活在一起了。

超级数据

名称：板齿犀

名称的含义：薄板野兽　**时期：**新近纪

身长：约6米　**体重：**约4500千克　**饮食习惯：**食草

栖息环境：陆地　**位置：**亚洲

动物类型：史前动物

关键种：西伯利亚板齿犀

披毛犀

又名长毛犀牛

在冰河时代，毛发最多、看起来最可怕的史前生物之一就是这种毛茸茸的犀牛，被我们称为“披毛犀”。虽然它体型庞大，长着两只巨大的犄角，但它只对吃草感兴趣。与现代犀牛不同的是，这种古老的动物身上覆盖着厚厚的毛皮，从而让它即使在寒冷的时候也能保持温暖。

世界真奇妙！

在俄罗斯的西伯利亚，人们发现了一具毛茸茸的年轻犀牛的尸体。它的毛发、蹄子、犄角和内脏，都在冰里得以保存。

超级数据

名称：披毛犀

名称的含义：中空的牙齿　时期：新近纪

身长：约4米　体重：约1800千克

饮食习惯：食草

栖息环境：陆地　位置：欧洲和亚洲

动物类型：史前动物

关键种：古老披毛犀

它头上的角是用来向同伴炫耀以及防御掠食者的

四肢短而结实，支撑着它庞大的身体

今天的“恐龙”

虽然很难相信，但今天的鸟类就是恐龙。科学家们现在知道：鸟类是活生生的兽脚亚目动物。它们与已经灭绝的恐龙有很多共同之处，但它们也在某些方面有所不同。

早期鸟类

在侏罗纪时期，吃肉的兽脚类恐龙用后肢直立行走。它们有中空的骨头和三个脚趾。其中一些恐龙长出羽毛，并飞了起来。这些恐龙虽然大部分都灭绝了，但它们的特征与今天的鸟类相似。

始祖鸟翅膀上的羽毛就很像现代鸟类的羽毛。这表明它至少可以短距离飞行

始祖鸟

侏罗纪兽脚亚目的始祖鸟是已知最早的类鸟恐龙之一。它头部的形状、锋利的牙齿、带爪的前肢和骨状的尾巴都像恐龙，但它的翅膀和长羽毛却像鸟类。由于翅膀太过弱小，不能在高空或远距离飞行。

孔子鸟

到了白垩纪时期，小型兽脚亚目恐龙已经进化到与今天的鸟类相似。其中，孔子鸟的体型像乌鸦一样小，它的喙无牙、尾羽长、有爪，可以扑腾着翅膀飞翔。

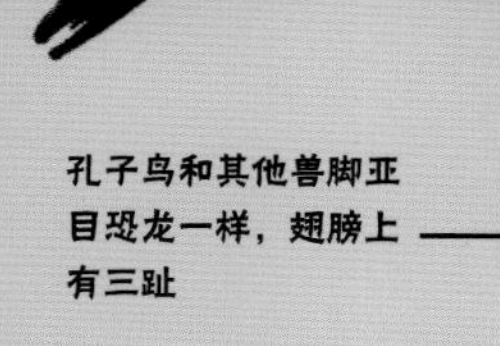

孔子鸟和其他兽脚亚目恐龙一样，翅膀上有三趾

现代鸟类

我们今天看到的鸟类和兽脚亚目恐龙非常相似。它们有共同的特征，包括喙、轻盈的骨骼、三个脚趾，长着羽毛和叉骨。随着时间的推移，鸟类进化出许多不同的翅膀和喙形，以适应它们的饮食和环境。

有些恐龙和鸡一样大，比如小型秀颌龙

鸡

乍一看，鸡可能不太像恐龙，但请仔细观察。鸡有翅膀，但很少飞，就像最早的鸟儿一样。它们有很大的头冠来吸引异性，就像一些恐龙一样。它们身上，除了爪子，都覆盖着一层起保护作用的羽毛，就像一些兽脚亚目恐龙一样。鸡虽然有喙，但没有牙齿，就像孔子鸟一样。

就像恐龙一样

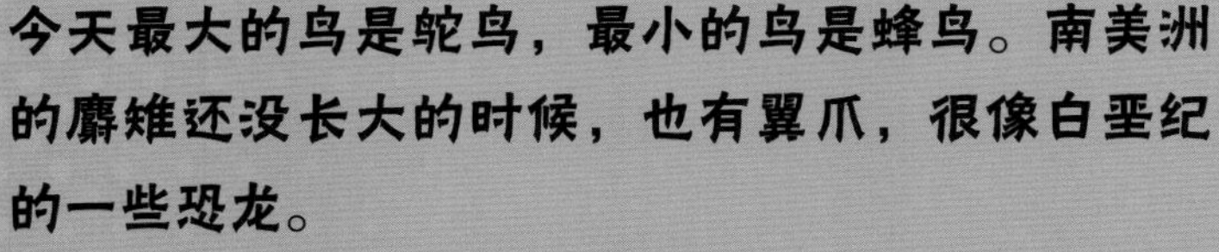

今天最大的鸟是鸵鸟，最小的鸟是蜂鸟。南美洲的麝雉还没长大的时候，也有翼爪，很像白垩纪的一些恐龙。

术语表

两栖类

冷血脊椎动物，皮肤湿润，在水中产卵，可以在水中和陆地上生活。如蝾螈和青蛙。

祖先

很久以前的亲戚。

甲龙

距今大约6800万到6600万年前，一群生活在白垩纪末期的食草恐龙。它们的身体上覆盖着一层起保护作用的骨板。

犰狳

身体的背部、头部、腿部和尾部都覆盖着骨板，并且存活到现在的唯一哺乳动物。犰狳生活在中美洲、南美洲和北美洲，以甲虫、蚂蚁和其他昆虫为食。

节肢动物

一种没有脊椎骨的动物，身体外面有坚硬的骨骼，腿上有关节。例如蜘蛛、螃蟹、昆虫和千足虫等。

骨床

含有植物和动物遗骸化石的一些岩石和土壤区域，其中也包括骨骼和骨头碎片。

伪装

动物融入环境而不被发现。

犬齿

嘴里的四颗尖牙。上颌和下颌各有两颗犬齿，用于撕裂食物。

食肉动物

靠吃其他动物的肉来生存的动物。

角龙科动物

大部分是食草恐龙，身体特征是四足、有角，头上长着颈褶和尖刺。

粪化石

恐龙粪便的化石。

甲壳类动物

生活在水中的节肢动物类型，如螃蟹、龙虾和小龙虾。节肢动物有坚硬的外骨骼和许多带关节的腿。

齿状突起

牙齿上的突起，能使牙齿的边缘变得锋利。

背鳍

在鱼类、鲸鱼、海豚和鼠海豚背上发现的鳍。

它可以防止动物在游泳时发生侧翻，并帮助它们实现突然转向。

驰龙

意思是“奔跑的蜥蜴”，这群恐龙更广为人知的名字是“猛禽”。它们有羽毛，以及用于狩猎的锋利爪子和牙齿。

进化

在很长一段时间内逐渐改变或发展。

外骨骼

骨骼或外壳，位于身体的外部，用来保护动物的内部。节肢动物，比如蜘蛛和螃蟹，都有外骨骼。

灭绝

一个完整的物种或一种动物消失或不再存在。

滤食动物

水下动物，通过使用像筛子一样的嘴巴来过滤它所吃的微小生物（如浮游生物）来获取营养。

洪泛区

河流周围的平坦地带，当水位上升时就会被淹没。

化石

至少生活在1万年前的植物或动物所留下的遗迹，包括骨骼和脚印。

胃石

被动物吞下、用来帮助消化的小石头。这些石头可以把胃里坚硬的植物磨碎。

鸭嘴龙

一群有头冠和鸭嘴的恐龙，生活在8600万到6600万年前。

食草动物

以植物（包括叶子、根和种子）为食的动物。

鱼龙

一群生活在中生代的、类似海豚的海洋爬行动物。

无脊椎动物

没有脊椎的动物，例如昆虫、蠕虫、水母和蜘蛛。

狐猴

一种属于灵长类的哺乳动物。狐猴的著名特征是有一双大眼睛和类似猴子的身体。人们在非洲东海岸的马达加斯加岛上发现了狐猴。

肺鱼

一种既有肺又有鳃的鱼。肺鱼生活在小型的江河湖泊中，这些水域有时会干涸。如果发生这种情况，肺鱼会用它们的肺进行呼吸，并能在泥浆中存活长达四年的时间。

哺乳动物

有脊椎和毛皮的动物。它们在幼年时靠母亲的乳汁喂养。例如狗和熊。

矿物

由天然存在于地下的化学品组成的固体物质。

软体动物

无脊椎动物，其柔软的身体通常由一个硬壳保护。在陆地和水中都能找到软体动物。

沧龙类动物

一群生活在白垩纪时期的大型食肉海洋爬行动物，有桨状的四肢用于游泳。

杂食动物

吃各种食物的动物，包括植物、其他动物、昆虫和鱼类。

有机体

动物或植物的个体，包括非常简单的生命形式，它们只有一个细胞。

似鸵龙

看起来有点像鸵鸟的兽脚亚目恐龙。它们长着细长的前肢和锋利的爪子，用后肢快速地行走或奔跑。

鸟臀目恐龙

任何臀部像鸟一样的食草恐龙。

鸟脚亚目恐龙

主要靠两肢移动的食草恐龙。

膜质骨板

皮肤下的骨板和突起，可以作为盔甲保护动物，让它们免受掠食者的伤害。

偷蛋龙科

小型兽脚亚目恐龙，如偷蛋龙。它们有锋利的喙，但没有牙齿，可能以贝类为食。

古生物学家

研究人类出现之前所存在的生命形式的人。古生物学家的工作就是研究化石。

浮游生物

漂浮在海洋或淡水中的微小动植物。

鸭嘴兽

一种澳大利亚哺乳动物，会产蛋。它们生活在小河或小溪里面，或是这些水域的附近。

蛇颈龙类

一群大型食肉海洋爬行动物，有桨状的四肢和长长的脖子，生活在侏罗纪和白垩纪时期。

上龙

一种长得像鳄鱼的短颈蛇颈龙，头部巨大，颌部长满锋利的牙齿。包括克诺龙和滑齿龙。

掠食者

任何以其他动物为食的动物。掠食动物包括狮子、狼和虎鲸。

猎物

任何被其他动物猎杀为食的动物。

灵长目动物

哺乳动物的一种，包括猴子、狐猴和人类。

翼龙类

中生代与恐龙并存的一种会飞的温血爬行动物。

穿刺伤

由锋利的物体，如锋利的牙齿或爪子造成的伤口。这些伤口很容易感染，因为细菌会深入肉体。

猛禽

掠食性鸟类，如老鹰或猎鹰。

感受器

那些特殊的器官，通常位于头部，可以帮助动物嗅到气味、察觉危险和感受温度。

爬行动物

生活在陆地上的冷血脊椎动物，身上有鳞状皮肤。比如蛇和蜥蜴。

啮齿动物

小型哺乳动物，如老鼠、松鼠和田鼠，有四颗长而锋利的牙齿，被称为“切齿”，它们一生都在不断生长。

剑齿类

这种动物有长而弯曲的犬齿，用来撕扯食物。这里的“剑”指的是战场上一种带有弧形刀刃的剑。

蜥臀目恐龙

任何臀部像蜥蜴的食草或食肉恐龙。

蜥脚类恐龙

食草恐龙，有五根脚趾，长脖子，长尾巴。蜥脚类恐龙是有史以来最大的陆地动物。如雷龙和梁龙。